LECTURES DE LA *KRISIS*
de Husserl

À LA MÊME LIBRAIRIE
SUR HUSSERL

BARBARAS R., *Introduction à la philosophie de Husserl*, 2015 (poche)

BÉGOUT B., *La généalogie de la logique, Husserl, l'antéprédicatif et le catégorial*, 2000

BENOIST J., *Autour de Husserl, L'ego et la raison*, 1994

– *L'a priori conceptuel : Bolzano, Husserl, Schlick*, 1999

BRISART R. (éd.), *Husserl et Frege. Les ambiguïtés de l'antipsychologisme*, 2002

COBB-STEVENS R., *Husserl et la philosophie analytique*, 1998

DEPRAZ N., *Transcendance et incarnation, Le statut de l'intersubjectivité comme altérité à soi chez Husserl*, 1995

FISETTE D. et LAPOINTE S. (éd.), *Aux origines de la phénoménologie, Husserl et le contexte des* Recherches Logiques, collection « Zétésis » en co-édition avec les Presses de l'Université Laval, 2003

— et FRÉCHETTE G. (dir.), *A l'école de Brentano. De Würzbourg à Vienne*, 2007

DE GANDT F., *Husserl et Galilée, Sur la crise des sciences européennes*, 2004 (poche)

DE GANDT F. et MAJOLINO C. (éd.), *Lectures de la* Krisis *de Husserl*, 2008

GALLERAND A., *Husserl et le phénomène de la signification*, 2014

GODDARD J.-C. (dir.), *Le transcendantal et le spéculatif dans la philosophie allemande de Kant à Husserl*, 1999

GURVITCH G., *Les tendances actuelles de la philosophie allemande: E. Husserl, M. Scheler, E. Lask, M. Heidegger*, 1949

INGARDEN R., *Husserl – La controverse Idéalisme-Réalisme (1918-1969)*, textes introduits, traduits et commentés par Patricia Limido-Heulot,

LAVIGNE J.-F., *Les* Méditations cartésiennes *de Husserl*, 2008

LECLERCQ B., *Fondements logiques et phénoménologiques de la rationalité mathématique chez Husserl*, 2015

LEVINAS E., *Théorie de l'intuition dans la phénoménologie de Husserl*, 2001

– *En découvrant l'existence avec Husserl et Heidegger*, 2006 (poche)

RENAUDIE P.-J., *Husserl et les catégories. Langage, pensée et perception*, 2015

SOUCHE-DAGUES D., *Le développement de l'intentionnalité dans la phénoménologie husserlienne*, 1993

ÉTUDES & COMMENTAIRES

François DE GANDT
Claudio MAJOLINO (éd.)

LECTURE DE LA *KRISIS* de Husserl

LIBRAIRIE PHILOSOPHIQUE J. VRIN
6, Place de la Sorbonne
—
PARIS V^e

Aron GURWITSCH, « Husserlian Perspectives on Galilean Physics »
from *Phenomenology and Theory of Science*, edited by Lester Embree,
© Evanston, Northwestern University Press, 1974, p. 33-59.

Iso KERN, « Die Lebenswelt als Grundlagenproblem der objektive Wissenschaften
und als universales Wahrheits und Seinsproblem » published in
Lebenswelt und Wissenschaft in der Philosophie Edmund Husserls, ed. Elisabeth Stöker,
© Klostermann, 1979, p. 68-78.

Walter BIEMEL, « Zur Bedeutung vom Doxa und Episteme in der Krisis Thematik »
published in *Lebenswelt und Wissenschaft in der Philosophie Edmund Husserls*,
ed. Elisabeth Stöker, © Klostermann, 1979, p. 10-22.

Imprimé en France
ISSN 1291-9683
ISBN 978-2-7116-1942-9

www.vrin.fr

UN LIVRE SÉDIMENTAIRE

Que la structure interne de la *Krisis* ne soit pas uniforme, voilà un avis largement partagé. Son caractère fragmentaire, sa longue gestation, la présence de plusieurs couches parfois assez hétérogènes, issues des matériaux les plus divers (textes de conférences, manuscrits de recherche, essais de réécriture de travaux précédents), qui plus est, assemblés – du moins en partie – après coup par Walter Biemel (en y incluant des textes rédigés par Fink), en font un objet à la forme très particulière. Si besoin était, de récentes mises au point historico-philologiques l'ont confirmé encore une fois et très clairement : la *Krisis* « recouvre à la fois moins qu'un livre et plus qu'un livre »[1].

Il n'en va pas autrement sur le fond, où plusieurs projets se superposent au fur et à mesure, se précisant indépendamment l'un de l'autre, sans que Husserl ait finalement jugé bon de faire son choix ou d'opérer une véritable synthèse. Une synthèse autre que celle qui consiste à les faire communiquer, pour ainsi dire, par entassement, ou de les relier au niveau local, à travers des sortes de drains. La *Krisis* est au fond un livre à morphologie sédimentaire, et c'est en tant que tel qu'il doit être traité.

Objet à la texture complexe et stratifiée, chaque élément qui le compose est le témoin d'événements multiples. Il nous parle de l'histoire passée, de celle récente et, en partie, de celle à venir de la phénoménologie husserlienne.

1. François De Gandt, *Husserl et Galilée. Sur la crise des sciences européennes*, Paris, Vrin, 2004, p. 18. Sur la composition du texte il est toujours utile de relire l'introduction de Walter Biemel, éditeur du volume *Husserliana* (désormais Hua.) VI, *Die Krisis der europäischen Wissenschaften und die transzendentale Phänomenologie. Eine Einleitung in die phänomenologische Philosophie*, Den Haag, Nijhoff, 1976, p. XIII-XXII, ainsi que ses *Textkritische Anmerkungen*, p. 519-520.

Comme dans toute formation sédimentaire, des matériaux bruts ont ensuite été soumis à toute une succession de phénomènes intéressant leur origine, le transport, le dépôt et l'évolution diagénétique d'autres matériaux associés. On ne peut porter un jugement théorique sur la *Krisis* sans en tracer la stratigraphie.

C'est à cette double tâche que sont consacrées les études réunies dans le présent volume.

UNE PREMIÈRE COUCHE : TROIS DIFFÉRENDS POUR UNE MÊME CRISE

À l'origine, il y a certainement la thèse bien connue d'une crise de sens des sciences occidentales, que Husserl appelle européennes. Si l'on n'a pas envie de faire mieux, on peut déjà débattre des heures durant de la légitimité d'une telle appellation ou de son arrière-plan idéologique. De toute façon on n'irait pas très loin : c'est moins d'une apologie morale ou d'une *Kulturkritik* de l'esprit européen qu'il s'agit à un tel niveau, que d'une thèse d'histoire des sciences concernant les paradoxes d'un modèle épistémologique. Thèse d'ailleurs doublée – et c'est ce qui fait tout l'intérêt de la démarche husserlienne – de l'idée qu'un paradoxe épistémologique *n'est jamais seulement* épistémologique.

Déjà dans la conférence de Prague, qui représente en quelque sorte le sédiment de base de la *Krisis*[1], avec l'élan propre à un exposé oral, Husserl s'interroge sur une fracture. Toute science présuppose un monde, dont elle n'est que la forme de savoir la plus assurée. Toute fracture au niveau de celui-ci se répercute sur celle-là. Or, la crise des sciences soi-disant européennes ne tient qu'à ceci : *il y a* une fracture entre un monde de *visibilia* et un monde de *designata*, fracture que ces sciences ignorent et dont pourtant elles se nourrissent.

Il faudrait d'abord insister sur le fait que déjà une telle thèse est moins évidente qu'elle n'en a l'air. La cible du discours husserlien est double et c'est dans sa duplicité qu'il faut la recevoir.

Husserl s'en prend à la science moderne, au paradigme objectiviste, naturaliste, certes. C'est la cible épistémologique qui se joue sur le différend : *la science et/ou la vie*. Mais un tel paradigme s'appuie sur une décision ontologique. La cible change.

1. « Die Krisis der europäischen Wissenschaften und die Psychologie », *in* Hua. XXIX, *Die Krisis der europaïschen Wissenschaften und die transzendentale Phänomenologie. Ergänzungsband. Texte aus dem Nachlass* 1934-1937, éd. Reinhold N. Smid, Den Haag, Kluwer Academic Publishers, 1992, p. 103-139.

La question est maintenant : qu'est-ce qui existe « pour de vrai » – ou, dans un registre plus philosophique : où est l'*ontos on*, le *vere ens* ? De quoi la science parle-t-elle, fût-ce scientifiquement ? Pas seulement du monde, *mais du monde véritable.* Ici il en va moins de la méthode que d'une certaine idée de monde en tant qu'objet de la science. Et du fait même qu'on parle de monde *véritable*, c'est qu'une telle vérité est loin d'être assurée. Il s'agit, plus précisément, de ce à quoi il faut accorder sa « créance », au sens précis d'une croyance en l'existence, pour qu'on puisse ainsi en faire un *véritable* objet scientifique. L'un, plongé dans ses formules, *croit y reconnaître le vrai monde*; l'autre, regarde autour de lui, avec ce même sentiment d'être en face d'un *monde véritablement existant*.

La tâche est beaucoup plus ingrate que celle de l'Étranger d'Élée et du jeune Théétète placés devant le défi de départager le vrai philosophe du sophiste. Car l'un comme l'autre *existent*, bel et bien. Aucun doute à ce sujet. Il s'agit juste de ne pas les confondre par le recours à des propriétés discriminantes, qui reviennent à l'un et pas à l'autre. La possibilité de l'illusion touche, pour ainsi dire, au *Sosein*, à l'être-ainsi ou à l'essence. Mais entre *le vrai monde et son double*, il n'en va pas seulement de l'essence. Le monde *qui n'est pas vrai, n'est pas là non plus*.

Husserl affronte ici à nouveaux frais, et d'un point de vue inédit par rapport à ses études précédentes, ce que Ingarden appelle « *die Streit um die Existenz der Welt* », la dispute autour de l'existence du monde. Où est le vrai monde, le monde existant ?

Première réponse possible : l'on croit au monde *qui apparaît, donc qui est immédiatement là*. L'on croit aux choses. Et cela non seulement au sens grec des « *aisthèta* », des choses sensibles, objets de perception, mais aussi au sens très large des « *pragmata* », expression dont notamment Aristote a exploité la richesse sémantique dans les contextes les plus divers. Il s'agit de ce que le monde latin indiquait par le mot « *res* » et qui permettait aussi bien

> de parler de nature (*natura rerum*) que d'histoire (*res gestæ*), d'institutions (*res publica*) ou d'actions (*res novare*). *Si l'apparaître des choses* suffit pour que l'on croie en leur existence, c'est à partir de cette *confiance en l'apparaître* qu'une science du monde doit se bâtir. C'est en ce sens très large d'ailleurs qu'il faut parler de *visibilia*, sans que cela implique que l'on accorde, comme on le prétend, la moindre priorité à la vision ou à la présence [1].

1. Jocelyn Benoist avait bien montré que l'idée d'un monde de la vie purement intuitif, pré-linguistique ne fait que caricaturer certaines positions husserliennes défendues dans la *Krisis*. *Cf.* « Le monde pour tous. Universalité et *Lebenswelt* chez le dernier Husserl », in *Recherches husserliennes* 5, 1996, p. 27-52.

Deuxième réponse possible : l'on croit au monde qui *apparemment* n'est pas là, dont l'existence n'est pas garantie par le fait qu'il apparaît mais parce qu'*il est désigné*. Par des signes : linguistiques, algorithmiques ou autres. À l'occasion, ce qui existe *véritablement*, pour la science, est ce qui est *rendu visible* par une théorie, qui interprète convenablement des suites de signes comme étant les représentants et les témoins de la structure dernière du monde. Cela revient à attribuer cette fois-ci aux signes un pouvoir de prise en charge ontologique du monde. Si Galilée s'est entêté dans ses recherches, contre toute évidence intuitive, s'il s'est donné les moyens de construire un télescope plus puissant, et s'il l'a braqué sur le ciel là, à cet endroit exact, où, finalement, les étoiles médicéennes, *qu'il savait exister avant même qu'elles ne se montrent*, lui sont apparues, c'est que, dès le départ, *il a cru à ses calculs plus qu'à ses yeux* – plus à la force des signes qu'à celle des choses (des sens, de l'histoire, des institutions).

Les moyens de reformuler une telle question dans des registres plus actuels afin de la *faire réagir* avec d'autres questionnements, ne manqueraient sans doute pas : la voie de l'ontologie passe-t-elle par l'expérience ou par la référence ? Le sens se situe-t-il au niveau des choses ou au niveau du langage ? Questions qu'on ne pourrait plus actuelles. Cependant, pour Husserl, la configuration du problème est déjà plus complexe. Car il ne s'agit pas simplement de déterminer en quel sens une science prend en charge l'existence des objets du monde.

Dans la mesure où la réponse est « en tant que choses *apparaissantes* ou en tant que référents de signes », il en va plutôt de *trois* couples conceptuels, aux rapports mutuels variables : *science/vie, signe/chose, être/apparaître*. Il serait malvenu de les confondre. Il serait également maladroit de régler la question comme si tout était clair dès le départ.

En effet, dans un modèle vaguement platonicien, l'agencement entre les trois niveaux pourrait se faire sur l'axe « science/être/chose », d'un côté, et « vie/apparaître/signe », de l'autre. Le Galilée du § 7 de la *Krisis* agencera les choses autrement, en renversant la place des choses et des signes par rapport au modèle platonicien. Bergson encore aurait procédé autrement, notamment au niveau du rapport entre vie et être. L'on pourrait aller jusqu'à faire sauter les oppositions, les considérer comme artificielles et aboutir à un niveau fondamental où toute distinction est abolie. Ou nier purement et simplement l'existence d'un tel niveau, rejeter toute fracture et, d'un seul coup, naturaliser l'épistémologie et relativiser l'ontologie. Plusieurs solutions sont, certes, possibles, le débat reste ouvert.

Sauf que Husserl nous invite à réfléchir plus sur l'origine du problème d'une science du monde à la hauteur de ses ambiguïtés, ainsi que sur les *critères du choix*, que sur les choix eux-mêmes.

Or Husserl n'a pas seulement posé explicitement le problème de l'ambiguïté du monde *véritablement existant* et de ses dispositifs de réduction, il l'a compliqué par un dernier constat, qui n'est pas sans effet pour les strates successives de la *Krisis*. La crise des sciences modernes, incapables de tirer au clair leur rapport avec ce qui n'est pas scientifique (différend épistémologique), *puisque* incapables de thématiser l'assomption d'une croyance en les signes (différend sémiotique) qui opère un certain partage entre l'être et l'apparaître du monde (différend métaphysique), dont les effets de retour sur la vie semblent bien néfastes – une telle crise investit également une science qui, à plusieurs égards, n'est pas comme les autres. Il s'agit de la psychologie, que Husserl nous dit être « le véritable champ des décisions ».

UNE DEUXIÈME COUCHE : LA PSYCHOLOGIE ET LA PISTE INTENTIONNELLE

Pourquoi cela ? Parce que la psychologie est la science européenne qui fait du sujet un objet de savoir, qui plus est, de savoir *scientifique*. Et parce que sa métamorphose scientifique (science de l'âme, des phénomènes psychiques, de la conscience) n'est pas sans soulever nombre de difficultés. Il y en a qui pensent d'ailleurs qu'une telle métamorphose n'en a jamais vraiment été une. Kant, par exemple, qui préconise à sa place une simple « description naturelle historique du sens interne », une anthropologie descriptive à caractère taxinomique et classificatoire.

La psychologie, n'arrive pas – du moins *pas tout à fait* – à devenir scientifique au sens de la science objective. Et cela *non pas* parce que l'esprit humain se déroberait à la *mathesis*, selon la thèse bien connue, à la base d'une longue série de juxtapositions entre sciences de la nature (explicatives) et sciences de l'esprit (descriptives). Le problème est plutôt dans le fait que soumettre le sujet à un tel traitement revient, à nouveau, à affirmer des décisions qu'il aurait fallu plutôt problématiser.

La psychophysique, la psychophysiologie, tout comme la psychologie descriptive brentanienne pensent la subjectivité à partir d'une décision portant sur ce qui apparaît (les stimuli ? les phénomènes psychiques ?), sur ce qui témoigne de l'être véritable (la mesure ? la perception interne ?) etc., tout comme les autres sciences. Le fait d'être en présence d'une *science récalcitrante*, n'est pas pris comme un signe positif, permettant de tirer au clair le sens des trois différends susmentionnés, mais comme un simple fait, qui plus est, fort gênant. Husserl n'a aucune envie de montrer que la psychologie est *une science impossible*, ou *une science spéciale* (ayant une méthode non objective, plus attentive aux caractères qualitatifs), car finalement elle est plutôt une *science exemplaire*[1].

La psychologie *opère les mêmes choix que les autres sciences,* mais elle le fait en visant le sujet. Dès lors, aux yeux de Husserl, les résistances de la psychologie à l'égard de l'objectivisme sont les symptômes du fait que le seul moyen de régler la question *double* du vrai monde et du monde apparaissant, de la croyance dans les choses ou dans les signes dépend de la prise en charge du problème de la subjectivité[2].

Que fait une conscience intentionnelle, se demandait déjà Husserl en 1901 dans la *Cinquième Recherche logique*, en reprenant de vieux débats avec ses camarades brentaniens ? Une conscience intentionnelle ne se borne pas à viser autre chose qu'elle-même : transcendance, mouvement de fuite vers l'extériorité, selon le jargon de la phénoménologie post-husserlienne. Toute conscience est conscience de quelque chose, certes, mais cela d'une façon *nécessairement* différenciée. Amputée de cette deuxième partie, la thèse de la corrélation universelle perd beaucoup de sa force. Notamment à l'égard du problème de la science du monde en tant que monde véritablement existant.

C'est qu'une conscience n'est pas seulement capable d'aller au-delà d'elle-même, elle est capable aussi d'aller *au-delà* de ce qui lui est donné. *De viser des objets intentionnels différents sur la base d'un seul et même phénomène* : des arabesques ou des mots, des traces de couleur sur une toile ou des canotiers en train de déjeuner, des chiffres et des formules sur un bout de papier ou un monde entier, en train de déployer ses secrets. Si la nature est un livre, peu importe qu'il soit écrit en caractères mathématiques ou pas, cela revient à admettre que la conscience scientifique doit être une conscience intentionnelle : que le scientifique est un sujet capable de le lire. Ce qui ne veut pas forcément dire interpréter, mais simplement *avoir le choix* entre le retour de la chose et le renvoi du signe. Ou, à un autre niveau, le pouvoir de basculer *d'un vrai monde à l'autre*.

Car entre chose et signe, Husserl y a toujours insisté, il n'y a pas de différence *réelle* mais *intentionnelle.* Dire, à la façon de Derrida, que « la

1. Cf. *infra* Claudio Majolino, « Des signes et des phénomènes. Husserl l'intrigue des deux psychologies et le sujet transcendantal », p. 161-195.

2. Cf. *infra* Jocelyn Benoist, « Le lieu du sujet », p. 45-62.

chose même est un signe »[1] revient à contourner élégamment le problème. *Le signe met toujours en suspens la chose et vice-versa*, telle est la leçon de Husserl. Le principe d'un tel basculement qui est déjà un « changement d'attitude» au sens le plus phénoménologique du terme, s'appelle intentionnalité.

Il n'en va pas autrement au niveau du croisement entre différend épistémologique et différend métaphysique. Tout comme la décision en faveur du monde de la science ne fait que *suspendre* la croyance en un monde apparaissant, inversement, la vie dans le monde naturel ne peut pas se dispenser, par moments, de suspendre sa validité et de s'appuyer sur les consignes d'un monde invisible et vrai. Ce qui fait que certains mangent des pâtes au beurre, d'autres des hydrates de carbone avec des lipides minéralisés.

Le bilan est radical : *le monde véritablement existant est toujours un monde intermittent.* Il y a fracture du monde sans qu'il y ait jamais deux mondes auxquels assigner définitivement les valences métaphysiques de l'être et de l'apparaître.

La prise en charge du problème intentionnel, *donc* du problème de la subjectivité vis-à-vis de laquelle *il y a* un monde, *dont il est sensé de se demander s'il est le monde véritablement existant ou pas,* détermine l'une des toutes premières couches, sans doute la plus fondamentale, de la *Krisis*. Les trois différends évoqués, épistémologique, sémiotique et métaphysique vont devoir être, non pas absorbés dans *un* différend plus fondamental (disons : quelque chose comme *le* différend intentionnel), mais *relus, éclairés, réinvestis en tant que différends intentionnels*. C'est en ce sens que la crise de la psychologie joue un rôle éminemment heuristique, permettant la jonction entre des problèmes très différents, voire même disjoints (la crise des sciences, le problème de l'existence du monde, l'intentionnalité comme principe d'activation d'un univers de signes signifiants, le problème du sujet).

UN AGENT DE TRANSPORT ET UNE TROISIÈME COUCHE : LA BARBARIE DE L'EUROPE ET L'ÉROSION DE LA VOIE CARTÉSIENNE

Mais, cela est sûr, dans la *Krisis* il n'y a pas que cela. Car à cette première série de strates de matériaux, certains bruts, d'autres déjà raffinés, s'en ajoutent beaucoup d'autres. L'isoler, forcément d'une façon un peu

1. Jacques Derrida, *De la grammatologie*, Paris, Minuit, 1967, p. 72.

artificielle, ce n'est pas nécessairement en affirmer l'autonomie. C'est sans doute pourquoi, d'ailleurs, le travail de sondage des différentes strates de la *Krisis* a toujours été si problématique.

Un problème doit maintenant être soulevé, sans qu'il puisse faire ici l'objet d'un traitement détaillé.

Parmi les *agents de transport*, qui mobilisent d'autres matériaux, il nous faut évoquer l'inquiétude de Husserl à l'égard de la situation historique de l'Europe. On aurait tort de la sous-estimer. Mais on aurait aussi tort de la surestimer.

Le fameux « sentiment de crise » auquel Husserl aurait été la proie, dans l'Allemagne des années trente, a certainement donné une certaine « déformation » éthique à son discours. Mais cela aurait pu difficilement en être la cause. Le besoin de dresser la phénoménologie en barrière contre la barbarie, représente à notre avis, moins une strate à part entière de la *Krisis* qu'un phénomène de transport, tel le vent ou la mer, qui fait bouger et disperse d'autres matériaux [1].

Les plus importants d'entre eux, ceux qui vont finalement se déposer au-dessus du problème de l'éclairage intentionnel des décisions qui portent sur la valeur d'être du monde (épistémologiques, métaphysiques, sémiotiques), sont les débris du long processus d'érosion de la voie cartésienne d'une fondation apodictique de la subjectivité transcendantale passant par l'idée d'une expérience absolue du *cogito*, entamé par Husserl avec les cours de *Philosophie première*.

De l'exigence de penser la nature intentionnelle du problème de l'existence véritable du monde au besoin de justifier l'existence du sol apodictique de la subjectivité transcendantale atteint par la réduction, le passage est *possible* mais pas *nécessaire*. Autrement dit, comme souvent dans la *Krisis*, les deux couches sont superposées mais pas homogènes. C'est ici que l'élément de transport éthique, la responsabilité du sujet transcendantal s'auto-légitimant à l'égard du monde qu'il constitue, a pu jouer un rôle.

On peut ne pas partager les conclusions auxquelles Landgrebe aboutit dans son essai *Le détachement de Husserl du cartésianisme* ici traduit [2], concernant le sens à attribuer aux différentes « percées radicales » qui se

1. Il serait trop long ici de donner une justification exhaustive d'une telle position, à plusieurs égards étonnante. Nous renvoyons pour cela à d'autres études à venir. Qu'il suffise pour l'instant de soulever le doute sur une prétendue surdétermination de la courbure éthico-morale (vaguement fichtéenne) de la *Krisis* en tant que couche fondamentale et structurante.

2. Cf. *infra* Ludwig Landgrebe, « Le détachement de Husserl du cartésianisme », p. 251-302.

font sans cesse derrière le dos de Husserl et que celui-ci n'arrive pas à bien maîtriser. Mais sa thèse, selon laquelle la *Krisis* serait le pendant positif de l'érosion de la voie cartésienne de la réduction demeure, à notre avis, tout à fait fondamentale. Il faudrait sans doute ajouter, pour souci de précision : pas la *Krisis* tout entière – cela n'ôterait rien à l'intuition de Landgrebe.

L'intérêt croissant du dernier Husserl à l'égard de Descartes a été interprété par certains comme le signe tangible de l'appartenance de la phénoménologie transcendantale à la tradition moderne de la métaphysique de la présence en tant que présence à soi de la subjectivité originaire et fondatrice. Il serait cependant plus correct d'affirmer que Husserl, à la fin de sa vie n'a pas cessé d'explorer, et jusqu'à un certain point d'exténuer, les ressources d'un certain cartésianisme. Un cartésianisme que d'ailleurs, il avait appris chez Brentano lui-même et qui porte sur la question du statut de l'évidence. Car le débat avec Descartes ne commence pas avec le tournant transcendantal mais avec une interrogation de longue haleine portant sur la nature et la possibilité d'une connaissance évidente déjà entamée à l'époque des *Recherches logiques*[1].

En effet, malgré les efforts de nombre de philosophes analytiques, il paraît de plus en plus douteux d'affirmer qu'à un premier Husserl, *réaliste donc brentanien*, s'oppose un deuxième, plutôt idéaliste, s'égarant du droit chemin autrichien tracé par son maître et balisé avant lui par Aristote. De Brentano à Husserl, des ruptures sont consommées, dès le départ, et pas des moindres (déjà le premier Husserl était moins brentanien qu'il n'en avait l'air). Mais il faut résister à la tentation d'en chercher là où il n'y en a pas.

Que la perception interne nous livre un plan phénoménal où l'acte subjectif apparaît tel qu'il est, donné de façon évidente et apodictique, et qu'une telle perception soit la seule digne de ce nom, *Wahr-nehmung*, voilà qui est tout à fait brentanien, quoiqu'assez peu aristotélicien[2]. Si bien que, plus que d'un acte d'apostasie, le tournant transcendantal marque, par rapport à la quête d'évidence brentanienne, une problématisation. Ce que Brentano comptait faire à l'aide de la seule « perception interne », à savoir

1. *Cf.* Claudio Majolino, « Un inedito del primo Husserl su Cartesio », introduction, traduction et notes du manuscrit de Husserl, B III, *Kritisches zur Descartes Meditationen* (1901), in *Nouvelles de la République des lettres*, 2003, I/II, p. 181-189.

2. *Cf.* Franco Volpi, « War Franz Brentano ein Aristoteliker? Zu Brentanos und Aristoteles' Psychologie als Wissenschaft », in *Brentano-Studien* 2, 1989, p. 13-29 (version augmentée in *Die Brentano. Eine europäische Familie*, éd. K. Feilchenfeldt und L. Zagari, Niemeyer, Tübingen, 1992, p. 129-45) ; Jean-François Courtine, « L'aristotélisme de Franz Brentano », in *Études phénoménologiques. Husserl lecteur de Brentano et de Frege*, XIX, 27/28, 1998, p. 5-50.

atteindre le sol d'une « expérience absolue », Husserl le recherchera sans cesse, à partir des années dix, par le biais de la réduction. Ou plutôt de*s* réduction*s*[1]. Car rien n'est moins évident, semble nous dire Husserl dans ses nombreux manuscrits sur la réduction rédigés à partir des années vingt, que l'accès à l'évidence[2].

La *Krisis* devient ainsi le théâtre où se poursuit la recherche d'une fondation de la nécessité de la phénoménologie par le biais d'une justification théorique du chemin qui mène au sol apodictique de la subjectivité transcendantale. Tâche paradoxale s'il en est : *montrer la voie qui mène à ce qu'il y a de plus immédiat* et qui semble suggérer l'idée du caractère nécessairement second de l'évidence, fût-elle l'évidence apodictique de l'ego transcendantal. L'évidence postulée du champ transcendantal ne se mesure pas à partir de son éclat, mais sur la base du nombre de voies qu'elle engendre.

L'évaluation théorique d'une telle entreprise dépasse les limites de cette introduction. Nous laissons au lecteur aussi la tâche de repérer, *in vivo*, les moments où les différentes couches arrivent à communiquer d'une façon plus immanente. Signalons néanmoins encore deux choses, dont il est important de faire l'appoint.

DEUX REMARQUES STRATIGRAPHIQUES : LA *LEBENSWELT* ET SON AU-DELÀ

Dans la *Krisis* le registre de la réduction se trouve certes à nouveau déployé. Au fil des rédactions, le problème de l'accès à la sphère transcendantale devient de plus en plus important. Toute la troisième partie, y compris la section sur la *Lebenswelt*, lui est expressément consacrée. Sauf que, cette fois-ci, une rupture intervient par rapport aux essais précédemment menés de fonder une phénoménologie transcendantale en tant que science qui conduit au niveau d'une subjectivité purifiée.

Dans la *Krisis*, ce n'est pas *en éliminant* le monde en tant que lieu où toute connaissance évidente est exclue, que Husserl compte atteindre le champ transcendantal. C'est plutôt *en le traversant*.

Conformément aux questions de structure soulevées par la première couche de la *Krisis*, après avoir signalé le caractère intermittent de la

1. Cf. *infra* Carlos Lobo, « Phénoménologie de la réduction et réduction éthique universelle », p. 123-152.

2. Hua. XXXIV, *Zur phänomenologischen Reduktion. Texte aus dem Nachlass (1926-1935)*, éd. Sebastian Luft, Dordrecht, Kluwer Academic Publishers, 2002.

croyance en l'existence du monde véritable, le problème de la subjectivité *transcendantale* devient, si l'on veut, le problème de l'*interrupteur*, de cette instance de basculement, d'activation du monde, ou encore de distribution de l'existence véritable d'un monde à l'autre. Mais ainsi, ce n'est pas la renonciation au monde qui mène au sujet pur, c'est le monde lui-même, correctement compris comme un monde *déjà en soi* imprégné de subjectivité.

D'un point de vue fondationnel, plus on s'enfonce dans le monde (même, comme le fait le scientifique objectif, lorsqu'on décide pour son caractère a-subjectif, en-soi, invisible), plus on y trouve ce que, par la voie cartésienne, on croyait trouver dans sa mise à l'écart.

Toute la problématique de la *Lebenswelt* gagne à être relue à la lumière d'un tel changement de perspective[1]. Le passage d'un monde à l'autre – d'un monde *vrai*, en-soi, invisible, objectif, absolu, rationnel, anhistorique à un monde *toujours déjà-là*, pour nous, visible, entaché de subjectivité (ce qui ne veut pas dire : subjectif), relatif, « à peu près » et historique – est le fruit d'une première *époché*.

Le changement de registre par rapport à la première strate est ici évident. Maintenant il est moins question de décliner l'intentionnalité pour rendre compte du sens d'existence du monde que d'opérer une première réduction, qui prend la forme d'une *dé-formation* des formes absolues du monde objectif, dans un retour à cet « à peu près » qui en était la *ratio essendi*[2].

Dès lors c'est le monde lui-même, en tant que monde de la vie, qui demande un motif transcendantal, pas l'exigence abstraite d'auto-légitimation d'une démarche théorique, telle la phénoménologie. La réduction sera toujours quelque chose qui relève du geste libre et arbitraire, immotivé. Cependant, greffer le thème de la réduction sur celui de la crise des sciences donne à ce geste une espèce de *fundamentum in re*.

Rappeler aux sciences objectives que, en amont et en aval de leur monde objectif, il y a toujours le monde de la vie, dont celui-ci est la métamorphose idéalisée, veut dire donner à la phénoménologie transcendantale un nouveau moyen d'atteindre la subjectivité sans renoncer au monde.

1. Cf. *infra* les traductions des deux essais de Iso Kern, « Le monde de la vie comme problème des fondements des sciences objectives et comme problème universel de la vérité et de l'être », et de Walter Biemel, « La signification de la *doxa* et de l'*épistémè* dans le cadre de la thématique de la *Krisis* », respectivement p. 237-250 et 223-235.

2. Cf. *infra* François De Gandt, « Husserl et la science du monde de la vie », p. 103-122.

L'on voit mieux ainsi le rôle joué par le motif éthique que nous avions évoqué. À l'obsession, constante de la part de Husserl, du moins depuis la parution de *Ideen I*, de fournir une justification et une fondation théorique de la phénoménologie transcendantale, s'ajoute aussi l'idée d'une justification morale.

Non seulement la phénoménologie est à même de signaler une crise, là où tout le monde ne voit que des succès; de montrer, par un détour historico-téléologique, comment on y est parvenu – elle peut aussi en indiquer l'issue. Et une telle issue serait la phénoménologie transcendantale elle-même, science rigoureuse et pourtant non oublieuse *de la vie du monde*. Les sciences naturelles n'ont pas oublié le monde, comme on le dit souvent, elles en ont refoulé l'ambiguïté en réglant la question sur la base du simple partage entre le subjectif et l'objectif. Le monde de la vie en revanche est *plus équivoque*, une telle opposition ne tient plus : l'objectif est aussi subjectif et vice-versa. C'est pourquoi à l'intérieur de la *Lebenswelt* il y a de la place aussi pour l'activation, ponctuelle, d'un monde scientifique de corrélats de signes.

Mais le monde de la vie est toujours un monde existant. Il est de même un monde évident, il est là. Les deux problèmes, celui de l'existence et de l'évidence, se joignent[1]. Le monde de la vie n'aura pas le dernier mot dans la *Krisis*, son destin est un destin de transition : préparer son dépassement. Autant les interprètes ont glosé sur la percée opérée par l'invention husserlienne de la *Lebenswelt*, autant Husserl, du moins dans la *Krisis*, semble en faire l'énième voie qui mène à la phénoménologie transcendantale.

Encore une fois, le souci majeur de Husserl est celui de fournir une espèce de mode d'emploi de la réduction. Le thème de l'imprescriptible tâche de la philosophie, « l'auto responsabilité de l'humanité » s'y dépose, mais, à nouveau, les deux ne doivent pas être confondus. Cela permet à Husserl à la fois d'atteindre le sol de la subjectivité transcendantale et de justifier ainsi le tournant pris avec les *Ideen*.

Il s'agit là de l'un des problèmes majeurs de la phénoménologie, inutile de le cacher. C'est assurément la couche la plus argileuse, mouvante de la *Krisis*, et en même temps, celle qui était censée en fournir le revêtement extérieur. *La crise des sciences européennes : une introduction à la phénoménologie transcendantale*. De là à en faire « le projet explicite de la *Krisis* : réveiller (et accomplir une fois pour toutes) sous la forme de la

1. Cf. *infra* Nicolas de Warren, « La crise de la raison et l'énigme du monde », p. 23-44.

philosophie transcendantale phénoménologique absolue cette immanence de la raison dans l'homme qui définit son humanité »[1], il y a un gouffre.

QU'Y A-T-IL DE NOUVEAU DANS LA *KRISIS*?

En cela, Ingarden, dans un essai, sévère mais pas tout à fait injuste, qu'il consacre à la *Krisis*[2], a sans doute raison. *Au niveau des matériaux* il n'y a rien de nouveau dans la *Krisis*. Il n'y a pas de « dernier Husserl », de Husserl de la *Lebenswelt* ou de deuxième tournant. La *Krisis* n'est pas le sommet ou l'achèvement de la phénoménologie, de la paranoïa théorique occidentale ou de la métaphysique de la présence en tant que métaphysique de la subjectivité. Il est le « dernier mot » de Husserl seulement parce que celui-ci n'a pas eu l'occasion d'en prononcer un autre. Autrement il n'aurait été que son avant-dernier.

Ce qu'il faut retenir, en rappelant également la suggestion de Landgrebe, ce sont les deux garde-fous suivants.

1) Tout d'abord la *Krisis* n'est qu'un livre, pas un testament. Ou plutôt comme nous l'avons vu, un ensemble de questionnements *en forme de livre*. Un livre sédimentaire, si l'on veut, et l'on peut filer à sa guise la métaphore de l'objet stratifié. D'autres, moins gênés par les jargons philosophiques, auraient sans doute parlé d'objet multiple. En tout cas, la dernière parution du volume XXXIII des *Husserliana* nous le confirme, si besoin était, avec la présence de nouvelles thématiques (telle la question cruciale de l'« auto-variation »), encore plus difficiles à placer d'emblée dans le cadre théorique classiquement reçu d'une *Kulturkritik* issue d'un point de vue idéaliste et rationaliste. C'est un livre *un*, assurément, mais ce n'est pas un livre *unitaire*. Et il ne faut surtout pas en faire un à tout prix.

Il contient des réponses à des questions qui n'y sont pas formulées explicitement: des questions qui viennent d'ailleurs. Des dépôts, si l'on veut. Le règlement de comptes avec le motif cartésien en est un. Les différentes déclinaisons du rapport entre *les* psychologies et *les* phénoménologies en est un autre. Auxquels il faudrait ajouter toute l'ambiguïté, souvent sous-estimée du lien « monde de l'attitude naturelle/monde de la vie » – s'agit-il de la même chose? toujours? – tout à fait crucial. Toute

1. Gérard Granel, Préface à Edmund Husserl, *La crise des sciences européennes et la phénoménologie transcendantale*, Paris, Gallimard, 1976, p. V.

2. Roman Ingarden, « Qu'y a-t-il de nouveau dans la *Krisis* de Husserl? », dans *La controverse idéalisme-réalisme*, trad. fr. P. Limido-Heulot, Paris, Vrin, 2001, p. 220-245.

tentative de dégager l'idée husserlienne d'une ontologie du monde de la vie tient à la clarification d'un tel lien.

2) S'il n'est pas un livre *unitaire*, il ne peut pas non plus être considéré comme l'achèvement ou la dernière synthèse de quoi que ce soit. Ce que fit à plusieurs reprises le traducteur français de la *Krisis*, dans sa *Préface* ainsi que dans d'autres textes philosophiquement plus robustes.

L'opération entamée par Granel, tout comme par d'autres interprètes, consistait d'abord à faire de la *Krisis* quelque chose de cohérent, d'unitaire, contenant des propos théoriquement clairs et des lignes d'argumentation reconnaissables. Ensuite, il fallait en faire le sommet de la phénoménologie husserlienne, ou, plus précisément, « le dernier raidissement de sa dernière volonté ». Celle-ci bien évidemment, n'était à son tour autre chose que « le dernier monument de la philosophie ». La boucle était enfin bouclée.

Il serait trop long et pas particulièrement stimulant de discuter en détail cette dernière affirmation – qui avec le temps semble, elle aussi, avoir mal vieilli. Ce qui est certain, c'est que le propos de restituer la *Krisis* à sa richesse d'objet multiple, va de pair avec l'abandon de toute prétention d'en faire une *summa phænomenologica*.

Ce qui n'est pas vouloir en diminuer la portée philosophique. Car là où il n'est plus possible de suivre Ingarden dans son compte-rendu critique, c'est justement au niveau des conclusions. Il n'y a rien de nouveau dans la *Krisis*, dit-il. À quoi, avions-nous ajouté : *du moins au niveau des matériaux*. La configuration, en revanche, elle, est tout à fait inédite. La nouveauté est dans la façon dont Husserl fait communiquer les différentes strates. Et cela, comme nous l'avons suggéré, entraîne des effets aussi sur le fond. Le traitement consacré au thème du monde de la vie en est un exemple. Abordé dans les manuscrits des années vingt, en fonction de la distinction entre sciences de la nature et sciences de l'esprit, il est présenté dans la *Krisis* d'une façon nouvelle, sans doute en raison du voisinage avec, d'un côté, *l'idée d'une généalogie de l'objectivité*, d'une prise en charge de l'ambiguïté du problème de l'existence véritable du monde et, de l'autre, l'exigence (tout à fait extrinsèque par rapport au projet de départ) de retrouver le sol transcendantal à travers la réduction. D'où l'idée d'en faire une ontologie.

Mais même une telle thèse serait à nuancer. Enchâssés dans la masse de la *Krisis*, l'on peut trouver des pages d'une grande valeur théorique. Les analyses sur la mathématisation de la science de la nature par Galilée[1], à raison souvent au centre de l'intérêt des interprètes, ainsi que les très belles pages sur Hume ou sur la substruction. Autant d'éléments, plus faciles à isoler, qui contribuent à la richesse de la texture d'un tel ouvrage.

C'est pourquoi, à la recherche d'un titre pour ce recueil qui condense en partie les résultats d'une journée d'études organisée par l'université Lille 3 le 18 février 2005, nous avons été tentés à un moment de parler d'*esquisses* de la *Krisis*, le mot « esquisse » devant être pris au sens proprement husserlien d'*Abschattung*. Devant les esquisses, nous sommes à la fois en présence de la chose elle-même sans qu'elle nous soit donnée d'emblée, dans son intégralité. La partie témoigne du tout et instruit le regard. Après avoir insisté dans notre introduction sur le caractère multiple de la *Krisis*, il faudra conclure en touchant un mot sur son unité. Les études qui suivent représentent non pas des essais de spécialistes penchés sur l'un ou l'autre des aspects de ce texte. Il s'agit plutôt d'autant de tentatives de cerner la totalité de la *Krisis* à partir d'un aspect, d'une esquisse de l'ensemble de l'œuvre.

Finalement, nous avons opté pour le titre, plus discret, de *Lectures de la Krisis*. Mais l'idée de départ demeure. Chaque étude accède au texte par le biais de l'une de ses strates. Chacune essaye de se frayer un chemin, qui suit la texture même de cette œuvre, et qui mène à l'*idée* d'une vision globale de la *Krisis*. C'est que ce livre exige, comme peu d'autres, un tel type de lecture, nécessairement biaisé.

Outre les textes issus du colloque lillois sur la *Krisis*, la deuxième partie de ce recueil contient également quatre traductions d'articles désormais classiques :

Aron Gurwitsch, « Husserlian Perspectives on Galilean Physics », in *Phenomenology and the Theory of Science*, éd. by Lester Embree, Northwestern University Press, Evanston 1974, p. 33-59.

Iso Kern, « Die Lebenswelt als Grundlagenproblem der objektiven Wissenschaften und als universales Wahrheits- und Seinsproblem », in Elisabeth Ströker (éd.) *Lebenswelt und Wissenschaft in der Philosophie Edmund Husserls*, Klostermann, Francfort, 1979, p. 68-78.

Walter Biemel, « Zur Bedeutung von *Doxa* und *Episteme* im Umkreis der Krisis », *ibid.*, p. 10-22.

1. Cf. *infra* Vincent Gérard, « Husserl et la mathématisation galiléenne de la nature », ainsi que la traduction de l'article célèbre de Aron Gurwitsch, « Perspectives husserliennes sur la physique galiléenne », respectivement p. 63-102 et 197-222.

Ludwig Landgrebe, « Husserls Abschied vom Cartesianismus », in *Der Weg der Phänomenologie*, Gütersloher Verlagshaus Gerd Mohn, Gütersloh, 1969, p. 163-206.

Nous remercions tout particulièrement M. Detlev Langrebe d'avoir autorisé la traduction de cet article. Nous tenons aussi à remercier Jean-François Courtine de bien avoir voulu accueillir ce volume dans cette collection.

LA CRISE DE LA RAISON ET L'ÉNIGME DU MONDE

Les instincts intellectuels révèlent l'époque historique à laquelle ils appartiennent. Depuis le XVIIIe siècle, la pensée moderne a prospéré dans une atmosphère de crise. Dans diverses expressions historiques de l'esprit moderne, la crise définit de manière rhétorique les circonstances dans lesquelles la prise de conscience du futur se détache de la conscience du passé. En art moderne, on parle de crise de la représentation. En physique moderne, on parle de la crise du paradigme newtonien. On parle de la crise du libéralisme moderne. Et bien sûr, il y a la crise de la philosophie. La saturation de la conscience moderne par l'urgence de crise réside dans la crise de la crise, c'est-à-dire dans l'incapacité contemporaine de percevoir et de répondre à toute crise sérieuse. C'est comme si le dernier des instincts modernes avait été rendu insensible et transformé soit en ironie soit en cynisme. La rhétorique de la crise est le dernier modernisme à tomber sous le cliché. Le mouvement non-dialectique du modernisme a donc pris fin. Le temps de crise qui définissait la conscience intellectuelle de la fin du XIXe et du début du XXe siècle a été remplacé par une fatigue de crise sous la forme d'une célébration ou d'une reconnaissance de la fin : la fin de l'art, la fin de la littérature, et la fin de la philosophie. Après ce déluge, nous entrons dans une époque dépourvue d'instincts historiques.

De tous les projets de la modernité qui évoquaient une conscience de la crise, la phénoménologie transcendantale de Husserl est sans aucun doute le plus étrange. Dans le titre du dernier ouvrage de Husserl, on discerne clairement la conjonction de la crise de la rationalité européenne et de la promesse d'une phénoménologie transcendantale. Cependant, le terme transcendantal dans le titre devrait nous suggérer que nous ne pouvons pas présupposer le sens du concept de crise chez Husserl. Cette confluence surprenante de la phénoménologie transcendantale et de la crise de la culture européenne nous signale que nous ne pouvons pas lire l'œuvre de Husserl en nous basant sur nos présupposés sur le sens de la crise ou de la philosophie, c'est-à-dire de la crise de la philosophie. En fait, Husserl écarte rapidement dans les premières pages de son œuvre les visages familiers de la crise. Chez Husserl, il ne s'agit ni de la crise théorique des fondements de la physique moderne ni de ses conséquences technologiques ou sociales. La crise, pour Husserl, sera d'emblée plus concrète et plus abstraite.

Le projet d'une philosophie phénoménologique est inséparable d'une remarquable exigence de commencement radical, qui prend la forme précise du détachement d'une possibilité de confrontation fondamentale avec le monde en tant que question, ce que Husserl définit comme l'énigme du monde (*die Welträtsel*). La phénoménologie transcendantale dénomme ainsi une certaine possibilité philosophique de questionner le monde d'une manière fondamentale. À cet égard, la réflexion-méditative (*die Besinnung*) husserlienne doit être comprise comme réflexion sur ce qui s'appelle, autant que sur ce qui appelle à, penser. Mais l'appel à la *Besinnung* doit également donner forme à un projet conceptuel dans lequel une décision fondamentale peut être à la fois formulée clairement et façonnée persuasivement, quant à ce qui se trouve mis en jeu par l'affirmation que le monde est une question faisant directement appel à la responsabilité de penser. Cet amalgame d'un commencement d'une tâche infinie et d'un commencement menant au seuil d'une décision est sans doute le mieux mis en relief dans le dernier grand ouvrage de Husserl, intitulé fort à propos *Die Krisis der europäischen Wissenschaften und die transzendentale Phänomenologie*.

Un tel tournant soulève bien des questions. Comment une tâche infinie pourrait-elle nous mener à une décision ? Comment une tâche infinie peut-elle avoir un commencement défini ? Une telle décision, comme commencement, pourrait-elle servir à lancer une tâche infinie et, par là, ouvrir la possibilité de déterminer la subjectivité humaine dans les termes de ce projet infini nommé philosophie phénoménologique ? Ou bien, la tâche infinie de la philosophie phénoménologique n'est-elle qu'une absence d'aboutissement, la mise en œuvre d'une possibilité inactualisable de décision qui, par définition, ne peut être ni rendue ni prise ? Ces interrogations préliminaires convergent en une seule question centrale où se focalisent mes réflexions : comment une possibilité fondamentalement neuve de questionner le monde prend-elle part à ce monde tel que nous le connaissons, comment s'y enracine-t-elle, et comment peut-elle lui donner forme ?

C'est là justement le centre de gravité du questionnement de Husserl dans la *Krisis*, centre de force à partir duquel notre pensée s'éveille pour être guidée vers une confrontation originale avec le thème de la *Lebenswelt*. La *Krisis* s'organise autour d'une découverte dont le sens n'est pas clairement dégagé par les circonstances de son dévoilement. Husserl considère que la phénoménologie transcendantale est singulièrement à même, sur le plan méthodologique, de reconnaître et de mettre en évidence le problème de la *Lebenswelt* en tant qu'articulation de la question du sens de l'être du monde (*nach [dem] Seinssinn der Welt*). De l'aveu de Husserl, l'objectif de la phénoménologie transcendantale est de mettre à jour « l'énigme de toutes les énigmes » (*das Rätsel aller Rätsel*), c'est-à-dire, « le problème du monde, devenu problème conscient, celui de la plus profonde liaison essentielle de la raison et de l'étant en général (...) »[1]. Bien entendu, il serait dénué de sens ou incongru de la part de Husserl d'avancer que le questionnement du sens de l'être du monde ne peut être d'abord mis à jour ou rendu possible que par la phénoménologie transcendantale. De toute évidence, le monde a toujours été vécu comme une sorte de question, ainsi qu'on peut le voir par exemple dans les plus anciens sites archéologiques qui portent déjà les traces d'une conscience humaine d'exister dans un monde. D'ailleurs, l'astronomie et l'astrologie étant présentes dans les plus vieux documents historiques, nous pouvons constater le lien insécable entre la conscience d'un univers ordonné et la conscience de l'existence elle-même. En outre, si l'on approche l'idée de cosmologie d'après la définition qu'en a proposé Rémi Brague dans *La Sagesse du monde*, la quête phénoménologique husserlienne d'un « logos du monde » (*Logos der Welt*) peut être considérée comme une tentative de « cosmologie phénoménologique » ou de « cosmologie du vécu ». Dans cette optique, le « logos du monde » de Husserl devient, pour employer la définition de Brague, « non un simple discours, mais une façon de rendre raison du monde dans laquelle doit s'exprimer une réflexion sur la nature du monde comme monde »[2]. Une composante réflexive, ce que Husserl appelle la *Besinnung*, est nécessairement présente dans toute cosmologie, ce qui montre que la conscience du monde est un problème théorique, avant même de se poser en problème pratique.

Cependant, c'est en se plaçant en retrait de la tradition historique qui présentait le monde d'abord comme nature, et aboutissait à l'émergence de la science moderne, que Husserl affirme résolument que le sens « réel » du questionnement de « l'être du monde » n'a pleinement été compris que grâce à la phénoménologie transcendantale. Une telle assertion constitue, d'une part, une affirmation générale quant à l'idée de spéculation cosmologique en tant que telle et, d'autre part, une affirmation restreinte de la

1. *Krisis*, Hua. VI, p. 12, trad. fr. p. 19.
2. Rémi Brague, *La sagesse du monde*, Paris, Fayard, 1999, p. 14.

singularité philosophique et de la nécessité de la philosophie transcendantale. Afin d'évaluer correctement une telle revendication, il nous faut préalablement admettre que la force de la confrontation phénoménologique avec la *Lebenswelt* problématise ce qui a toujours été mis d'emblée au cœur même du *sens* de tout questionnement du monde, à savoir, sa possibilité. En gardant cette suggestion à l'esprit, nous pouvons mieux comprendre l'originalité de la revendication husserlienne. L'expérience primordiale du monde est-elle une expérience du monde en tant que question, même si son sens reste « caché » pour l'expérience vécue ? Dans quel sens la forme fondamentale du monde est-elle la possibilité du monde en question ?

En se demandant si le monde peut devenir le thème d'une question fondamentale, on se pose en effet la question de savoir comment la philosophie est possible. En fait, la difficulté à faire du monde dans sa totalité un objet d'une conscience théorique est inséparable de la difficulté à définir l'objet propre de la réflexion philosophique. Dans ses leçons de 1922/23 *Einleitung in die Philosophie*, Husserl remarque qu'il existe de grandes difficultés à définir clairement l'objet proprement philosophique. Tandis que d'autres domaines scientifiques et entreprises humaines bénéficient d'une définition pré-donnée de leurs thèmes (par exemple, la vie biologique, la nature inorganique), la philosophie ne commence pas avec une « expérience naturelle pré-donnée ». La réflexion philosophique n'offre pas non plus une correction à la compréhension pré-scientifique ou à des théories scientifiques. Les problèmes philosophiques ne sont pas des problèmes d'un ordre supérieur dans une hiérarchie de problèmes positifs. Malgré ce manque de thème pré-donné, la philosophie s'oriente vers la totalité du monde dans son universalité concrète (*das Weltall in seiner vollen Universalität*) et vers la totalité des étants (*das All des Seienden überhaupt*)[1]. Le problème de la philosophie est donc qu'il n'y a pas d'évidence du fait qu'il y a un problème. La première (et peut-être la seule vraie question philosophique) est donc : où et comment commence cette entreprise non-naturelle qui s'appelle philosophie ?

Dans la préface de l'ouvrage que Husserl envisageait comme une suite de la première partie de la *Krisis* (ouvrage lui-même inachevé), il compare la publication préalable de ses deux premières sections (§ 1-27) dans la revue *Philosophia* à l'ouverture « d'une grande œuvre musicale » (*eines*

1. Hua. XXXV, *Einleitung* in *die Philosophie,* éd. Bernt Goossens, Amsterdam, Kluwer Academic Publishers, 2002, p. 5.

großen musikalischen Werkes) ayant subi une interruption inattendue[1]. À cause du déclin de sa santé et des difficultés inhérentes à « den Sachen selbst », la publication de la suite projetée (§ 28-73, inédites du vivant de Husserl), aura lieu, Husserl l'écrit à regret, bien après (*sehr verspätet*) l'introduction première de ses thèmes principaux et de son programme dans *Philosophia*. C'est cette situation que Husserl compare à celle d'une œuvre musicale dont l'interprétation s'est interrompue à son début, suspendue dès la fin de l'ouverture, mais qu'on reprend, non pas en rejouant l'ouverture annonçant les mouvements principaux de l'œuvre, mais plutôt en entamant directement les mesures de ces mouvements. Bien que Husserl n'applique cette comparaison qu'aux deux premières sections de la *Krisis*, cette image d'une ouverture à une œuvre musicale inachevée constitue une bonne description du caractère inachevé du projet de la *Krisis*, tant sous sa forme actuellement publiée dans *Husserliana* VI, qu'avec le supplément *Ergänzungsband* de *Husserliana* XXIX. Il se pourrait même que cette métaphore représente l'aperçu le plus fidèle et le plus révélateur de la philosophie phénoménologique dans son entier.

Si nous considérons la *Krisis* de Husserl comme l'ouverture « d'une grande œuvre », alors comment envisager la phénoménologie comme ouverture d'une possibilité à venir ? Une ouverture musicale introduit les thèmes principaux d'une composition d'une manière relativement succincte et sans toutefois pleinement en développer la thématique. En tant qu'entrée en matière, l'ouverture pose les bases de l'univers musical et, dans le cas plus particulier d'un opéra (ce que Husserl avait à l'esprit), fixe le ton dramatique et le caractère général de ce que nous sommes sur le point d'écouter et d'éprouver. L'ouverture, de plus, annonce principalement un conflit central et laisse présager son dénouement, comme c'est le cas dans l'Ouverture du *Don Juan* de Mozart. L'action est ébauchée et les tensions et thèmes principaux sont indiqués sans pour autant spécifier les trajectoires de résolution narrative qu'il incombe à l'action dramatique de montrer. Pour adopter une expression phénoménologique, une ouverture peut être considérée comme une « ouverture de possibilité » (*eine Vermöglichung*) dans laquelle rien n'est préalablement donné sinon un espace de possibilités, comme si l'ouverture ouvrait véritablement l'espace des possibles où l'action va se dérouler. Pour ce qui est du ton dramatique, une ouverture instaure un monde sous tension en fonction des directions possibles de sa résolution. Une ouverture, en tant qu'« ouverture de possibilité » (*Vermöglichung*), nous conduit au seuil d'une décision en nous préparant à une

1. Hua. VI, p. 435, trad. fr. p. 481.

résolution ; elle captive notre attention et l'oriente d'une manière qui reflète, et donc anticipe, le déroulement des possibilités et leur sens dramatique. Pour le dire d'une manière plus imagée, l'ouverture nous donne l'oreille avec laquelle écouter et, par analogie, l'ouverture de la *Krisis* entend nous donner les yeux grâce auxquels nous pouvons voir philosophiquement.

Selon ce registre métaphorique, Husserl suggère donc que l'exercice de la réflexion méditative (*die Besinnung*) qui informe l'argument de la *Krisis* doit être compris comme « une pré-réflexion méditative contenue en elle-même » (*eine relative in sich geschlossene Vorbesinnung*), une préparation à la réflexion. Dans la préface que nous commentons ici, Husserl souligne très explicitement cette différence entre *Besinnung* et *Vorbesinnung*, bien que cette différence ne doive pas être comprise comme séparant deux notions phénoménologiques distinctes de réflexion. La reformulation de la *Besinnung* de la *Krisis* en termes de *Vor-Besinnung* souligne le caractère préliminaire, voire encore indécis, des problèmes déclarés qui définissent le point de mire théorique, et donc la direction, de la *Krisis*.

L'exercice de la *Vorbesinnung* est en outre défini par Husserl comme mettant en évidence « une idée provisoire » (*Idee im voraus*), ou, pour le dire autrement, « une idée dans le préalable » (*eine vorläufige Idee*). Cette notion « d'une idée dans le préalable » possède d'une part l'aspect régulateur de l'Idée kantienne, mais d'autre part, si nous interprétons « l'idée provisoire » comme idée en avant d'elle-même, il nous faut alors modifier le sens dans lequel, en tant qu'idée, elle règle ou dirige la pensée.

Cette distinction entre idée et idée provisoire se trouve aussi dans les leçons de 1922/23 *Einleitung in die Philosophie*. Dans ces leçons, Husserl divise son introduction historique à la philosophie en deux étapes, « Vorspiel » et « Spiel ». Un exercice préparatoire ou une répétition (*Vorspiel*) de réflexion sur la tâche et le concept de philosophie est destiné à diriger nos attentes philosophiques en éveillant en nous ce que Husserl appelle une pré-idée de la philosophie. Husserl caractérise cette pré-idée, comme il le fera plus tard dans la *Krisis*, comme une intention dépourvue de la plénitude de l'idée de la philosophie. Dans ces leçons et comme dans la *Krisis*, « eine Idee im voraus » est une réflexion qui clarifie sans donner à voir quelque chose de déterminé car elle clarifie la forme d'une possibilité en tant que telle. Voilà pourquoi cette curieuse clarification du sens ne va pas sans son propre type d'évidence car, comme le note Husserl, la *Vorbesinnung* s'accompagne aussi d'une « Evidenz im voraus ». Comment une clarification préliminaire peut-elle produire une évidence qui devance ce qui est donné ou montré ? Nous pouvons deviner dans ce vocabulaire de Husserl, « Evidenz im voraus », « Idee im voraus » et « Vor-besinnung », l'armature d'une « intention vide », bien que d'un genre tout à fait particulier. Ce qui est propre à la structure de la *Vorbesinnung* c'est que l'évidence qui y est donnée fournit des indications (*Indizes*), non pas d'un phénomène précis, mais plutôt d'une *Fragestellung* précise[1]. Une autre façon d'approcher la question est de considérer la notion husserlienne de *Vorbesinnung* et son développement dans la *Krisis* comme une « phénoménologie de la question » dans laquelle le sens même du questionnement est matière à réflexion et élucidation. C'est en ce sens que Husserl parle du but principal de la *Vorbesinnung* en termes d'« ouverture » ou de « détachement » d'une possibilité (*eine Möglichkeit freilegen*)[2]. Le statut préliminaire de la *Vorbesinnung* est donc destiné à susciter un répondant théorique à ce que Husserl annonce comme « un nouveau type de but et méthode » de la phénoménologie transcendantale. Cette préparation consiste à apprendre comment questionner philosophiquement, c'est-à-dire, à redécouvrir comme si c'était la première fois les motivations et les objectifs de base du questionnement philosophique. Ce processus d'apprentissage est cela même que la méthode de réflexion transcendantale tente de représenter.

Cette « Evidenz im voraus » indique donc la présence d'une forme de « voir » ou de « contempler », dont le but principal est de retirer à ce qui va de soi, pour nous et d'ordinaire, tout caractère d'évidence. Ainsi, « Evidenz im voraus » est une forme préliminaire d'évidence, une anticipation d'évidence, dans le sens précis où ce qui devient alors évident est une sorte de naïveté à partir de quoi la possibilité d'une question se détache. De plus, comme ensemble d'indications qui situent ou « instaurent » cette possibilité, l'évidence anticipatrice révèle également ce phénomène vers lequel la question nous oriente. D'un côté, nous voilà munis d'une « Idee im voraus », une perspective qui ouvre sur une capacité qui est loin d'être entièrement acquise. D'un autre côté, nous sommes également orientés dans une direction bien particulière car nous « voyons » pour la première fois ce qui faisait défaut dans notre « voir » et que, par conséquent, nous n'étions pas en mesure de questionner. La *Vorbesinnung* de Husserl est une réflexion qui révèle et détache une possibilité, une *Fragestellung*, mais en même temps « instaure » cette possibilité, c'est-à-dire, nous révèle le « phénomène » en question. Deux aspects distincts du questionnement font donc jour au sein du mouvement de la *Vorbesinnung* : la possibilité d'un questionnement se détache d'une certaine naïveté, et ce sur quoi porte la question apparaît, devient manifeste comme thème de

1. Hua. VI, p. 441.
2. Hua. VI, p. 136, trad. fr. p. 154.

pensée. Nous acquérons par là le sens d'un questionnement que nous n'avions guère pressenti comme question sensée.

Il semblerait que l'introduction de cette distinction entre *Vorbesinnung* et *Besinnung* (*Vorspiel* et *Spiel*) amène des complications non nécessaires. Pourquoi ne pas simplement commencer ? Pourquoi Husserl insiste-t-il sur un exercice actif de préparation pour un commencement ? Pour Husserl, la fonction de la *Vorbesinnung* n'est pas seulement méthodologique. Cette réflexion préparatoire sur la tâche et le concept de philosophie doit aussi éveiller une responsabilité intellectuelle. Même l'intérêt pour la philosophie, que le commencement de la philosophie présuppose, n'est pas gratuit et donc doit être inauguré. Dans ses leçons de 1922/23 *Einleitung in die Philosophie*, Husserl écrit que ce qui est accompli avec le *Vorspiel* de la réflexion est « une disposition ou préparation de l'esprit » (*eine seelische Bereitschaft*) qui nous permet de prendre au sérieux la possibilité de la philosophie comme la plus haute possibilité de l'être humain. Ce pré-engagement pour une possibilité demande ce que Husserl appelle une résolution (*Entschluss*) pour une responsabilité absolue de soi-même. Husserl informe ses étudiants dans ses leçons que le but de l'histoire de la philosophie n'est pas de raconter des histoires (une allusion à Platon, *Sophiste*, 242c) ni de recevoir de bonnes notes ou d'être accepté socialement[1]. Les réflexions historiques nous permettent de prendre au sérieux la possibilité d'une vie philosophique en termes de responsabilité absolue envers soi-même. Nous devons nous engager absolument pour un commencement qui n'est pas encore totalement compris. Pour Husserl, le premier obstacle, peut-être le plus difficile, n'est pas de trouver la question. La possibilité pour le questionnement doit exister comme une possibilité radicale pour l'être humain.

Il ne s'agit en fait de découvrir ni un nouveau problème ni une nouvelle approche à une vieille question, mais de manière plus insaisissable, un nouveau sens à la démarche même de questionnement, un nouvel horizon de signification dans lequel on pourrait restituer et réinaugurer l'entreprise philosophique. « Nous sommes ici », nous dit Husserl, « des débutants absolus »[2]. Le défi du recommencement consiste néanmoins à poser une question envers laquelle nous ne pouvons former aucune préconception adéquate, car elle est sans précédent. Un tel commencement radical comme début possible « se produit, comme dans toutes les tâches qui sont par

1. Hua. XXXV, p. 51.
2. Hua. VI, p. 130.

principe d'un genre nouveau et pour lesquelles on ne peut même pas se laisser guider par une analogie, dans une certaine naïveté inévitable »[1].

Est-il toutefois possible de commencer « absolument », c'est-à-dire naïvement et sans présupposés quant à ce qui est en question ? Ne nous trouvons-nous pas en présence d'une variante du paradoxe de Ménon ? D'après Ménon, « comment peux-tu espérer chercher une chose que tu ne connais pas du tout ? Au cas où tu la trouverais, comment sauras-tu que c'est là la chose dont tu ne savais rien ? »[2]. La révélation de la *Vorbesinnung* opère un « positionnement de la question » (*eine Fragestellung*) spécifique qui commence naïvement. En d'autres termes, la naïveté que Husserl place au début est une naïveté d'où la question, pour ainsi dire, se détache. La naïveté ne doit pas être confondue avec l'ignorance ou le manque de savoir. Au contraire, la naïveté est un manque à reconnaître ; pas seulement un défaut de reconnaissance mais, plus précisément, le fait de ne pas problématiser ce qui semble aller de soi dans une forme donnée de savoir. Être naïf dans notre savoir c'est alors ne pas réaliser pleinement le sens de ce que nous prétendons savoir et de ce dont nous prétendons faire l'expérience. C'est un manque à réfléchir sur le sens de la manière dont notre savoir contient quelque chose qui va de soi et s'appuie sur quelque chose qui ne peut pas être explicité. Devenir conscient de notre naïveté, comme l'exige l'appel husserlien à la *Vorbesinnung*, nous mettra en position de questionner le sens de cela même envers quoi nous sommes naïfs et que nous considérons comme allant de soi dans notre naïveté.

Sur la base de ces observations, je crois que la *Vorbesinnung* est la mise en œuvre d'une certaine forme de manque à savoir (*unknowning*) à laquelle Husserl donne le nom de naïveté. Comment donc nous placer par réflexion en position de manque à savoir, c'est-à-dire, une innocence transcendantale ? Comme nous ne partons jamais du manque à savoir, il nous faut arriver à une position de manque à savoir et lui donner une valeur. Ainsi, il nous faut mettre en œuvre une circonstance au sein de laquelle le monde nous devient incompréhensible. Aux tréfonds de l'expérience de la pensée chez Husserl, il y a la conviction du manque à savoir en tant que possibilité latente de la signification. L'effort d'éclaircissement de ce manque à savoir enraciné dans l'expérience du monde est l'effort même de questionner philosophiquement. C'est cela que la *Fragestellung* transcendantale incarne : la découverte d'une relation théorique avec le manque à savoir en tant que naïveté, et le sens de ce qui se cache dans ce qui va de soi dans le

1. Hua. VI p. 158, trad. fr. p. 177.
2. *Ménon*, 80d.

monde en tant que « donné ». Si cette caractérisation de la *Vorbesinnung* est correcte, notre question de départ prend alors la forme suivante : nous sommes à même de saisir le mouvement de la *Vorbesinnung* comme établissant une condition dans laquelle le monde nous devient incompréhensible d'une manière fondamentale.

Mais que rend visible l'incompréhensibilité ? Husserl définit le thème de la *Lebenswelt* comme la question de l'être du monde. Il affirme également que le sens du questionnement du monde en termes de *Lebenswelt* n'a jamais été jusqu'ici tiré au clair. Cette affirmation sur la question de la *Lebenswelt* reflète directement ce qui, du monde, est en question : ou, pour le dire plus clairement, la *Lebenswelt* de Husserl veut dire « ce qui est le plus familier de l'expérience » (*das Allerbekannteste*) auquel il se réfère plus souvent comme « ce qui est le plus manifeste » (*Selbstverständlichkeit*), c'est-à-dire le donné du monde. Si la *Lebenswelt* est ce qui est le mieux connu, il s'agit également de ce qui est toujours manifeste pour nous ; c'est la dimension de la signification et de l'activité humaine « dans laquelle nous nous mouvons ». Mais comme il s'agit également pour nous de ce qui est caché, puisque nous ne l'avons pas encore reconnu ni questionné, la *Lebenswelt* est aussi ce qui est le plus lointain de nous. La découverte de ce sens neuf du questionnement du monde dans son « donné » est rendue possible grâce à l'éclaircissement d'une forme exemplaire du manque à savoir, la naïveté de ce que Husserl appelle « objectivisme » et la forme de connaissance qu'incarnent la science moderne et le naturalisme. Réfléchir au sens de ce manque à savoir permet de détacher la possibilité de mettre en question la *Lebenswelt* enfermée dans son évidence dissimulée et insaisissable. De quoi cette possibilité de mise en question se détache-t-elle, et qu'instaure-t-elle ? Elle se détache de la naïveté et elle s'instaure dans la *Lebenswelt*. Cette « donation » (*Freilegung*) d'une possibilité s'articule comme la « Vermöglichung » de questionner la *Selbstversändlichkeit* sur l'influence du manque à savoir de ce qui est su. Mais comme le demande Husserl dans les textes de la *Krisis* : « est-ce là, généralement parlant, une entreprise pourvue de sens ? » [1]. Le monde peut-il, en effet, me devenir dans sa totalité incompréhensible ? Y a-t-il une quelconque signification philosophique à questionner ce qui par définition résiste au questionnement, le donné du monde, qui, bien sûr, va sans dire ?

Ces réflexions sur la signification de la *Vorbesinnung* phénoménologique ont mis en relief une distinction entre la naïveté, comme manque de

1. Hua. VI, p. 466, trad. fr. p. 517.

savoir d'où se détache la possibilité d'une question, et la « donation primordiale de ce qui est manifeste » (*vorgegebenerSelbstverständlichkeit*) comme objet du questionnement husserlien de la *Lebenswelt*. Une telle distinction est cruciale à la compréhension de ce que j'ai proposé comme le centre de la *Krisis* de Husserl : comment une nouvelle possibilité de questionner le monde entre dans le monde ? Comme cette distinction est essentielle à la résolution du problème de départ (à savoir : comment la phénoménologie peut-elle prétendre annoncer la possibilité d'une question sans précédent ?) elle ébauche également ce qu'il y a de singulier dans le thème de la *Lebenswelt*.

L'exigence d'une *Vorbesinnung* mettant en œuvre une *Fragestellung* reflète la présence indistincte de la *Lebenswelt*. Comme le déclare Husserl :

> Dans le monde de la vie dans lequel nous vivons, la conscience en témoigne toujours ; il n'y a normalement aucune motivation pour nous d'en faire expressément un thème (*normalerweise ist kein Anlaß, uns sie [die Welt] universal als Welt ausdrücklich thematisch zu machen*)[1].

Ce qui explique l'impossibilité de traiter la *Lebenswelt*, son caractère insaisissable, sa résistance à devenir thème pour la pensée, c'est le fait que la *Lebenswelt* ne motive nullement son propre questionnement. La *Lebenswelt* ne se questionne pas. La possibilité de questionner la *Lebenswelt* ne se donne pas clairement à partir de l'expérience du monde vécu car la *Lebenswelt* n'offre ni la motivation ni les conditions d'émergence d'une telle possibilité. À vrai dire, ce qui est par définition hors question est cela qui n'admet pas la possibilité d'être soi-même en question. Ce qui va de soi est cela qui ne peut jamais devenir la motivation ou la cause de sa propre mise en question.

L'absence de motivation dépend de l'absence de tout intérêt déterminé susceptible de provoquer ou produire la possibilité du questionnement. En d'autres termes, existe-t-il un intérêt qui serait capable d'attirer notre attention sur la *Lebenswelt* ou de transformer la *Lebenswelt* en quelque chose que nous aurions intérêt à questionner ? Ce qui demeure « préthématique » et « présupposé » ressemble fort à quelque chose qui resterait « derrière notre dos » et envers lequel nous ne pourrions trouver aucun intérêt propre à en faire une cause de souci. La *Lebenswelt* est donc ce envers quoi nous n'avons aucun souci et sommes nécessairement indifférents, voire aveugles. Ce qui est pour nous source de souci et donc de signification possible est quelque chose auquel nous trouvons un intérêt.

1. Hua. VI, p. 459, trad. fr. p. 508.

Nous octroyons une signification en fonction d'un but. Un monde en tant qu'ensemble autonome de significations peut être considéré comme une « forme avec un but » (*Zweckgebilde*) qui se structure en un monde pour nos actions et nos pensées, un ensemble ou un noyau de possibles, à la fois en termes d'actions et de significations.

Il n'est pas rare aujourd'hui de parler d'une pluralité de mondes : le monde du sport, le monde universitaire, le monde de la finance, etc. Parler ainsi de mondes au pluriel désigne exactement ce que Husserl déclare comme « l'universalité déterminée » (*bestimmte Universalität*) de mondes différents, chacun défini par un ensemble d'intérêts spécifiques. Nous pouvons parler de chaque monde particulier comme un système de référence, dont la caractéristique de base est un horizon d'intérêt qui définit chaque monde particulier d'une manière spécifique, bien que chaque monde soit aussi « universel ». Un monde est universel en tant qu'ouvert à des possibilités, mais la caractéristique de base de ces possibilités est l'indétermination. « Chacun de ces "mondes" possède, grâce au *télos* du métier, une universalité particulière déterminée, celle de l'horizon infini d'une certaine "totalité" (*Allheit*) »[1]. Toutefois, l'horizon ouvert de tout monde particulier est une multiplicité non définie de possibilités et dans ce sens-là, cette multiplicité peut être dite « finie » :

> La finitude consiste en ceci, qu'elle possède un horizon fermé de possibilités : les possibilités vagues du pouvoir-expérimenter et du pouvoir-faire (*Die Endlichkeit besteht darin, daß sie einem unerschlossenen Horizont vager Möglichkeiten des Erfahrens- und Tunkönnens hat*)[2].

Et pourtant, en dépit des mondes multiples qui définissent nos vies, ou peut-être de ce monde-là qui est devenu notre sphère, « ne vivant thématiquement que dans le monde particulier (sous la domination du but le plus élevé, qui "fait" un tel monde), le monde de la vie est donc hors-thème, et tant qu'il reste hors-thème nous n'avons donc thématiquement comme monde, en tant qu'horizon de nos intérêts, que notre monde particulier »[3]. Chaque monde, défini comme centre d'un ensemble d'intérêts particuliers, peut être considéré comme un projet et, dans la mesure où un projet se définit par un intérêt et une intention spécifiques, chaque projet est particulier. Cependant, puisqu'un projet est un intérêt ou un objectif qui englobe un ensemble de possibilités, ou donne son orientation à un monde de possibles, chaque projet (ou chaque monde-intérêt) est universel dans le

1. Hua. VI, p. 460, trad. fr. p. 510.
2. Hua. VI, p. 499, trad. fr. p. 552.
3. Hua. VI, p. 459, trad. fr. p. 508.

sens « d'un tout » (*Allheit*). Néanmoins, un monde formé par un projet défini est également un monde qui aurait pu ne pas être, puisque son existence dépend de l'horizon d'intérêt particulier qui le maintient. On peut en outre décrire un monde-intérêt en tant que monde ouvert à un questionnement dont la modalité de base est la mise en doute, ceci surtout en raison du fait que l'on peut imaginer, à propos de tout monde-intérêt précis, que ce monde aurait pu ne pas être. Le caractère de base d'un monde-intérêt est par conséquent la possibilité d'une évasion, que ce soit une évasion pratique, théorique ou un essor de l'imagination. La difficulté d'exister dans une pluralité de mondes est donc des plus claires : il s'agit du problème d'intégrer les différents mondes d'intérêt de nos vies en un seul monde cohérent ou en une trajectoire uniforme.

La *Lebenswelt*, toutefois, n'est pas un monde-intérêt particulier ni un monde défini par un intérêt général ou universel. En un sens très important, la *Lebenswelt* n'est pas un monde, si nous l'entendons au sens que nous venons de préciser. La *Lebenswelt* n'est pas non plus une sorte de « métrique » théorique ou pratique qui nous permettrait de calibrer ou d'intégrer divers projets en un tout cohérent. Il serait erroné de concevoir la *Lebenswelt* comme une structure culturelle ou sociale « universelle » que toutes les sociétés possibles auraient en commun. Lorsque Husserl parle de la *Lebenswelt* comme d'un type invariable (*invariant Typik*) et d'un « style » d'expérience de base, il ne faut pas l'entendre comme une dimension « culturelle » ou « anthropologique » invariable, la dimension tacite d'une expérience partagée du monde. Bien au contraire, l'articulation par Husserl d'une pluralité de mondes qui sont à la fois déterminés par un ensemble d'intérêts particuliers et en même temps universels (dans le sens d'une « Allheit »), situe la *Lebenswelt* et son universalité de « vorgegebene Selbstverständlichkeit » au-delà de la naïveté inhérente et de la dimension tacite des mondes particuliers. À cet égard la *Lebenswelt* n'est pas non plus une dimension tacite de compréhension qui pourrait devenir explicite sous certaines conditions. Bien plutôt, la *Lebenswelt* possède un caractère anonyme ; ce n'est pas une structure de sens que nous serions ordinairement à même de revendiquer ou d'avoir comme intérêt. Au lieu d'être une dimension tacite de compréhension, la *Lebenswelt* est un « avoir » (*Habe*), c'est-à-dire, moins qu'une forme de savoir mais aussi plus qu'un « sentiment » amorphe. C'est cet unique et insaisissable « avoir » du monde qui ne nous met en possession d'aucun savoir mais sert de base pour la possibilité et la volonté de savoir que Husserl reconnaît comme le caractère particulier d'une *doxa*. Ni forme implicite de savoir ni forme de manque à savoir, la *doxa* de la *Lebenswelt* « est le monde sans cesse donné d'avance, valant sans cesse et d'avance comme étant, mais qui ne tire pas cette validité d'un projet, ou d'une thématique quels qu'ils soient, ni conformément à un but universel quelconque. Tout but au contraire le présuppose, y compris le but universel de le connaître dans une vérité scientifique »[1]. Nous sommes à même d'établir que ce qui distingue de manière essentielle les mondes-intérêt du monde-vécu n'est pas seulement que le monde-vécu conditionne les mondes-intérêt comme fond de possibilité sur lequel les mondes-intérêt se projettent. Tout aussi important, chaque monde-intérêt est une possibilité qui aurait pu ne pas être et se manifeste donc comme une évasion possible, tandis que la *Lebenswelt* est ce style intramondain d'expérience dont on ne peut s'évader. Peut-être est-ce alors cette inéluctabilité du monde vécu qui nous empêche de le reconnaître ?

Ces remarques sur la différence entre le monde-intérêt et la *Lebenswelt* nous permettent de mieux apprécier notre interrogation centrale, à savoir comment la possibilité de questionner la *Lebenswelt* peut-elle entrer au monde ? Le problème est donc clair : comment la philosophie peut-elle prétendre questionner la *Lebenswelt* si elle-même est un intérêt universel particulier, si elle est motivée donc par un intérêt ou une volonté de savoir ? À quelle condition le projet de la philosophie peut-il parler de la *Lebenswelt* ? C'est justement là la question que Husserl refusait de voir comme allant de soi : « La philosophie doit être la *science universelle* de l'être, elle doit englober tout étant (...) est-ce là, généralement parlant, une entreprise pourvue de sens ? »[2].

D'après notre discussion précédente, il est clair que la *Lebenswelt* ne peut produire son propre questionnement et qu'aucun monde particulier en tant que tel ne peut prétendre représenter ou parler au nom de la *Lebenswelt* : aucun monde particulier ne peut prétendre offrir un accès à la *Lebenswelt* et aucun monde-intérêt donné ne peut revendiquer un statut qui disposerait d'un point de départ pour un tel questionnement. En d'autres termes, il semblerait qu'aucun monde d'intérêt particulier, pourvu de sa naïveté vis-à-vis de la *Lebenswelt*, ne soit en mesure de détacher la possibilité du questionnement de la *Lebenswelt*. Autrement dit, il ne semble pas exister de forme exemplaire de naïveté d'où pourrait se détacher le questionnement de la *Lebenswelt*, et où ce questionnement deviendrait disponible.

Afin d'exprimer la difficulté de s'introduire dans la *Lebenswelt* à partir d'un projet particulier du monde qui est bien *dans* mais non pas *de* la *Lebenswelt*, Husserl emploie la métaphore révélatrice de la « profondeur »

1. Hua. VI, p. 461, trad. fr. p. 511.
2. Hua. VI, p. 466, trad. fr. p. 517.

et de la « surface ». La *Lebenswelt* est comparée à une dimension cachée (*verborgene Dimension*), une « vie de fond » (*Tiefenleben*) du monde, qui est restée fermée depuis des « milliers d'années » (*Jahrtausende*). Les mondes particuliers d'intérêt défini sont, par comparaison, des « mondes-surface » (*Flächenwelt*). Il existe, selon Husserl, des « obstacles naturels » (*natürliche Hemmungen*) qui empêchent d'entrer (*dem Sicheinlassen*) dans la dimension de la *Lebenswelt* et qui, de plus, rendent compte de « l'antagonisme entre la vie de surface "patente" et la vie profonde "latente" »[1]. Le choix d'une telle métaphore par Husserl (empruntée à Helmholtz) nous rappelle ce curieux roman de science-fiction écrit à la fin du XIXe siècle par Edmund Abbott, *Flatland* (*Le Monde plat*). Le roman décrit un monde habité par des êtres bidimensionnels qui existent, mais sans le savoir, dans un univers tridimensionnel. À cause de leur vie bidimensionnelle et, corrélativement, de la pensée bidimensionnelle qui l'accompagne, il leur est impossible de connaître la signification, et a fortiori, l'existence de la troisième dimension dans laquelle, naïvement, ils vivent néanmoins. L'emploi par Husserl de cette opposition métaphorique n'est bien sûr pas de la science-fiction, ni une quelconque nostalgie romantique désireuse d'un monde profond au sens de la « Weltseele ». La métaphore de Husserl n'en communique pas moins la distinction entre le « patent » et le « latent », distinction appliquée à la différence entre monde-intérêt et *Lebenswelt*. Comment est-il possible de devenir conscient d'une possibilité latente, on pourrait dire, de la possibilité des possibles (*die Vermöglichung der Möglichkeiten*), c'est-à-dire, de la possibilité qui englobe le tout ? C'est dans ce sens précis que la « Selbstverständlichkeit » de la *Lebenswelt* est une possibilité latente. Non pas une possibilité parmi d'autres, mais un horizon latent et dissimulé de toute possibilité, comme possibilité en tant que telle du tout. Mais ce que j'appelle la « possibilité latente » de la *Lebenswelt* n'est pas une possibilité qui aurait ne pas pu en être une. Au contraire, il s'agit d'une possibilité inhérente dans laquelle et par laquelle nous existons et qui, toujours et déjà donnée, n'aurait pas pu être autrement, et donc n'aurait pas pu être impossible.

Nous constatons que bien que chaque monde particulier soit, en un sens, « universel », il n'en reste pas moins attaché à la particularité des préoccupations qui le définissent et donc incapable de détacher ou de thématiser le monde vécu en tant que tel. Même l'intérêt philosophique, considéré hors de toute qualification phénoménologique, en est incapable : « Comment une "philosophie", *une connaissance scientifique du monde*, pourrait-elle

1. Hua. VI, p. 122, trad. fr. p. 136.

devenir possible si l'on en demeurait à la vague conscience de la totalité dans laquelle le monde est co-donné à la conscience comme horizon, dans toute la diversité changeante des intérêts et des thèmes de la connaissance ? »[1]. Il semble qu'une difficulté principale se profile dans l'idée d'une « conscience de la totalité » ou d'une « conscience du monde ». Chaque monde particulier possède la conscience propre de son monde en tant que totalité, mais seulement dans le sens de ce que nous pourrions appeler « eine Weltanschauung », c'est-à-dire un sentiment cohérent mais non pas nécessairement explicite du monde comme tout. Mais le sentiment du monde comme tout, l'horizon du monde qui englobe l'expérience, n'est qu'un sentiment vague du caractère indéfini du monde comme universel particulier. C'est ce caractère indéfini d'un certain projet dans le monde, mais non pas du monde en tant que tel, puisque le monde n'est pas un projet parmi les entreprises humaines. Un projet qui saurait atteindre à la conscience de la totalité (« conscience mondaine ») représenterait donc un projet d'un type tout à fait unique, à condition de pouvoir légitimement revendiquer la thématisation effective du monde en tant que tel, l'horizon du monde en tant que ce au sein duquel projets et intérêts, mondes au pluriel, demeurent et se retrouvent.

Bien que Husserl reconnaisse que tout intérêt qui contribue à définir un monde-projet particulier s'appuie sur le fond pré-thématique de la *Lebenswelt* – un fond qui va de soi et reste ainsi inquestionnable – il impute néanmoins au projet de la raison, dans sa manifestation moderne, un statut exceptionnel par rapport à la possibilité de questionner la *Lebenswelt*, et donc par rapport aux autres mondes-intérêt. Husserl écrit : « Le monde scientifique, l'horizon ontologique du savant, a le caractère d'une œuvre, ou d'un édifice unique, s'accroissant à l'infini, à la continuation duquel contribuent sans fin les générations de savants correspondantes »[2]. Il est à remarquer que Husserl ne comprend pas principalement la particularité du monde scientifique (*die Besonderheit der wissenschaftlichen Welt*) à partir du statut exceptionnel d'une revendication de vérité, ou par une entreprise de légitimation du savoir. Bien plutôt, l'horizon de l'être (*Seinshorizont*), c'est-à-dire, les termes de la rencontre de la raison avec les « étants », est défini par le projet infini de la formation de la signification scientifique. C'est parce que l'exigence de la raison existe en tant que projet historique, que l'intérêt de la raison peut être distingué d'autres intérêts mondains, et que ce projet est conçu de manière unique comme un projet infini défini.

1. Hua. VI, p. 29, trad. fr. p. 37.
2. Hua. VI, p. 460, trad. fr. p. 509.

Une telle conception de la raison comme projet infini de faire sens du monde introduit alors une autre dimension dans la notion de raison comme forme de savoir, et donc aussi comme forme de manque à savoir. Donc, en plus de la naïveté de la raison par rapport à la *Lebenswelt*, Husserl considère explicitement que le projet de la raison possède une autre forme de naïveté, à savoir, une relation entre le manque à savoir et sa propre historicité.

Dans un manuscrit de 1934, désormais disponible dans le *Krisis-Ergänzungsband*, Husserl reconnaît explicitement deux formes distinctes de naïveté scientifique, et examine leur rapport afin d'évaluer ce qu'il y a de spécifique dans l'entreprise de la raison. Nous avons rencontré et discuté précédemment ce que Husserl appelle une première forme de naïveté. C'est la naïveté de la raison par rapport à la *Lebenswelt*, qui est nécessairement présupposée et insue puisqu'allant de soi. La « donation primordiale du monde existant » (*vorgegebene seiende Welt*) est présumée par la réalisation de la rationalité, et donc la fondation ou la condition de possibilité du savoir reste inéclaircie et inquestionnée. Dans ce manque à savoir, la raison est aveugle à la signification de sa propre réalisation. Husserl en parle en termes d'« énigme » (*das Rätsel*) plutôt que de problème ou de question. Une énigme est une question dont le sens en tant que question demeure inélucidé et donc « clos ». Ou alors, dans une énigme nous recevons une étrange réponse – une réalisation du sens – à partir de laquelle nous sommes censés discerner et reconnaître la question précise à laquelle l'énigme fait référence. À cet égard, le projet de la raison n'est guère différent, selon Husserl, de tout autre projet qui articule une capacité (*Können*) particulière; une capacité et/ou un savoir qui n'a pas accès au sens même de sa propre possibilité, la possibilité de son propre *Können*, de sa propre *Vermöglichung*. L'absence de circonstance permettant de questionner le sens même de la possibilité du *Können* qu'est le savoir signifie que nous sommes incapables de questionner « le quoi et le comment de la capacité acquise » (*dem Was und Wie seiner erworbenen Vermögen*). Comme le note Husserl : « le scientifique n'est pas concerné par l'énigme de la présupposition de la raison, puisque celui qui a une capacité, se reconnaît lui-même dans cette capacité et non pas dans la possibilité de sa capacité » (*Also das Rätsel der Voraussetzung der Vernunft bekümmert den Wissenschaftler nicht, weil er wie jeder Könner sich im Können weiß*)[1]. Ce n'est donc pas en termes de naïveté envers son propre *Können*, ou encore en termes de son *Können* particulier comme raison, que le projet de la raison se

1. Hua. XXIX, p. 31.

distingue d'autres projets-intérêt par rapport à la *Lebenswelt*, ou au fondement de sa possibilité.

Pour Husserl, il existe toutefois une deuxième forme de naïveté, « eine andersartige Naivität », qui définit nécessairement le projet de la raison, et qui consiste en un survol de l'historicité (*Übersehen der Geschichtlichkeit*). Bien entendu, comme le remarque Husserl, « toute forme de culture a un sens historique » (*alle Kulturgestalt hat geschichtlichen Sinn*), mais Husserl n'en insiste pas moins sur le sens exceptionnel selon lequel la raison est « historique » (*geschichtlich*). D'un côté, « l'historicité » de la raison consiste en une constitution progressive de la signification au cours de générations successives de scientifiques, chaque génération s'appropriant et améliorant les réalisations précédentes. Le développement de la symbolisation en mathématique et la spécialisation accrue des techniques scientifiques dans les sciences naturelles montrent comment la réalisation du sens peut être condensée, se prêtant ainsi à une appropriation future sans qu'il soit nécessaire de réactualiser ou de faire revivre les réalisations originales du sens. Les analyses bien connues de Husserl sur « l'origine de la géométrie » attirent notre attention sur la dimension de sédimentation constitutive et ce que Husserl appelle la « traditionalisation » dans le développement de la science. D'un autre côté cependant, il existe un autre aspect moins apparent de l'historicité de la raison. Je voudrais suggérer que ce qu'il y a d'unique dans l'historicité de la raison, aux yeux de Husserl, concerne la nature particulière de son ouverture. Avec le « remplacement » et la « continuation » (*Überlieferung*) de la tradition scientifique, il existe également un horizon qui, dans la terminologie rigoureuse de Husserl, est *mitüberliefert*, à savoir, « un horizon de *problèmes* tout à la fois déterminés et irrésolus, donc encore indéterminés, *qui* cependant *s'annoncent d'une manière plausible* (*ein Horizont bestimmter, aber unerledigter und zudem noch unbestimmten, aber* voraussichtlich sich meldender Probleme) »[1]. Ce qui est remarquable dans cette formulation ce n'est pas seulement l'idée de l'historicité de la raison est définie par un horizon de problèmes. Plus significativement, cet horizon délimite des problèmes d'une manière déterminée, bien que les problèmes demeurent indéterminés et irrésolus, encore indécouverts. Le caractère historique des problèmes scientifiques est tel que les problèmes sont, pour ainsi dire, projetés en avant d'eux-mêmes, institués par avance sans pour autant être donnés et donc, situés ou posés proprement en tant que questions. Le problème, en tant qu'horizon de problème, n'a pas encore été appelé à être, et il ne s'est pas encore fait

1. Hua. XXIX, p. 32.

connaître (« sich melden »), bien qu'il délimite comme horizon et donc comme forme, d'une certaine manière, notre pensée. En d'autres termes, le sens du problème n'a pas encore été annoncé, découvert, bien que l'horizon ou l'espace du problème soit délimité, institué mais pas encore donné.

C'est cette signification particulière de l'horizon de l'être (*Seinshorizont*) de la raison en tant que « geschichtlich », au sens de « voraussichtlich sich meldender Probleme », qui donne la clé de la compréhension et de la résolution de notre question centrale, à savoir comment une nouvelle possibilité de questionner le monde, et en particulier la découverte de la *Lebenswelt*, est possible. Les deux formes de naïveté prises ensemble (la naïveté de la raison par rapport à ses présuppositions dans la *Lebenswelt* et la naïveté de la raison par rapport à son historicité) rendent compte du statut exceptionnel de la raison et expliquent pourquoi la *Vorbesinnung* phénoménologique, affirmant avoir découvert la questionnabilité de la *Lebenswelt*, doit prendre la forme d'un éclaircissement de l'origine (*Ursprungserklärung*) historique. Contre l'argument d'*Ideen I*, selon lequel une critique du naturalisme et la motivation pour la réduction phénoménologique sont enracinées dans une volonté de savoir, la critique du naturalisme dans la *Krisis* ainsi que la motivation pour la réduction sont contenues dans une réflexion sur l'origine historique du naturalisme et l'idée de la philosophie transcendantale. La possibilité de questionner la *Lebenswelt* doit être détachée de la naïveté de l'historicité de la raison en recouvrant une possibilité toujours présente qui a toujours été donnée depuis le commencement, mais qui n'avait jamais été reconnue historiquement, et d'ailleurs, ne peut être reconnue qu'à la fin et *comme* la fin du mouvement de l'histoire de la raison.

Dans mes remarques finales, j'aimerais ouvrir une ligne de réflexion possible concernant la signification de la notion husserlienne d'un horizon historique contenant les « voraussichtlich sich meldende Probleme » en ébauchant une solution à notre problème central. Bien sûr, une analyse complète de ce que je considère être le dispositif conceptuel principal mis en œuvre dans la *Vorbesinnung* de Husserl exigerait une évaluation détaillée de l'argument de Husserl dans toute la *Krisis*. Mes remarques conclusives sont donc plutôt suggestives que définitives ; elles n'ont comme but que d'attirer notre attention sur l'intrigue implicite de ce que j'aimerais désigner comme la « pré-constitution » de la possibilité de questionner le monde.

Bien que, comme nous l'avons indiqué plus haut, Husserl reconnaisse que la raison consiste en un projet infini, cette infinité définie de son mouvement historique reflète l'infinité définie du monde que découvre la science moderne. La découverte de l'infinité du monde, au sens de sa totalité est, aux yeux de Husserl, de loin la réalisation la plus centrale et durable de la raison moderne. Dans cette perspective, la science moderne est la revendication et la possibilité de questionner le monde (plus exactement la nature) en tant que « Alleinheit ». Comme l'avance Husserl dans son analyse de Galilée, l'idéalisation du monde par le truchement de la mathématisation de la nature, permit ainsi l'articulation théorique de la forme totale de la structure du monde (*Totalform der Weltstruktur*). C'est donc la conception moderne du cosmos, en tant que nature, et spécifiquement en tant que « unendliche Natur » – « univers infini » comme l'indique le titre du fameux ouvrage de Koyré sur l'histoire de la science (*Du monde clos à l'univers infini*) – qui sous-tend la revendication de Husserl que la philosophie commence comme cosmologie et qui détache ou tout au moins situe la possibilité de la découverte phénoménologique de la *Lebenswelt*, dans la mesure où la phénoménologie transcendantale prétendra fournir un *Logos der Welt* là où la possibilité de conceptualiser la nature en tant que totalité est elle-même élucidée.

Cependant, la réalisation historique de Galilée est aussi définie négativement par un oubli nécessaire de la *Lebenswelt* comme fondation de sens oubliée (*als vergessenes Sinnesfundament*). Bien que Husserl adopte un ton quelque peu abrupt envers l'aveuglement de Galilée, dans cet aveuglement, un espace est néanmoins institué pour une illumination rétrospective. L'« oubli » de la *Lebenswelt* doit être plus précisément qualifié de création d'un « espace négatif » ou d'une « dimension » dans la réalisation de la raison. D'une part, la construction par Galilée d'une nature infinie et idéalisée « saute par-dessus » et donc obscurcit la *Lebenswelt* du fait que Galilée néglige de s'interroger sur le fondement de sa réalisation. Mais d'autre part, l'obscurcissement de la *Lebenswelt* introduit la *Lebenswelt* en la soustrayant au champ du regard et, de fait, produit la *Lebenswelt* sous forme de problème à venir. Une tension, ou ce que Husserl appelle un antagonisme, entre la réalisation du naturalisme moderne et l'oubli de la *Lebenswelt* se détend tacitement à l'insu de Galilée et de ses successeurs immédiats. Mais c'est seulement à la lumière de la revendication du monde par la science moderne que la *Lebenswelt* devient une question possible, une question sans précédent, une nouvelle possibilité pour que le monde nous devienne « incompréhensible ». C'est dans ce sens que Husserl écrit :

> Ainsi les énigmes du monde qui entrent désormais en lice sont-elles d'un style jamais soupçonné jusqu'ici et la manière de philosopher qu'elles conditionnent est-elle entièrement nouvelle (*so treten jetzt Welträtsel von*

einem früher nie geahnten Stil auf den Plan, und sie bedingen eine völlig neue Art des Philosophierens)[1].

La revendication de la rationalité moderne sur le monde, à commencer par la réalisation de Galilée, qui est d'une importance capitale, et passant par le tournant transcendantal chez Kant, et culminant dans la phénoménologie husserlienne, établit les conditions grâce auxquelles le monde peut devenir incompréhensible d'une manière bien plus radicale que l'histoire de la pensée ne l'avait jusque-là anticipé. La revendication de la raison moderne faite au nom du monde problématise l'opacité de « l'évident » pour la pensée et pour le sens selon lequel il est possible de questionner le monde fondamentalement. En outre, en imputant la relativité ou la contingence du monde au statut de l'expérience « subjective », le statut de la subjectivité par rapport à la contingence du monde et à la justification du savoir se trouve alors soumis à une nouvelle forme de questionnement philosophique qui, pour Husserl, conduit éventuellement à la découverte de la subjectivité transcendantale. D'où la double-question (*Doppelfrage*) qui motive la réflexion de la *Krisis* : qu'est-ce que le monde ? que sommes-nous ? (*Was ist die Welt ? – Was sind wir ?*)[2].

La possibilité de questionner la *Lebenswelt*, et à travers elle la découverte de la subjectivité transcendantale, provient d'une possibilité inhérente qui a été instituée mais jamais reconnue ou motivée dans l'histoire de la philosophie moderne avant l'avènement de la phénoménologie husserlienne. Dans ce sens-là, la possibilité de questionner le monde de nouveau reste cachée (*verborgen*) dans le mouvement de l'histoire, et cependant est instituée dans sa *Verborgenheit* – instituée en avant d'elle-même et en avance de son temps comme possibilité qui se tient devant nous. La possibilité de questionner la *Lebenswelt* doit par conséquent être recouvrée hors de son oubli qui constitue l'histoire de la raison ; et cependant, c'est alors le recouvrement de ce qui est institué en avant de soi-même, et dans ce sens, nous pouvons parler de la téléologie de la raison moderne en tant que mouvement vers une fin qui a été instituée depuis le commencement, comme si en découvrant en propre la question et la méthode de la pensée, nous commencions à penser et questionner philosophiquement pour la première fois. La *Vorbesinnung* husserlienne remplit ainsi une fonction cruciale qui n'est pas sans évoquer l'anamnèse platonicienne : la possibilité de questionner repose sur le ressouvenir et le recouvrement de ce qui jadis était. Mais le sentiment de ce qui était jadis, et

1. Hua. VI, p. 69, trad. fr. p. 79.
2. Hua. XXIX, p. 29.

est ramené au présent, ne correspond pas ici à quelque chose qui était possédé et fut perdu. Il s'agit plutôt de la condition insaisissable d'un *oubli originel* et donc d'une mise en lumière de ce qui est demeuré dans l'ombre depuis le début de l'entreprise de penser le monde, une possibilité définie plus originelle que l'histoire de la pensée elle-même.

Dans la *Krisis*, Husserl remarque que « [l]a découverte, c'est un mélange d'instinct et de méthode »[1]. La découverte de la *Lebenswelt* par Husserl dans la *Krisis* repose sur le développement et la mise en œuvre de la méthode transcendantale de réduction, qui conduit à l'auto-élaboration de la subjectivité transcendantale. Mais au préalable la question de la *Lebenswelt* doit être située et détachée en tant que possibilité. Une méthode doit être accompagnée et guidée par un instinct – le sentiment qu'il y a quelque chose de fondamental en jeu. Nous sommes alors conduits par le sens d'une possibilité à venir que nous en venons à reconnaître comme inéluctablement *historique*. Dans ce contexte, ce que Husserl entend par instinct, à mon avis, correspond à des possibilités instituées historiquement, qui dirigent notre pensée et forment, selon une orientation définie, la nature de notre manque à savoir.

L'énigme de la phénoménologie transcendantale, sa promesse, est qu'il n'y a jamais eu véritablement de philosophie. Dans ce contexte, la seule question de philosophie est la question de sa renaissance. Pour Husserl, la fin de la philosophie n'est pas quelque chose à faire; c'est simplement quelque chose qu'on peut soit accepter soit rejeter, mais toujours par une décision. C'est seulement le commencement qui est à faire. Le commencement est toujours à faire puisqu'il n'est jamais fait, même si on pense qu'il était déjà fait. Mais dans une époque historique où nous avons perdu l'instinct de recommencer, le premier problème pour la philosophie n'est pas un problème de méthode, mais le problème de se donner soi-même un instinct à travers une réactivation d'une possibilité latente dans l'histoire de la raison[2].

1. Hua. VI, p. 39, trad. fr. p. 47.

2. Je remercie David Philippe pour avoir bien voulu relire la version française définitive du texte.

LE LIEU DU SUJET

La *Krisis* pose un problème appelé à devenir central (et, certainement, toujours non résolu) dans la philosophie contemporaine : celui de la place du sujet dans un monde d'objets.

Tout un pan de la philosophie contemporaine témoigne d'une certaine forme de résistance au subjectif, au sens où on parle de « résistances à la psychanalyse ». Cela veut dire qu'elle cherche à le rejeter de soi et à l'ignorer, d'une façon trop insistante sans doute pour ne pas témoigner de la persistance d'une question.

Je ne pense pas tant ici aux grandes critiques frontales de la subjectivité, proclamant « la mort du sujet », telles celles dont une certaine pensée française a pu être le théâtre. Celles-ci, certainement, ont représenté au contraire un mode propre, peut-être le plus pénétrant, de construire la question du sujet à l'époque contemporaine[1], suivant cette intuition fondamentale que le sujet pourrait être ce que l'on découvre au point précis de son abandon, de sa « destitution ».

J'ai plutôt en vue un certain *asubjectivisme*, au sens d'une ignorance, ou d'un contournement, de la question propre du sujet caractéristique du *main stream* de ce qui s'est appelé philosophie analytique au XXe siècle[2]. Il s'agit proprement d'asubjectivisme parce que ce mode de pensée est loin d'avoir

1. Voir la démonstration magistrale d'Étienne Balibar, « Le structuralisme : une destitution du sujet ? », *Revue de métaphysique et de morale*, 2005/1, p. 5-22.

2. Je fais ici abstraction de ce qui s'écarte du *main stream*, comme par exemple la pensée de Stanley Cavell, sans doute l'une des contributions les plus décisives à la question du sujet à la fin du XXe siècle. Mais précisément est-ce immédiatement perçu comme déviant – justement en vertu du *souci du sujet* que le *main stream* pressent là, sans saisir exactement ce dont il s'agit, mais suffisamment pour l'inquiéter, c'est-à-dire inquiéter le type de représentation qu'il se fait de l'activité philosophique (entendue comme science donc, dit-on, par construction sans sujet).

toujours ignoré les *contenus* ou les *objets* qu'on pourrait être tenté d'appeler « sujet ». Au-delà du behaviorisme officiel d'une certaine phase de la philosophie analytique, le « mentalisme » et l'analyse de la conscience sont bientôt revenus. Mais ce qui semble durablement faire problème, c'est de nommer cette sphère qui est supposée être celle de l'esprit, aussi bien d'ailleurs que toute autre chose, « sujet », au point qu'à propos des mentalismes contemporains, il semble généralement approprié de parler de « réalisme mental » (ou « réalisme du mental ») et non de « philosophie du sujet ». Une certaine philosophie semble, en dernier ressort, apte à récupérer le mental, mais pas le sujet. Sur le sujet en effet pèserait un risque épouvantable, dénoncé à la source même de cette « philosophie analytique », à savoir celui du « subjectivisme ». Plutôt que d'encourir ce risque, rien de plus pressé donc que d'*objectiver le sujet* – et donc de le faire disparaître comme tel, c'est-à-dire d'abord comme problème.

Qu'y a-t-il donc de si spécifique, dans la question du sujet, qu'il soit si difficile de l'apercevoir et de lui faire droit ? Il me semble que c'est la question autour de laquelle tourne la *Krisis*, avec une grande lucidité, et une forme de pressentiment. La réponse qu'apporte Husserl peut ne pas nous satisfaire – en fait, elle ne me satisfait pas – mais elle attire au moins notre attention, de façon définitive, je crois, sur la complexité du problème.

De quelle fiction part la *Krisis* ? D'un univers sans sujet, dont on aurait *expurgé l'élément subjectif*, et qui serait un univers dévasté.

Cette fiction est une fiction si on veut, car cet univers est celui qui nous est au moins suggéré par la science galiléenne, dont la fascination pèse sur la philosophie moderne : un univers d'objets auxquels on a retiré les qualités qui sont précisément dénoncées comme renvoyant à des effets de subjectivité (lesdites « qualités secondes »), ou dont tout au moins on présente ces qualités sur un mode épiphénoménal, comme résultant de processus purement mécaniques qui en réalité ne les mettent pas en jeu. Cet univers est garanti précisément contre tout « subjectivisme » parce qu'il est supposé avoir été dépouillé de la *relativité* qui est celle suivant laquelle les choses nous apparaissent. Il se donne sous l'espèce de l'en soi, *donc*, suivant l'inférence caractéristique de ce genre de position, de l'*en soi nu*, nettoyé des propriétés réputées subjectives. Il n'y aurait pas de sujet au monde, que cet univers serait le même, telle est l'intuition fondamentale d'un tel point de vue.

Ce que Husserl condamne ici, selon une ligne d'analyse à laquelle aujourd'hui des auteurs comme Hilary Putnam seront sensibles[1], c'est le *réductionnisme ontologique* auquel conduit une certaine prétention au *réalisme scientifique* caractéristique de la pensée moderne. Sous prétexte de vouloir l'en soi, rien que l'en soi, on vide le monde de certaines de ses propriétés les plus intéressantes. Que serait en effet un monde sans couleurs ni saveurs? Mais aussi sans émotions, ou sans *valeurs* en général? L'insistance de Husserl dans la *Krisis* sur la nécessité pour la philosophie de prendre en compte également l'univers des valeurs et ce qu'il nomme « les problèmes de la raison » dans toute leur étendue, en ce sens, n'est pas un simple point de détail : elle a une signification proprement ontologique. Il faut y voir, exactement comme ce sera le cas dans la revendication d'une validité propre pour l'éthique chez Putnam, la pointe du rejet du réductionnisme moderne.

Qu'est-ce que rejeter le réductionnisme ontologique? C'est d'abord refuser un monde réduit à un certain type d'objets – à la *res extensa*, à un ensemble de figures et de mouvements qualitativement neutres. Il faut rendre à l'univers son visage qualitatif, le fourmillement de qualités dont sont pourvus ses objets. Comme Putnam l'a bien vu, ce geste, chez Husserl, n'est possible que d'une prise de conscience : celle du caractère artificiel et construit de la forme d'objectivité présentée par le réductionnisme comme « vraie » et unique. Celle-ci relève, selon Husserl, d'une procédure d'idéalisation. Elle n'est même pas une abstraction, qui, au sens technique du terme, supposerait qu'on reste sur le même plan en détachant simplement une qualité parmi d'autres (comme par exemple la qualité d'étendue, qui a une certaine consistance sous l'espèce de l'espace perçu). Elle est bien plutôt une *limite*, au sens d'un dépassement du plan expérienciel, d'une norme extérieure qu'on lui impose et qu'on ne saurait nulle part trouver en elle. L'objectivité physique, en tant qu'objectivité mathématique, qui pour toute une ontologie moderne a constitué le modèle de l'objectivité, au point qu'il semble difficile de s'en déprendre, est en fait une idéalisation, telle est l'intuition matricielle de la *Krisis*.

Une telle intuition semble ouvrir la porte à une ontologie « riche », anti-réductionniste. Elle fonde l'idée d'une accréditation ontologique non de la seule objectivité physique, mais d'une objectivité chargée de toutes ces qualités au prix de l'élimination desquelles l'objectivité physique s'est constituée.

1. *Cf.* Hilary Putnam, *The Threefold Cord : Mind, Body, and World*, New York, Columbia University Press, 1999, p. 24 et 38.

Il faut toutefois apporter immédiatement une nuance à cette apparence. D'habitude, aujourd'hui, quand, contre un réalisme purement physicaliste, ou « réductionniste », on revendique une certaine forme de réalisme phénoménologique, c'est-à-dire ouvert aux propriétés obvies des objets *tels qu'ils peuvent nous être donnés*, on semble présenter ce dernier réalisme comme un complément de l'autre, comme si, à côté de la réalité des objets physiques (ou en tout cas des aspects physiques des objets), il fallait faire droit à celle, supplémentaire, d'autres objets, ou d'autres aspects des mêmes objets. C'est ainsi que procèdent couramment les « ontologies analytiques », y compris dans leurs tentatives d'appropriation de l'héritage phénoménologique[1].

Une telle démarche suppose qu'on accorde implicitement la « réalité » à l'objectivité physique, comme une affaire réglée – la question ne se poserait décidément que par rapport aux aspects dits « subjectifs » du monde, ce qui signifie qu'on accepte au moins la formalité de la question posée par le réductionnisme, à défaut de sa réponse. Elle suppose plus encore : que l'on continue d'admettre le caractère paradigmatique en matière de réalité de la première objectivité. Les aspects subjectifs ne seront pourvus de leur dimension propre de réalité que dans la mesure où ils seront réels au sens où l'est l'objectivité physique – ou en un sens, généralement conçu comme dégradé, qui représente une adaptation de celle-ci.

Trop souvent l'anti-réductionnisme contemporain, qui est plutôt florissant (finalement assez rares sont les auteurs, comme les Churchland, qui défendent un réductionnisme pur et dur, au moins parmi les philosophes), se présente sous les espèces d'une défense d'un *élargissement* pur et simple de la catégorie de l'objet : vous avez les objets physiques, puis, *à côté d'eux*, vous en avez d'autres sortes, comme, pourquoi pas, les psychiques – ou bien, en sus des « aspects physiques » de l'objet, vous avez d'autres aspects. Ces autres formes ou autres aspects de l'objectivité viennent en quelque sorte s'ajouter à l'objectivité physique et sont pour ainsi dire candidates à bénéficier de la même forme d'objectivité qu'elle – à être objectives en un sens aussi « fort » qu'elle.

En ce sens, par exemple, on défendra un « réalisme des qualités secondes », en insistant sur le fait qu'elles ont, dans leur ordre propre, une objectivité égale aux qualités premières. Dans le monde, il y a, *à côté* des qualités premières, des qualités secondes. Ce sont là des formes complémentaires d'objet, des *aspects* de l'objectivité au sens même qui est celui de l'objectivité physique – ou, tout au plus, en un sens adapté.

1. Voir les travaux de Barry Smith.

Du point de vue adopté par Husserl dans la *Krisis*, il n'est pas possible de raisonner ainsi, et le réalisme anti-réductionniste de nombreux penseurs d'aujourd'hui pourrait bien être un faux ami. En effet, l'irréductibilité des qualités secondes ne vient pas compléter le paysage ontologique qui serait celui d'un monde fait de qualités premières – il n'est pas question de dire que celles-là « sont réelles aussi ». Elle nous renvoie bien plutôt au caractère construit desdites qualités premières, qui ne sont rien d'autre qu'une certaine façon d'exercer une prise cognitive sur le monde. En fait, il ne s'agit ni de « compléter » les qualités premières par les qualités secondes ni à proprement parler d'opposer les unes aux autres – il ne s'agit même pas, en toute rigueur, de défendre les qualités secondes. Ce qui est contesté, c'est le partage même entre qualités premières et qualités secondes (les secondes étant conçues, dans la perspective qui fait ce partage, comme le déchet des premières), auquel Husserl en substitue un, purement descriptif[1] et qui peut être interprété comme la genèse phénoménologique du précédent, entre « qualités primaires » et « qualités secondaires » (reposant essentiellement sur la multimodalité des premières par opposition à l'unimodalité des autres). La réalité est que le monde tel qu'il est donné, et que la science a pour but de thématiser, est un monde qualitatif, inextricablement fait de « qualités primaires » et de « qualités secondaires », qui sont souvent solidaires les unes des autres, comme dans l'exemple berkeleyen de la couleur et de l'extension.

En un certain sens, il ne s'agit donc pas tant d'une défense de la réalité de ce qui ne rentre pas dans le moule étroit de la supposée « réalité physique », comme on le verrait dans les réalismes anti-réductionnistes actuels, que d'une remise en question – au sens d'un véritable devenir problématique – de la « réalité physique » elle-même[2]. L'objectivité physique n'est pas tant niée que présentée comme seconde (c'est elle qui ici devient « seconde »), construite sur la base d'un sol d'expérience qui est intrinsèquement beaucoup plus riche, par rapport auquel cette objectivité constitue une forme de réduction (au sens du « réductionnisme »), et sur lequel elle nous donne une certaine prise. Il faut rendre au réductionnisme son sens de *méthode*, et lui dénier toute portée ontologique autonome – même s'il a pu historiquement, se détachant de ses origines, et donc de ce qu'il avait à thématiser, revêtir le visage d'un certain type de revendication

1. Déjà en place dans le cours *Chose et espace*, en 1907.

2. Tout au moins celle de Galilée. On relèvera l'appréciation favorable sur la mécanique quantique délivrée par Husserl dans l'*Appendice* IV de la *Krisis*.

ontologique (« le monde tel qu'il *est*, au-delà des intermittences de la subjectivité »).

Mais alors, vers quelle ontologie devons-nous nous acheminer ?

Une ontologie qui, certainement, n'a pas exclu d'elle-même le subjectif. C'est-à-dire aussi bien, c'est là le point fort de la position de Husserl, où celui-ci ne figure pas comme un « objet de plus », où on ne se contente pas d'allonger la liste des objets en reconnaissant des « objets subjectifs », ou des « aspects subjectifs » des objets. En un certain sens, c'est diffusément tous les objets qui sont « subjectifs » et la subjectivité est partout, *d'une façon qui fait quelque chose à la catégorie « objet »*.

La lutte de Husserl n'est pas celle, familière à la philosophie actuelle, pour le droit à la reconnaissance de certains objets – par opposition ou en complément à d'autres. Il ne s'agit pas de réfuter le seul « physicalisme » (suivant une notion qu'emploie Husserl lui-même). Husserl a parfaitement caractérisé l'ennemi, d'une façon qui devrait donner à méditer à plus d'un philosophe d'aujourd'hui : l'objectivisme, dont la *Krisis* fait systématiquement la critique.

Que faut-il entendre par « objectivisme » ? Certainement pas seulement la réduction de l'objectivité à une certaine figure exclusive (celle de l'objectivité physique), mais, au-delà, le fait de raisonner uniformément en termes d'« objets ». C'est en ce sens-là qu'il ne s'agira pas seulement, ni essentiellement, « d'ajouter des objets à d'autres objets ».

La question n'est pas tant celle de savoir ce qu'on reconnaîtra ou non comme « objet » que de se rendre compte de ce qu'il n'y a pas « objet » indépendamment de ce qu'on fait avec les objets, de la façon qu'on a de se situer et de se disposer par rapport à eux.

En d'autres termes, il n'y a d'« objets » que sur fond d'un sol qu'on pourrait qualifier de subjectif-objectif, au sens où ce que la tradition philosophique moderne, dans son dualisme, a appris à distinguer comme « subjectif » et « objectif », y sont inextricablement liés.

Ce sol est exactement ce que Husserl appelle *Lebenswelt*, monde de la vie.

En quoi le monde de la vie est-il « subjectif » ? En ce qu'il porte la marque d'une relativité constitutive : il est à chaque fois monde d'un tel ou d'un tel, relativité individuelle qui est elle-même sous l'horizon de celle d'une communauté – il n'y a pas de monde de la vie qui ne soit pas culturellement déterminé.

En même temps cette « subjectivité » ne doit pas, *prima facie*, être entendue au sens d'un « idéalisme ». En effet, s'il est intrinsèquement perspectif (c'est le sens de sa « subjectivité »), le monde de la vie ne nous engage pas moins, suivant cette propriété phénoménologique qui est celle de ce qu'on appelle ordinairement le réel. Il est à chaque fois ce qui est réel pour nous, ce qui nous emprisonne dans un cercle défini de préoccupations et d'intérêts qui précisément nous relient au « réel ». Dans sa dimension « écologique », une lecture réaliste du monde de la vie est tout à fait possible[1]. Évidemment, philosophiquement, elle n'est pas la seule possible (et ce n'est pas celle que Husserl adopte en définitive), mais il est important de relever au moins sa possibilité – la compatibilité du concept avec une telle lecture.

La marque phénoménologique de cette « réalité », à laquelle aussi bien, selon Husserl, le souci du réel qui est celui de la physique doit en dernier ressort renvoyer, s'il doit avoir un sens, c'est le fait que, en un certain sens, elle s'impose à nous, on ne peut y échapper.

Cet aspect phénoménologique du monde de la vie est ce que Husserl saisit sous le nom de « prédonation » (*Vorgegebenheit*). Le monde de la vie est toujours déjà là; il est ce qui précède toute donation pour nous de quoi que ce soit, et la permet. Il est, littéralement, en une première entente délibérément partiale du terme, « avant la donnée ».

La question qu'on peut se poser est de savoir si ce qu'on a trouvé là est un sol ontologique, tel qu'il puisse se substituer au monde prétendument ontologique (constitué essentiellement par cet effort d'être « ontologique ») des sciences constituées. Quel est le statut exact de ce monde bruissant de l'activité (et de la passivité) du sujet dont, nous dit Husserl, il faut partir et auquel il faut revenir en dernier ressort si on veut comprendre quoi que ce soit de nos aspirations à la connaissance et aux différentes formes d'« être » (y compris par exemple celui des valeurs) qui y répondent ?

La réponse de Husserl est très claire, mais elle a un prix, qui est énorme, et qui constituera ici l'objet propre de ma réflexion (et de mes doutes) : oui, le « monde de la vie » a bien, en un sens, une portée ontologique – ce qui s'exprime, sous la plume de Husserl, dans la formule suivant laquelle il y a bien une « ontologie du monde de la vie », ou bien la voie de la phénoménologie passant par l'analyse du monde de la vie est précisément présentée comme « voie ontologique ».

Est-ce à dire qu'avec le monde de la vie nous soyons arrivés à la « véritable ontologie » ? Qu'il faille souscrire à la fable nietzschéenne de la

1. On peut penser ici à Gibson et à sa théorie écologique de la perception.

réhabilitation du monde des apparences qui à la fin est le monde vrai, en l'appliquant à Husserl[1] ?

C'est vrai et c'est faux, et c'est là tout le problème.

Il est tout à fait vrai qu'en un certain sens, le monde de la vie, pour Husserl, constitue bien l'horizon ontologique ultime, celui auquel toute exigence ontologique ayant trait aux objets du monde en tout cas doit être reconduite, pour y être mesurée, donc à proprement parler un horizon ontologique. Mais faire du monde de la vie un horizon ontologique, c'est aussi bien dire quelque chose sur l'ontologie. Si l'ontologie fondamentale (celle qui donne à la phénoménologie sa « voie ontologique » et le seul horizon sous lequel l'ontologie au sens ordinaire du terme, pour elle, puisse faire sens) est celle du « monde de la vie », alors cela ne peut être exactement la même chose que si c'était celle d'un monde d'« objets nus », c'est-à-dire qui ont effacé leurs conditions d'apparition (le fait qu'ils aient à apparaître).

L'institution du « monde de la vie » au rang d'instance ontologique ultime, chez Husserl, pointe en fait vers l'insuffisance de toute ontologie, le fait que pour lui, en réalité, l'ontologie n'est jamais ultime.

Si cet être qui est donné de façon ultime est en fait apparaître, apparaître traversé par les marques de ses conditions d'apparition (c'est ce qui donne son style « subjectif » au monde de la vie), alors se pose forcément la question de son propre apparaître, de la constitution de son apparition. Le monde de la vie, c'est essentiellement le monde donné. Mais alors, comment peut-il être donné comme il l'est ?

Le point est qu'en même temps le monde de la vie n'est pas non plus « pur » apparaître, au sens d'un apparaître qui serait dépourvu de prétention ontologique, désengagé. Au contraire, il a essentiellement des prétentions ontologiques, élémentaires, mais très fortes (non révisables) qui sont un aspect fort de son ingénuité (qui donne matière à toutes les « ontologies naïves » d'aujourd'hui). Le monde de la vie n'est pas une pure apparence

1. Évidemment, ce n'est là qu'une des lectures possibles de la fable du *Crépuscule des idoles*, et à mes yeux la moins intéressante, celle qui consiste, comme Heidegger, à lire Nietzsche comme un platonicien forcené – et inversé. La plus intéressante est celle qui consiste à remarquer que la suppression du « monde des apparences », là où le « monde vrai » est supprimé, pourrait ne pas tant tenir à sa réhabilitation comme vrai qu'à la suppression du sens même de l'opposition *et donc, peut-être, de la structure de monde* (du sens qu'il y a à parler d'un « monde »). Ce qui reviendrait à dire que la « vérité » de Nietzsche (pour autant qu'on puisse encore parler d'une vérité, précisément) ne se tiendrait plus du côté de l'ontologie. Mais ce n'est ici qu'indirectement notre objet – ce qui signifie que cela l'est aussi, mais chez Husserl (donc chez un auteur qui ne remet pas en question le désir de vérité, mais a au contraire tout misé sur lui).

que le démantèlement des « substructions » du « monde vrai » libère comme candidat arbitraire à la vérité, mais il a ses propres prétentions à la vérité, c'est une composante très forte de sa phénoménologie, et c'est ce qui peut expliquer qu'il y ait en lui la potentialité d'un certain tirage par rapport à « l'ontologie » prétendue qui est celle de l'objectivité physique. S'il n'y avait pas une telle prétention ontologique dans le monde de la vie, dans la relativité subjective même qui est la sienne, la « concurrence » apparente des ontologies serait inexplicable.

C'est de ce paradoxe, d'un monde à la fois perçu comme apparence (parce que des effets d'apparence, liés au fait qu'il ait à être donné à quelqu'un, y sont inévitables) et pourtant non sans prétention ontologique – l'essentiel de l'exigence ontologique s'y concentre même en dernier ressort, puisque c'est par rapport à lui qu'elle a un sens – que provient la fécondité propre du monde de la vie pour la démarche phénoménologique. Car il fait ressortir le sens d'un être qui a à être constitué et qui n'en est pas moins être – qui est être dans la mesure même où il est à constituer.

En ce sens-là, pour Husserl, la lecture « réaliste » du monde de la vie n'est pas tenable, parce que le monde de la vie ne peut pas être traité comme s'il était donné au sens précisément de ce qui a effacé le fait d'avoir à l'être, ce dont on dispose sans avoir eu à s'y disposer. Le monde de la vie a immédiatement une portée ontologique, mais on ne peut pas pour autant « compter » sur le monde de la vie pour faire une ontologie, et le projet même d'une « ontologie du monde de la vie » n'a pas de sens, c'est-à-dire pas de sens autonome.

L'important, dans cette notion de pré-donation que nous avons introduite plus haut, est précisément que le monde de la vie ait à être donné. Ce qu'il faut interroger c'est ce moment de donation même, et non le monde de la vie comme un donné qu'on aurait en stock – ce qui reviendrait à avoir substitué un objet à un autre au cadastre des ontologies objectivistes, alors que ce qu'il faut apercevoir c'est l'insuffisance (au sens du renvoi constitutif à autre chose) de la catégorie « objet ».

Si nous nous penchons sur cette notion de « pré-donation », nous faisons en effet bien vite une découverte étrange.

La notion de pré-donation semblerait à première vue devoir renvoyer à quelque chose comme une forme d'antériorité au sujet – d'où sa connotation « réaliste », qui empreint la *Lebenswelt*, dont nous avons fait état. Ce qui est pré-donné est ce qui est donné avant que je ne déploie mon opération de constitution et ce qui la permet. Donc, en un sens, ce qui est là avant que je ne me donne quoi que ce soit. De nombreuses lectures phénoménologiques ont tiré parti de cet aspect de la notion dans le sens d'une réintroduction d'une dimension de passivité constitutive dans une subjectivité qui, en règle générale, leur semblait beaucoup trop « active » chez Husserl. On a même essayé d'en user dans le sens d'une certaine forme de décrochage implicite par rapport à l'idéalisme transcendantal qui est celui de la période centrale de la pensée husserlienne – c'est par exemple, et de façon évidemment déterminante pour l'ensemble de la réception en France, la lecture que Merleau-Ponty a essayé d'en faire.

Or, s'il est certain que la notion de pré-donation réintroduit une dimension de passivité originaire pour la subjectivité, il importe d'en mesurer exactement le sens. D'abord passivité ne dit pas élimination du sujet et asubjectivité, bien au contraire. Il n'y a de passivité au sens mis en avant par ces phénoménologues que d'un sujet – même s'il peut être essentiel à ce sujet qu'il se découvre dans cette passivité. La pré-donation, si pré-donation il y a, comme toute donation, est pré-donation à un sujet. Ensuite, à en croire la lettre du texte husserlien, le rôle de cette subjectivité, dans la pré-donation, n'est pas exactement celui qu'on aurait pu attendre. Elle n'est pas simplement l'instance à qui c'est donné (ce qui l'installerait dans la passivité souhaitée). Elle est aussi, ce qui est beaucoup plus paradoxal, et contradictoire avec la grammaire apparente de la notion (tout au moins à celle qu'on pourrait être enclin à lui attribuer), celle qui donne. Aussi curieux que cela puisse sembler, Husserl a un emploi du verbe « prédonner » à la voix active. Lorsqu'on parle de pré-donation phénoménologique, on pense toujours à ce qui est prédonné au sujet. Mais il faut aussi penser à ce qui pré-donne. Or, Husserl est parfaitement clair là-dessus : c'est le sujet.

Ainsi, § 14 : « la subjectivité (…) en tant qu'elle pré-donne naïvement l'être du monde (*als die das Sein der Welt naiv vorgebende)* »[1]. Et, § 38 : « une science de la subjectivité prédonnant le monde (*von der Welt vorgebenden Subjektivität*) »[2].

Cette apparition récurrente sous la plume de Husserl de « prédonner » à la voie active avec la subjectivité pour sujet grammatical est assurément digne d'être relevée. Elle ne contredit nullement la thèse d'une forme de passivité essentielle du sujet (cette « possession passive du monde »[3] [*passive Welthabe*] qui est nécessaire à ce que le sujet soit sujet), mais elle invalide en revanche toute interprétation du « monde de la vie » dans sa « prédonation » qui ferait de ce monde quelque chose de logiquement

1. Hua. VI, p. 70, trad. fr. p. 80.
2. Hua. VI, p. 150, trad. fr. p. 167.
3. *Krisis*, § 28, p. 110, trad. fr. p. 123.

antérieur au sujet. En fait il n'y a de donation, prédonation comprise, que si le sujet donne. Toute donation est non seulement donation à un sujet, mais donation d'un sujet (c'est-à-dire exercée par un sujet), celui-ci se mît-il en situation de passivité vis-à-vis de sa propre donation.

Si, comme le dit le *Wörterbuch der deutschen Gegenwartssprache* (6 Bde. Berlin, Akademie-Verlag 1965 *sq.*), *vorgeben* signifie : « *im voraus bestimmen, festlegen (und jmdm. als Richtlinie, Richtmaß geben)* » (déterminer, fixer à l'avance, et donner à quelqu'un comme norme et étalon), cela se comprend très bien. La « pré-donation du monde » est tout sauf neutre axiologiquement. Elle renvoie nécessairement à la fixation d'une norme. Or, pour Husserl, qui dit norme dit fondation. Bien plus qu'au préalable du monde comme déjà fait et indifférent à la subjectivité, la fameuse « prédonation » renvoie bien plutôt à l'œuvre silencieuse d'un sujet.

Le point important est que, du point de vue de Husserl, c'est parfaitement cohérent avec la vocation « ontologique » du monde de la vie. Qui dit « être » dit « valeur d'être » et qui dit « valeur d'être » dit « validation ». Si le « monde de la vie », dans son ordre propre, immédiatement, ne prétendait pas à une forme de vérité, si à travers la « relativité subjective » ce n'était pas « le monde même » que je prétendais atteindre, il n'y aurait pas en lui cette exigence transcendantale.

En réalité, la pointe de la thèse husserlienne du « monde de la vie » est que ce monde est, comme tel, un lieu de validation, exactement comme le monde de la science. Le retour que nous avons opéré des idéalités construites qui sont celles des sciences de la nature vers leur sol ontologique qui est celui des évidences immédiates auxquelles nous souscrivons « passivement » en vertu de notre simple ancrage dans le monde, est retour d'une sphère de « validité » vers une autre. Or, pour Husserl, il n'y a pas de validité sans validation. Invoquer, comme instance ultime de légitimation, le monde de la vie, c'est nécessairement poser la question de ce qui la valide, de l'attribution à ce monde de cette « validité » inconditionnelle sur laquelle nous semblons faire fond.

Le « monde de la vie », loin de représenter un préalable à la subjectivité transcendantale ou même un échappement par rapport à elle (quelque chose qui pourrait être traité et thématisé indépendamment d'elle) a à se justifier par rapport à elle et ne peut être pensé que du point de vue de cette justification. La dimension d'engagement ontologique qui est celle du monde de la vie en appelle forcément d'une réflexion sur cet engagement. Qu'est-ce qui fonde cet engagement ?

Cette nécessité d'une fondation, pour Husserl, ressort de la possibilité d'une *skepsis* radicale qui vient affecter cet engagement primordial. Hume, d'un bout à l'autre de la *Krisis*, représente la figure d'une telle *skepsis*. C'est ce qui fait son statut tout à fait privilégié dans l'histoire de la philosophie. Lui seul a touché, en la remettant en question (par la remise en question même), l'espèce de validation tacite (« prédonation » en un sens actif qui ne s'oppose pas à la passivité) dont est objet notre monde familier (« monde de la vie »), cette évidence sur laquelle par exemple selon Husserl la philosophie transcendantale kantienne a fait fond sans la remettre en question et sans la comprendre comme objet de constitution.

Restait bien sûr à la phénoménologie transcendantale à remplir la face positive du programme en proposant une véritable constitution du monde de la vie. Mais il était revenu à Hume de découvrir le monde de la vie pour ce qu'il est : comme problème.

Cet entrelacs de subjectif et d'objectif auquel nous sommes revenus, en deçà de la figure abstraite (« idéalisée ») de l'objectivation, n'est donc pas le dernier mot. Le « monde de la vie » n'est rien à quoi on puisse revenir pour s'y reposer comme sur un domaine théorique ultime – un objet d'« ontologie » qui en fait serait le propre objet de l'ontologie, comme si celle-ci pouvait jamais se clore sur soi. Comme toujours chez Husserl, dans la *Krisis* comme avant, si dédiée au monde celle-ci puisse-t-elle paraître, le monde ne suffit pas. Il y a quelque chose au-delà (en deçà) du monde, devant quoi celui-ci, fût-il le monde de l'évidence immédiate, doit se justifier.

De façon non équivoque, Husserl parle dans la *Krisis* d'une « attitude où l'on s'installe au-dessus de la prédonnée de la validité (*Geltungsvorgegebenheit*) du monde, au-dessus de l'infinité de l'intrication des fondements cachés des validités mondaines qui reposent toujours les unes sur les autres, au-dessus de tout le flux du divers, synthétiquement unifié, dans lequel le monde possède et regagne sans cesse à nouveau sa teneur de sens et sa validité d'être (...) au-dessus de la vie universelle de la conscience (subjective individuelle et intersubjective), dans laquelle le monde est "là" (existe) pour la naïveté du vivre là-dedans, comme un donné sans question, comme l'Universum des données-là-devant, comme le champ des intérêts vitaux acquis ou nouvellement fondés »[1]. Gérard Granel traduit par « au-dessus », qui crée quelque effet de surplomb et donne une dimension trop théorique au sens d'ontologique (au sens de l'orientation vers un monde d'objets, comme s'il s'agissait du *kosmotheoros*) à la chose, mais c'est en fait *über* : au-delà, au sens d'un dépassement. Il faut dépasser le monde de la

1. *Krisis*, § 40, p. 153, trad. fr. p. 171.

vie si on veut en trouver la raison. Or, dans la mesure où celui-ci a une prétention ontologique, plus, concentre toutes les prétentions ontologiques qui sont les nôtres puisque c'est sur sa base (sur fond de son acceptation tacite) que celles-ci s'édifient, il a nécessairement une raison – ne serait-ce que celle de sa donnée, et il faut se placer d'un point de vue depuis lequel celle-ci soit visible.

Autrement dit, loin de représenter un tournant anti-transcendantal de la phénoménologie, ou l'adoption de ce qu'on pourrait appeler une phénoménologie transcendantale « affaiblie » (comme pourrait souvent en donner l'impression la phénoménologie continentale d'aujourd'hui qui, en règle générale, revendique une orthodoxie husserlienne au prix d'un affaiblissement systématique des thèses de Husserl), pour Husserl, l'orientation vers une ontologie, ou disons mieux une typique du monde de la vie débouche nécessairement sur la réduction transcendantale elle-même. Loin de tourner le dos à la phénoménologie idéaliste des *Ideen*, celle « ontologique », ou parodiquement ontologique, de la *Krisis*, n'en est en fait qu'une autre voie.

Il n'y a rien là de particulièrement révolutionnaire, et je n'avance rien qui ne saute aux yeux du lecteur non prévenu, qui se contente de lire le texte jusqu'au bout dans l'état dans lequel il nous est parvenu. Dans l'économie de la *Krisis* telle que nous la connaissons, l'« ontologie » du monde de la vie n'est assurément pas le dernier stade, ni le problème central du texte : celui-ci culmine, comme tout bon exposé de la phénoménologie transcendantale (dont la *Krisis* n'est après tout qu'une apologie, en réaction contre Heidegger), dans un exposé de la réduction transcendantale elle-même, et s'achève par la différenciation de diverses « voies » pour l'obtenir. Logiquement, une fois ce chemin accompli, l'œuvre aurait dû déboucher sur l'ontologie de la conscience pure, qui n'est pas une ontologie comme les autres, en tout cas qui est celle qui met en jeu ce que Husserl appelle « la distinction de principe la plus radicale qui soit en général entre les modes d'être (*die prinzipielle Unterschiedenheit der Seinsweisen, die kardinalste, die es überhaupt gibt*) »[1] – donc une ontologie en un sens substantiellement différent de celle du « monde de la vie » ou de quoi que ce soit qui puisse s'y trouver. Il y a bien ultimement, dans la *Krisis*, de ce point de vue, comme en toute phénoménologie transcendantale, un geste de retrait par rapport au monde, de mise à distance du monde. Sans cette déprise, le monde même (le fameux « monde de la vie ») n'apparaîtrait pas.

1. *Ideen I*, § 42, Hua. III/1, p. 87-88 ; trad. fr. p. 136.

Mais si l'ontologie du monde de la vie, comme toute ontologie constituée (« transcendante ») conduit comme à son envers à la réduction transcendantale, une question ne peut ne pas se poser : pourquoi ? pourquoi passer par cette voie si ce n'est par concession au goût du jour ou pour des raisons extérieures en elles-mêmes contingentes (comme les nécessités de la polémique avec Heidegger) ? La *Lebenswelt*[1] est-elle plus qu'un accident de parcours de la pensée husserlienne – j'entends, du point de vue d'une phénoménologie qui, ensuite et enfin, reste transcendantale, sans apparemment être outre mesure dérangée par ce thème ?

Au-delà de l'intérêt descriptif énorme de l'idée, qui suffit à la justifier phénoménologiquement (mais pas du point de vue d'une phénoménologie transcendantale), je crois qu'il n'en est rien. Ce thème dont, si on en fait remonter le premier affleurement au cours de 1910 *Problèmes fondamentaux de la phénoménologie* consacré au problème d'une phénoménologie de la phénoménologie qui, en un sens reprend ses droits dans la *Krisis*, le lien avec la problématique même de la « réduction » est évident, n'est pas indifférent ou même annexe au transcendantal. Pour Husserl, il est clair qu'il est une façon d'en poser la question, et s'il est une façon d'en poser la question, cette façon a une nécessité, elle a quelque chose à nous dire sur lui.

En fait, le thème de la *Lebenswelt* tel que Husserl le réactive dans la *Krisis* a bel et bien une fonction interne à la problématique transcendantale[2], telle qu'elle domine la pensée de Husserl depuis les années 1905-1907. La « voie ontologique » ou par la *Lebenswelt* telle qu'elle est instrumentée dans la *Krisis* (à vrai dire en alternative avec une autre, celle par la psychologie, donc encore comme une voie parmi d'autres, sans privilège ni

1. Dont il faut du reste souligner qu'elle ne constitue nullement une nouveauté propre à la *Krisis* : on la trouve déjà dans les *Ideen II*, § 62, trad. fr. Éliane Escoubas, *Recherches phénoménologiques pour la constitution*, Paris, P.U.F., p. 389, note de la *Landgrebe-Fassung* en date de 1924-25, donc contemporaine des textes qui sont à la base d'*Expérience et jugement*. *Cf.* aussi un fragment de 1917, publié comme XIIIe complément du texte allemand des *Ideen II*, Hua. IV, éd. Marly Biemel, Den Haag, Nijhoff, 1952, p. 375. Pour une généalogie de ce thème, il faudrait se pencher sur le projet d'une phénoménologie de l'expérience naturelle tel qu'on le trouve dans le cours de 1910 *Problèmes fondamentaux de la phénoménologie*, trad. fr. Jacques English, Paris, P.U.F., 1991, en discussion avec la notion de « concept naturel de monde » introduit par Avenarius (évidemment, le point est que ce dernier concept est asubjectif; Husserl au contraire subordonnera la *Lebenswelt* à la subjectivité en ultime instance).

2. Je ne fais ici que retrouver les analyses de Françoise Dastur dans *Husserl. Des mathématiques à l'histoire*, Paris, P.U.F., 1995, p. 86, qui me semble avoir admirablement cerné la difficulté.

exclusivité particuliers) est censée résoudre une difficulté inhérente à la réduction transcendantale telle qu'elle avait été exposée dans les textes canoniques des *Ideen I* et, suivant un style plus proche de la *Krisis*, dans les *Méditations cartésiennes*.

Ce problème est bien connu. Il n'est pas de lecteur des *Ideen* qui ne l'ait éprouvé, quel que soit le degré de conviction que, suivant l'orthodoxie de son husserlianisme, il ait mis à refouler la difficulté. Une fois opéré ce geste stupéfiant qu'est « l'anéantissement du monde » (*Weltvernichtung*) dans les *Ideen I*, qu'est-ce qui nous reste ? Husserl insiste sur le fait que le résidu obtenu n'est pas vide. Il représente une sphère d'être plein et en un sens absolu : celui de la « conscience transcendantale » précisément. Et dans cet être, on retrouve, « entre parenthèses », à l'état de visé, tout ce qui se trouvait dans le monde dont on a suspendu la thèse. On n'a donc, à proprement parler, « rien perdu ». Mais il est tout de même très difficile de croire à cette espèce de tour de passe-passe qui prétend rendre d'une main ce qu'il a ôté de l'autre, compte tenu de la radicalité de la suppression exigée. La phénoménologie court alors un risque majeur : celle de passer pour vide. La phénoménologie transcendantale se définit par l'accès qu'elle dégage à un « champ transcendantal », dont elle devrait, positivement, être la science ; mais où est le champ transcendantal de la phénoménologie ? Et qu'y a-t-il dedans ? Qu'est-ce qui nous garantit qu'il n'est pas vide ?

Cette question, qui hantait déjà l'exposé de la réduction comme l'histoire de la philosophie moderne[1] proposés par le cours de 1923-1924 *Philosophie première* (qui, de ce point de vue, représente comme une première esquisse de la problématique de la *Krisis*) est une question purement méthodologique ; mais, pour une philosophie transcendantale, les questions de méthode sont les questions essentielles. Dans la *Krisis*, Husserl, comme toujours parfaitement explicite, la formule avec la plus grande netteté, définissant ainsi clairement l'écart exact qui sépare la phénoménologie de la *Krisis* et celle des *Ideen*, un écart à la fois beaucoup moins important qu'on ne le croit souvent (doctrinalement) et en même temps très important du point de vue propre de son auteur (mais pas pour les raisons qu'on croit) :

> Je remarque ici en passant que le chemin beaucoup plus court vers l'*épochè* transcendantale que je nomme dans mes *Idées directrices pour une phéno-*

1. *Cf.* notamment le reproche d'absence de « champ transcendantal » adressé au transcendantalisme kantien.

> *ménologie pure et une philosophie phénoménologique*, le chemin « cartésien » (...) a ce gros désavantage que, même s'il conduit, comme par un saut (*wie in einem Sprunge*), tout de suite à l'ego transcendantal, ne fait voir ce dernier cependant, du fait du manque nécessaire de toute explication préalable, que dans un vide-de-contenu apparent (*in einer scheinbaren Inhaltsleere*), devant lequel on se demande avec embarras ce que l'on a bien pu gagner par-là, et comment on doit gagner à partir de là une science fondamentale d'un genre entièrement nouveau, décisive pour une philosophie[1].

Telle est la véritable fonction de la *Lebenswelt* : donner un contenu au « champ transcendantal » de la phénoménologie, non pas d'ailleurs comme ce qui constituerait son propre objet (la phénoménologie n'est pas en soi phénoménologie de la Lebenswelt, ce n'est pas une fin pour elle), mais comme ce qui constitue un point de départ tel que, la phénoménologie, en en partant, ait de toute évidence un objet.

La *Lebenswelt*, loin d'être donc ce sur quoi viendrait se briser chez le dernier Husserl l'idéal de scientificité de la phénoménologie auquel il avait cru, comme on l'entend encore souvent[2], est ce qui constitue, aux yeux du maître, la condition ultime de scientificité de la phénoménologie : ce qui garantit que son champ ne soit pas vide, que ce soit bien quelque chose de positif (et de varié) qui soit découvert au titre de l'ego, et donc que ce soit une science. Comment concevoir une science sans domaine, ou dont le domaine serait fondé sur ce qui pourrait ressembler à un acte de négation ?

C'est donc de l'ambiguïté même de la *Lebenswelt* dont il faut partir. Car cette ambiguïté n'est aucune autre que celle de porter, partout, la trace du sujet, dans cet inextricable entrelacs de « subjectif » et d'« objectif » auquel la première « épochè » proposée dans la *Krisis*, celle du monde des idéalités scientifiques, nous a reconduits. En ce sens, ce monde, sur lequel à son tour il faudra opérer une épochè, nous renvoie en creux l'image d'une subjectivité riche : riche de la richesse même de ce monde puisque lui-même n'est pas étranger au subjectif. L'ambiguïté ontologique du « monde de la vie » devient ici le symptôme de quelque chose de tout à fait essentiel : de l'absence d'autonomie de l'ontologie. D'un monde qui est traversé, de part en part, par des effets d'apparaître, et, inaliénablement, par la marque de la subjectivité (et qui n'est jamais seulement « objet », contrairement à la

1. § 43, Hua. VI, p. 157-158, trad. fr. p. 176.

2. Françoise Dastur a dit tout ce qu'il y a à dire de cette mésinterprétation en commentant la fameuse déclaration de l'*Appendice* XXVIII de la *Krisis*, « la philosophie comme science, comme science sérieuse, rigoureuse, et même apodictiquement rigoureuse : *ce rêve est fini* » (*Krisis*, trad. fr. p. 563) dans son *Husserl. Des mathématiques à l'histoire*, *op. cit.*, p. 103.

physionomie qu'a voulu lui donner l'objectivisme moderne), il faudra remonter à la subjectivité qui le fait être, c'est-à-dire apparaître ce qu'il est.

L'autre ambiguïté ontologique dont on aurait pu partir, comme ambiguïté de l'ontologie même, aurait été celle de la « psyché » comme point aveugle de la philosophie moderne, et c'est effectivement ce que fait Husserl dans la dernière section du texte publié. Cette ambiguïté d'un objet qui ne peut pas entièrement en être un est assurément féconde et présente l'avantage d'avoir peut-être une affinité plus directe avec la conscience transcendantale (d'en être comme une sorte de projection mondaine, même si suivant un dualisme [âme-corps] que celle-ci récuse et qui est un effet de perspective déformant de l'objectivisme moderne), mais l'inconvénient d'être plus locale. L'ambiguïté uniforme et variée à la fois du monde de la vie représente un contenu plus riche, qui ouvre la conscience, en tant qu'instance de constitution universelle à tout ce contenu même qui est celui d'un monde. La conscience est alors pensée à partir de la diversité même de ce qu'il y a à constituer, qui est son index, comme dans une sorte de zigzag par rapport à la figure du retrait pur et simple qu'était la réduction transcendantale dans sa forme canonique.

Ce n'est donc pas le dépassement de la phénoménologie transcendantale, mais son approfondissement qu'a orchestré la *Krisis*, et qu'a eu pour fonction d'assurer l'ontologie de la *Lebenswelt*, qui a donné un contenu – le contenu maximal, en quelque sorte – à ce qui pouvait sembler vide.

Cette reconduction de la problématique transcendantale jusqu'au bout de ses limites (au-delà même de ce qui est entendu habituellement par « savoir », dans le sens d'une fondation de nos pratiques et de notre ancrage primordial même – charnel – dans ce monde) me gêne pour ma part. Je me demande s'il n'y a pas un point d'arrêt, un endroit où nos bêches se retournent et il faut juste se contenter de dire « c'est ainsi que nous faisons », pour paraphraser Wittgenstein. Il se pourrait que notre adhésion ultime au réel, cette façon que nous avons d'être livrés à lui (d'en faire partie), autant qu'il a de se « donner » à nous, comme on dit, suivant une métaphore dont il faudrait apprendre à voir les limites, soit plutôt de cet ordre : de celui d'une participation qui se passe de justification – par rapport à laquelle la question de la justification n'a même pas de sens.

De façon corrélée, je ne suis pas sûr qu'il y ait le moindre sens pour cette subjectivité au-delà du monde que Husserl s'ingénie à restaurer en dépit de tout et qui, chez lui, introduit une limite de principe à l'ontologie de la *Lebenswelt*.

Mais ce dont je demeure convaincu, c'est qu'en un certain sens, ladite « ontologie » ne suffit pas – qu'en tout cas, assumée jusqu'au bout, elle ne peut pas être (seulement) une ontologie. Il est bien vrai que, si la notion de *Lebenswelt* a un sens (et probablement, descriptivement, elle en a un), elle ne peut pas être quelque chose que l'on déploie devant soi à la manière d'on ne sait trop quelle carte du monde, suivant un paradigme typiquement emprunté des ontologies objectivistes, dont on peut continuer de penser qu'après la formidable critique que Husserl leur a adressée, elles ont vécu, même si on n'adhère pas pour autant à la solution proposée par le phénoménologue pour en sortir.

La *Lebenswelt* n'est pas un monde de rechange (le « monde du sens commun », en tant qu'opposé au « monde de la science »). Elle est le monde, tout simplement, mais le monde une fois découvert qu'on ne peut faire abstraction des effets de subjectivité qui le traversent, du fait qu'il est habité par des subjectivités vivantes qui contribuent de façon décisive à son sens et à ce qui y apparaît. En ce sens le monde ne suffit pas, ne peut jamais suffire : les sujets ne peuvent jamais simplement être « dans » le monde au sens où ils ne se réduisent jamais à une pièce de son mobilier (un objet de plus); ils sont ce en vertu de quoi précisément le monde ne se réduit au garde-meuble d'aucune ontologie, qui se donnerait nécessairement sous l'espèce du « déjà fait ».

Comment penser cela sans, comme Husserl, poser une subjectivité qui, en un certain sens, ultime, serait « au-delà » du monde? Comment prendre la mesure de l'entrelacs productif du subjectif et de l'objectif sans, en un certain sens, reproduisant le geste de l'objectivisme moderne, mais cette fois de façon consciente, mettre le sujet « dehors »? Comment saisir de façon immanente les limites de l'ontologie sans passer à une forme ou une autre de « point de vue transcendantal » – fût-il celui de la supposée authenticité finie? C'est ce qu'il faudrait faire et il est indubitable que les meilleurs esprits, aujourd'hui, d'une façon ou d'une autre, s'y emploient – il est frappant de voir le point auquel c'est une préoccupation universelle d'une tradition à une autre chez ceux qui sont capables de poser la question des conditions de possibilité de leur propre tradition. Mais il n'est pas exagéré d'affirmer qu'à ce problème, ouvert par la *Krisis*, au bout de la crise de l'objectivisme moderne, qui dure encore quelles que soient les prétentions récurrentes à avoir dépassé la métaphysique de l'objet (preuve que cette crise signifie bien quelque chose de positif, d'inscrit dans la « chose même »), la solution n'a pas encore été trouvée.

HUSSERL ET LA MATHÉMATISATION GALILÉENNE DE LA NATURE

Dans la *Krisis*, la mathématisation galiléenne de la nature est un drame qui se joue à trois personnages. Les personnages du drame sont la mathématique, la science de la nature et la philosophie. Ces trois personnages sont représentés, dans la deuxième section de la *Krisis,* par trois génies fondateurs : Euclide pour la mathématique, Galilée pour la science de la nature, Descartes pour la philosophie. Or chacun de ces personnages emblématiques a plusieurs peaux, chacun d'eux se transforme ; et les transformations des uns affectent les transformations des autres. Le drame qui lie ces trois personnages est exposé par Husserl au § 8 :

> Il s'agit avant tout maintenant de comprendre la mutation essentielle (*wesentliche Verwandlung*) de l'idée et de la tâche de la philosophie universelle, qui s'est accomplie au commencement des Temps modernes dans la transposition (*Übernahme*) de l'idée antique. À partir de Descartes, la nouvelle idée gouverne l'ensemble du procès de développement des mouvements philosophiques et devient le motif interne de toutes leurs tensions. Cette transformation (*Umgestaltung*) affecte tout d'abord les sciences particulières les plus saillantes du patrimoine antique : la géométrie d'Euclide et le reste de la mathématique grecque, et par la suite la science grecque de la nature[1].

1. *Die Krisis der europäischen Wissenschaften und die transzendentale Phänomenologie. Eine Einleitung* in *die phänomenologische Philosophie*, Husserliana VI, Martinus Den Haag, Nijhoff, 1954, p. 18 ; trad. fr. par G. Granel, *La crise des sciences européennes et la phénoménologie transcendantale*, Paris, Gallimard, 1976, p. 25 modifiée. Abrégé désormais *Krisis 1*, § 8, p. 18 [25 modifiée]. Conformément à l'usage, nous utilisons l'abréviation *Krisis 2* pour le volume de textes complémentaires publié par R. Smid, *Die Krisis der europäischen Wissenschaften und die transzendentale Phänomenologie. Ergänzungsband.*

Triple transformation, donc : mutation de l'idée de philosophie universelle de Platon au moment même de la relance cartésienne ; transformation de la mathématique d'Euclide à Leibniz ; transformation, enfin, de la science de la nature des physiciens et astronomes grecs à Galilée. La mutation essentielle de l'idée et de la tâche de la philosophie universelle résulte d'une transformation de la science de la nature, qui résulte elle-même d'une transformation de la mathématique grecque. Comment une transformation, intervenue au cœur de la mathématique, a-t-elle affecté la science de la nature et, finalement, l'idée même de la philosophie ? Tel est le problème des deux premières sections de la *Krisis*. Quels en sont les enjeux ?

Un premier enjeu concerne l'histoire critique de la science moderne. Il s'agit en effet pour Husserl d'éclaircir l'idée et la tâche de la physique dite galiléenne, en reconstruisant les motivations dont elles procèdent. Quelles sont les motivations conscientes et déclarées de Galilée ? Quelles sont les présuppositions de sens inéclaircies empruntées à la mathématique ? La connaissance que nous pouvons avoir aujourd'hui de certains inédits contemporains de la rédaction de la *Krisis* nous permet de mieux apprécier la réception husserlienne de Galilée. On verra que Husserl tire essentiellement son information sur Galilée de l'étude d'Emil Wohlwill, *Galilei und sein Kampf für die copernikanische Lehre* (1909) et de celle de William Whewell, *History of inductive sciences* (1837), très tôt diffusée en Allemagne par la traduction de Joseph von Littrow, *Geschichte der induktiven Wissenschaften* (1840).

L'enjeu historico-critique se double d'un enjeu pédagogique. Car il faut lire le texte de la *Krisis*, conformément aux indications données par Husserl lui-même dans le projet de « Préface à la suite de la *Krisis* »[1], comme une grande œuvre musicale. La méditation historique sur la mathématisation galiléenne de la nature dans la *Krisis*, c'est l'ouverture. Cette méditation (*Besinnung*) n'est pas seulement une pré-indication (*Vordeuten*), de sorte qu'il n'y aurait plus rien à faire, mais une préméditation (*Vorbesinnung*) de quelque chose qu'il y aura à faire plus tard. Le texte s'organise selon une structure d'attente et de résolution, où la tâche de la science galiléenne du monde répond à la tâche de l'ontologie du monde de la vie, qui sera à son

Texte aus dem Nachlass 1934-1937, Husserliana XXIX, Dordrecht, Boston, London, Kluwer Academic Publishers, 1993.

1. *Krisis 1*, *Appendice* XIII, p. 435 [480]. Il n'est pas indifférent qu'au § 3 de la *Krisis*, Husserl ait donné le ton en se référant à la symphonie n° 9 en ré mineur, op. 125 de Beethoven et à son dernier mouvement, l'hymne à la joie.

tour intégrée dans la tâche plus englobante de la phénoménologie transcendantale. Qui donc se cache derrière la figure de Galilée, sinon Husserl lui-même ?

Le troisième enjeu est polémique, comme on peut aisément s'en convaincre à la lecture du § 9*i*, où Husserl déroule toutes les conséquences du manque de clarté où l'on est touchant le sens de la mathématisation, même les plus lointaines. Husserl considère une certaine « auto-interprétation des physiciens », dont il dit que « jusqu'à une époque toute récente, elle étendait partout sa domination ». Dans le prolongement du § 52 du livre I des *Idées directrices*, Husserl est ainsi conduit à s'expliquer avec le réalisme critique, et avec Max Planck en particulier.

Pour aborder le problème de la mathématisation galiléenne de la nature dans l'unité de ces trois enjeux (historico-critique, pédagogique et polémique), je distinguerai trois concepts, qui ont parfois été confondus par les commentateurs, mais qui appartiennent chez Husserl à des domaines de problèmes différents.

J'examinerai d'abord l'idée de *mathesis universalis*. Dans le texte de la *Krisis*, cette expression est employée à sept reprises, uniquement dans la deuxième section, où elle côtoie l'expression « *mathesis* formelle » et le terme « *mathesis* »[1]. C'est aussi la *mathesis universalis* qui est dite « formelle » (*formale mathesis universalis*) ou « formalisante » (*formalisierende mathesis universalis*) au § 9*g*. Pour d'autres analyses de l'idée de *mathesis universalis* dans l'œuvre publiée du vivant de Husserl, la note du § 9*f* nous renvoie au tome I des *Recherches logiques* (chapitres X et XI) et au texte de *Logique formelle et logique transcendantale* (première section). Dans l'œuvre non publiée du vivant de Husserl, l'idée leibnizienne de *mathesis universalis* était déjà analysée de manière détaillée dans la correspondance avec Natorp (1897) et dans le brouillon de la *Recension de Schröder* (1891). Dans les manuscrits qui sont encore inédits à ce jour, l'expression *mathesis universalis* apparaît pour la première fois en 1890 dans le manuscrit K I 36.

Je considérerai ensuite l'idée de « mathématisation galiléenne de la nature » qui donne son titre à la version du § 9 de la *Krisis* telle que nous pouvons la lire aujourd'hui. Dans la première version, telle qu'elle fut envoyée par Husserl à Prague en janvier 1936, le paragraphe qui portait le numéro 8 avait pour titre « La mathématisation de la nature. La conception

1. Respectivement § 9*f*, p. 45 [52], § 9*f*, p. 45 [53], § 9*g*, p. 46 [54], § 9*g*, p. 47 [55], § 9*g*, p. 47 [55], § 16, p. 75 [85], § 25, p. 95 [107] pour « *mathesis universalis* » ; § 9*g*, p. 47 [55] et Apparat critique, p. 544 pour « formale *mathesis* » ; et § 9*g*, p. 47 [55] pour « *mathesis* ».

galiléenne de la nature comme monde de corps clos en soi » et se réduisait à trois ou quatre pages[1]. Dans la version revue, corrigée et développée par Husserl en juillet 1936 à Kappel, le nom de Galilée se trouve désormais plus étroitement attaché au terme de mathématisation. Dans cette version longue du § 9, le terme « *Mathematisierung* » apparaît à quinze reprises : dans l'introduction, la mathématisation est dite « galiléenne », conformément au titre du paragraphe[2]; dans la première moitié du § 9 (de 9*a* à 9e), la « mathématisation » (*Mathematisierung*), le « co-mathématiser » (*mitmathematisieren*) ou la « mathématisabilité » (*Mathematisierbarkeit*) sont toujours qualifiés de « directe » ou d'« indirecte »[3]; enfin, dans la deuxième moitié du § 9 (de 9*f* à 9*l*) la mathématisation peut-être dite « effective », « géométrique et physique », etc. : elle n'est plus jamais qualifiée de directe ou indirecte[4]. Ainsi donc, la mathématisation cesse d'être dite « indirecte » au moment précisément où l'expression *mathesis universalis* est introduite par Husserl dans la *Krisis*. Tout se passerait comme si l'introduction de l'expression *mathesis universalis* en 9*l* avait pour effet d'effacer du texte husserlien le thème de la mathématisation indirecte des qualités sensibles, dont Husserl nous dit précisément qu'il constitue l'idée fondamentale de la physique galiléenne. La mathématisation de la nature ne subsiste plus, une fois engagée l'analyse du mouvement qui conduit la mathématique d'une théorie algébrique des nombres et des grandeurs à la *mathesis universalis*, qu'au titre de la production de formules.

J'analyserai enfin l'idée de « mathématique universelle » (*Universalmathematik*, ou le plus souvent, *universale Mathematik*). Dans le texte de la *Krisis*, cette expression apparaît huit fois, sous une forme ou sous une autre : deux fois dans la deuxième section, une fois dans la troisième et cinq fois dans les annexes ou appendices[5]. On observera que dans l'Annexe II, l'idée d'une mathématique universelle du monde est attribuée à Dieu,

1. *Cf.* sur ce point les indications de R. Smid dans son Introduction à *Krisis 2*, p. XLVIII et dans l'Apparat critique, p. 439.

2. *Cf.* § 9, p. 20 [27] pour « *Galileis Mathematisierung* », « *die Galileische Mathematisierung* » et « *diese Mathematisierung* ».

3. Respectivement § 9*c*, p. 32 [39] ; § 9*c*, p. 32 [40] ; § 9*c*, p. 33 [41] ; § 9*c*, p. 36 [43] ; § 9*d*, p. 40 [48] pour « *direkte* » ou « *indirekte Mathematisierung* » ; § 9*d*, p. 37 [45] pour « *indirekt mathematisieren* » ; § 9*d*, p. 37 [45] pour « *indirekte Mathematisierbarkeit* ».

4. Respectivement § 9*f*, p. 43 [51]; § 9*g*, p. 48 [56]; § 9*i*, p. 54 [62] pour « *Mathematisierung* » ; § 9*g*, p. 47 [55] pour « *wirkliche Mathematisierung* » ; § 9*h*, p. 51 [59] pour « *geometrische und naturwissenschaftliche Mathematisierung* ».

5. Respectivement § 10, p. 62 [71] ; § 16, p. 75 [85] ; § 51, p. 177 [197] ; Annexe II, p. 295 [326]; *Appendice* VI, p. 404 [446] (deux occurrences); *Appendice* VI, p. 404 [447]; *Appendice* X, p. 420 [464].

contre l'usage cartésien, mais en accord avec le morceau situé à la fin de la Première journée du *Dialogue sur les deux plus grands systèmes du monde : «Also, extrem gesprochen, Gott hat eine universale Mathematik der Welt»* [1]. On peut donc se demander si ce passage permet effectivement à Husserl de caractériser la mathématique universelle de Descartes, ou s'il ne doit pas plutôt être versé au compte des énoncés qui se rapportent à la mathématisation galiléenne de la nature. Quoi qu'il en soit de cette difficulté que nous pouvons rencontrer à tenir jusqu'au bout la distinction entre « mathématique universelle » et « mathématisation de la nature » dans la *Krisis*, on peut dire qu'un sens relativement homogène de l'expression «mathématique universelle» comme science du monde référée indifféremment aux *Regulae ad directionem Ingenii* et aux *Meditationes* est mis en place dans la deuxième section du cours d'*Introduction à la logique et la théorie de la connaissance* du semestre d'hiver 1906/1907

1. MATHESIS UNIVERSALIS

La mathématisation galiléenne de la nature procède d'un violent changement de sens (*gewaltige Sinnwandlung*) de la mathématique; elle procède aussi d'une présupposition cachée de sens (*verborgene Sinnesvoraussetzung*) de cette même mathématique [2]. Quel est ce violent changement de sens? Quelle est la présupposition cachée de sens? Autrement demandé, quels sont les éléments de continuité dans l'histoire de la mathématique, et quels sont les indices de rupture, qui vont nous permettre de comprendre l'idée galiléenne d'une science mathématique de la nature?

Commençons par la continuité. Husserl distingue au § 8 deux éléments de continuité dans l'histoire de la mathématique. Le premier élément de continuité est l'idéalisation des nombres et des figures empiriques :

> Certes les Anciens, conduits par la doctrine platonicienne des Idées, avaient déjà idéalisé les nombres et les unités de mesure empiriques, les figures spatiales empiriques, les points, les lignes, les surfaces, les corps; dans le même mouvement, ils avaient transformé les propositions et démonstrations en propositions et démonstrations géométriques idéales [3].

1. *Krisis 1*, Annexe II, p. 295 [326].
2. *Krisis 1*, respectivement § 8, p. 18 [25] et § 9*a*, p. 22 [29].
3. *Krisis 1*, § 8, p. 18 [25 modifiée].

C'est la doctrine platonicienne des idées qui exerce ici sa médiation vers le domaine des mathématiques grecques. Il y a donc deux échelles de lecture : sur une petite échelle, le phénomène décrit par Husserl dans les deux premières sections de la *Krisis* va de la mathématique à la philosophie en passant par la science de la nature ; sur une échelle plus grande, c'est une doctrine philosophique (ici la doctrine platonicienne des idées) qui commande et qui rend possible l'émergence de la mathématique pure (ici le processus d'idéalisation). Le développement de l'idée de la philosophie universelle dans les Temps modernes reproduit, en l'inversant, le rapport de dépendance originaire des sciences grecques à l'égard de la philosophie platonicienne. Or comment la doctrine platonicienne des idées a-t-elle permis le passage de la mathématique existante à la mathématique pure ?

Le texte de la 5e leçon de *Philosophie première* nous donne sur ce point les éclaircissements nécessaires. Le résultat le plus important des premières méditations platoniciennes sur le mode subjectif de la connaissance authentique fut en effet la découverte de la « connaissance eidétique » (*Ideenerkenntnis*), comprise comme production originaire, évidente et parfaite de concepts eidétiques purs dans lesquels se fondent des lois eidétiques. Cette première découverte en théorie de la connaissance entraîne une double transformation, à l'intérieur et à l'extérieur d'elle-même. À intérieur d'elle-même, la théorie de la méthode s'épanouit en une science eidétique avec l'analytique d'Aristote : « l'idéal de rationalité issu des recherches préliminaires relevant de la critique de la connaissance finit par s'épanouir systématiquement à l'intérieur de la théorie de la méthode elle-même, et ce conjointement avec cette transformation de la mathématique en une science mathématique purement rationnelle. Je pense ici naturellement à l'*analytique* fondée déjà par Aristote, disciple directe de Platon »[1]. Cette réalisation de l'idéal du savoir conforme à l'exigence platonicienne, qui est examinée par Husserl dans *Logique formelle et logique transcendantale*, n'intéresse pas directement le Husserl de la *Krisis*, en raison de son caractère apparemment muet pour Galilée ; c'est donc l'autre voie qui est suivie par Husserl dans la *Krisis*.

À l'extérieur d'elle-même, la théorie de la méthode entraîne la purification des principes de la mathématique existante et la constitution d'une arithmétique pure, d'une géométrie pure et d'une science de la nature : « Le premier penseur systématique parmi les classiques de la mathématique pure, Euclide, fut comme l'on sait, un platonicien. En s'appuyant sur ses

1. *Erste Philosophie*, 5e leçon, p. 35 [50-51].

grands précurseurs comme Eudoxe, il expose dans les *Éléments* la première esquisse élaborée d'une science purement rationnelle constituée selon l'idéal de l'école platonicienne; cependant, il conviendrait de préciser: la géométrie fut la première science conçue et réussie, en dehors de la théorie générale de la méthode, conformément à cet idéal de rationalité fondée par celle-ci »[1]. Ce qui signifie que la géométrie est la première à se constituer en science eidétique parmi les sciences qui, comme elle, n'entrent pas dans la théorie de la méthode (géométrie, arithmétique, science de la nature); mais cela signifie aussi qu'en tant que *Wissenschaft* objective, elle n'est qu'un produit second et dérivé par rapport à la théorie de la connaissance eidétique. La géométrie est la première science *des idées*, mais elle n'est que la première *science* des idées.

Le deuxième élément de continuité signalé par Husserl est la « systématisation » (*Systematik*) des constructions :

> Avec la géométrie d'Euclide était apparue l'idée tout à fait impressionnante d'une théorie déductive systématiquement unifiée, orientée vers un but idéal d'une grande ampleur et d'une grande élévation, reposant sur des concepts et des principes fondamentaux « axiomatiques » et progressant par une suite de raisonnements apodictiques[2].

L'idée de théorie déductive peut donc être déterminée d'une triple manière, du point de vue du but idéal vers lequel elle tend, des principes fondamentaux dont elle part et de l'enchaînement des raisonnements par lesquels elle progresse. Quel est ce « but idéal d'une grande ampleur et d'une grande élévation » auquel Husserl fait ici allusion? Il s'agit de la forme systématique, comme on le sait depuis le § 6 des *Prolégomènes*, puisque celle-ci représente « la plus pure incarnation de l'Idée du savoir » à laquelle nous aspirons pratiquement. Cette aspiration au système ne correspond pas à une tendance esthétique de notre nature, qui nous porterait à préférer ce genre de constructions aux formes chaotiques d'expositions du savoir. Elle correspond à l'enchaînement systématique des vérités elles-mêmes, qui se trouve réfléchi dans la systématisation (*Systematik*) de la théorie qui l'expose. Car de même qu'il règne dans le domaine de la vérité, non pas un chaos inorganisé, mais l'unité de la loi, de même doit régner dans la recherche et l'exposition des vérités un certain enchaînement systématique. D'où la deuxième détermination de l'idée de système

1. *Erste Philosophie*, 5e leçon, p. 34 [50].

2. *Krisis 1*, § 8, p. 18-19 [26]. Sur la systématisation, *cf.* aussi *Prolegomena*, § 6, p. 30 [15-16]; *Introduction à la logique et à la théorie de la connaissance de 1906/07*, § 5, p. 16 [65]; *Natur und Geist 1927*, § 10, p. 57; *Krisis 2*, texte n° 16, p. 210, etc.

déductif, selon laquelle celui-ci constitue « une progression en une suite de raisonnements apodictiques ». Le concept d'une telle progression implique, conformément à l'enseignement de Husserl, qu'il n'est pas possible d'insérer arbitrairement ou de retirer arbitrairement des bouts de raisonnements dans une démonstration ou dans une théorie : « représentons-nous, demandait par exemple Husserl dans le cours d'*Introduction à la logique et à la théorie de la connaissance* de 1906/07, l'édifice merveilleux de la géométrie euclidienne décomposé en ses propositions et démonstrations, et celles-ci jetées pêle-mêle n'importe comment; serait-ce encore la géométrie ? »[1].

Reste la troisième détermination de l'idée de système déductif, qui semble avoir posé le plus de difficultés aux commentateurs. Car quelle est la nature des « concepts et principes fondamentaux axiomatiques » qui sont ici mentionnés par Husserl ? Certains commentateurs ont souligné que le statut des axiomes reste en grande partie indéterminé chez le Husserl de la *Krisis*. Ainsi Peter Janisch peut-il écrire qu'« il manque une clarification du statut des axiomes de la géométrie et de la mécanique, à moins que l'on n'interprète extensivement de brèves remarques cursives »[2]. Un premier élément de réponse pourrait être trouvé dans la nature même de l'analyse noétique et dans la hiérarchie de ses tâches. On sait en effet, depuis le cours d'*Introduction à la logique et à la théorie de la connaissance* du semestre d'hiver 1906/07, qu'une telle clarification relève, non pas d'une physiologie de la connaissance, mais d'une simple morphologie de la connaissance. La division des actes de connaissance en actes qui portent en eux-mêmes une légitimité immédiate, et actes de connaissance qui ne reçoivent leur légitimation que médiatement, dans la relation à d'autres actes de connaissance, relève d'un traitement superficiel, macroscopique ou morphologique du problème noétique. Des questions telles que : « qu'est-ce qui légitime immédiatement l'affirmation de propositions générales et purement conceptuelles, en d'autres termes, qu'est-ce qui

1. *Introduction à la logique et à la théorie de la connaissance 1906/07*, § 5, p. 13 [62].

2. P. Janich, « Die Galileische Geometrie. Zum Verhältnis der geometrischen Idealisierung bei E. Husserl und der protophysikalischen Ideationstheorie », *in* C. F. Gethmann (éd.), *Lebenswelt und Wissenschaft. Studien zum Verhältnis von Phänomenologie und Wissenschaftstheorie*, Bonn, Bouvier, 1991, p. 172 : « Damit zusammenhängend fehlt eine Klärung des Status geometrischer oder mechanischer Axiome, es sei denn, man interpretiert kurze kursorische Bemerkungen extensiv. (So scheint etwa der Satz "Axiome sind prinzipiell schon Resultate ursprünglicher Sinnbildung und haben diese selbst hinter sich" (p. 375) eine gegen formalistische oder empiristische Geometrieverständnisse gerichtete Position anzudeuten). »

caractérise les axiomes ? » ou « qu'est-ce qui légitime des affirmations médiates comme absolument certaines ? »[1] appartiennent à la noétique superficielle qui distingue seulement des types d'évidence. Mais même à ce niveau superficiel, la question de la nature des axiomes appelle une réponse. Qu'est-ce que la noétique superficielle a à nous dire sur la nature des axiomes ?

Le mot « axiome » peut s'entendre d'une double manière chez Husserl. Ce que la science antique connaît, c'est « l'axiome véritable » (*wirkliches Axiom*) ou « l'axiome au vieux sens usuel du terme » qui est une « norme idéale de validité inconditionnée saisie dans l'évidence de la pensée purement géométrique, ou également de la pensée arithmétique, purement logique »[2]. Ce qu'elle ignore en revanche, c'est « l'axiome au sens impropre » (*uneigentliches Axiom*) qui, dans la doctrine des multiplicités, ne désigne plus des jugements ou propositions, mais des « formes de proposition en tant qu'éléments de la définition d'une multiplicité qu'il s'agit de construire formellement dans l'absence de toute contradiction interne ». Cette distinction nous renvoie à la controverse qui opposa Hilbert et Frege à propos du concept d'axiome vers 1900. Les axiomes au sens de Hilbert, privés des définitions sur lesquelles ils s'appuyaient et qui conféraient un sens et une dénotation déterminée aux noms d'individus et de relations, cessent d'être des propositions : les noms d'individus ne sont plus des noms propres puisqu'ils ont perdu la dénotation fixe dont ils étaient dotés ; ils sont devenus des variables ou des inconnues. On est désormais en présence d'axiomes d'un style nouveau qui ne sont pas des affirmations vraies, mais des vérités conditionnelles ou des équations logiques[3].

Quels sont maintenant les indices de rupture ? Husserl distingue au § 8 deux indices de rupture dans l'histoire de la mathématique. Le premier indice de rupture est la transformation du concept d'espace et du concept de la géométrie en tant que science de l'espace – transformation elle-même liée à la substitution d'une « tâche infinie » (*unendliche Aufgabe*) aux tâches finies qui avaient eu cours jusqu'ici. L'apparition d'un « concept résiduel » de la philosophie (§ 3) et l'infinitisation de la tâche (§ 8) vont donc de pair. L'altération essentielle de l'idée de la science, sa « limitation positiviste » résulteraient de la conception d'une tâche infinie :

1. *Einleitung* in *die Logik und Erkenntnistheorie 1906/07*, § 29, p. 136 [183].
2. *Krisis I*, § 9*i*, p. 56 [65 modifée].
3. *Cf.* sur ce point J. Largeault, *Logique et philosophie chez Frege*, Louvain, Nauwelaerts, 1970.

> Mais la géométrie d'Euclide, et généralement parlant la mathématique des Anciens, ne connaît que des tâches finies, un *a priori qui se clôt de façon finie*. Celui-ci comprend aussi l'*a priori* qui se subordonne tous les autres, celui de la syllogistique aristotélicienne. Si loin qu'aille l'Antiquité, elle n'ira jamais jusqu'à concevoir la possibilité de la tâche infinie, qui pour nous est liée, pour ainsi dire évidemment, au concept de l'espace géométrique et au concept de la géométrie en tant que science correspondante. Pour nous appartient à l'espace idéal un *a priori* universel systématiquement unifié, une théorie systématique unifiée infinie et, malgré cette infinité, close en soi (*in sich geschlossen*) – théorie qui, s'élevant à partir de concepts et de principes axiomatiques, parvient à construire dans une univocité déductive n'importe quelle figure imaginable inscriptible dans l'espace. D'avance, tout ce qui « existe » dans l'espace géométrique est décidé (*entschieden*) dans toutes ses déterminations de manière univoque[1].

Les commentateurs ont souligné le caractère à la fois central et problématique du thème de la « tâche infinie » qui est ici introduit dans le texte de la *Krisis*. Caractère central, dans la mesure où ce thème est appelé à faire fortune, puisqu'on le retrouve par exemple chez Heisenberg dans la conférence de 1953, intitulée *Das Naturbild der modernen Physik* :

> Mais en quelques dizaines d'années, l'attitude de l'homme à l'égard de la nature s'est fondamentalement modifiée. Dans la mesure où le savant pénétrait les détails des processus naturels, il comprenait que, en effet, comme Galilée avait commencé de le faire, on peut isoler certains processus naturels de leur relation mutuelle, les décrire mathématiquement, et par là les « expliquer ». Il prenait toutefois aussi conscience de la tâche infinie qui se trouvait ainsi proposée à la science de la nature en train de naître.[2]

Dans son introduction au texte de la conférence de 1953, Catherine Chevalley a remarqué que la mention d'une « tâche infinie » (plutôt qu'« immense tâche », comme le traduit A. E. Leroy) constitue sans doute un emprunt de Heisenberg à Husserl. Elle soulignait, en outre, que la

1. *Krisis 1*, § 8, p. 19 [26 modifée].

2. « Aber schon in dem Laufe weniger Jahrzehnte hat sich dann die Stellung der Menschen zur Natur grundsätzlich geändert. In dem Mass, in dem der Forscher sich *in* die Einzelheiten der Naturvorgänge vertiefte, erkannte er, dass man in der Tat, wie Galilei es begonnen hatte, einzelne Naturvorgänge aus dem Zusammenhang herauslösen, mathematisch beschreiben und damit "erklären" kann. Dabei wurde ihm allerdings auch deutlich, welche unendliche Aufgabe der beginnenden Naturwissenschaft hierdurch gestellt wird. » (W. Heisenberg, *Das Naturbild der heutigen Physik*, *Gesammelte Werke*, série C, Tome 1, München/Zürich, 1984, p. 399 ; trad. fr. A. E. Leroy, *La nature dans la physique contemporaine*, Paris, Gallimard, 1962, rééd. 2000, p. 120 modifée).

reprise de ce thème témoigne de la grande proximité entre le texte de Heisenberg et les analyses de Husserl dans la *Krisis* : « Husserl parlait de "mutation" (l'expression sera reprise par A. Koyré) et de "violent changement de sens" à propos de l'apparition de la science "galiléenne", grosse du "rationalisme objectiviste", qui opérait par une mathématisation du "style empirique invariant du monde" et ouvrait à l'idée d'une "tâche infinie" et d'une mathématique universelle qui allait "séduire" Descartes, mais qui était aussi à la fois découvrante et recouvrante, vêtement d'idées, anticipation d'un monde de formules qui allait techniciser irrémédiablement le monde de la vie, etc. »[1]. Enfin, elle soulignait la proximité des méthodes, puisque Heisenberg met en œuvre le même type d'analyse en « zig-zag », qui consiste à rapporter la crise actuelle des sciences à ses origines dans la physique galiléenne, en vue de préparer une autre conception de l'objectivité ou du rationalisme. Mais est-ce au même sens que Husserl et Heisenberg parlent d'une « tâche infinie » ? Cette question nous conduit au caractère assez énigmatique de cette expression chez Husserl. Car en quel sens peut-on dire que la géométrie d'Euclide ne connaît que des tâches finies ? François De Gandt a remarqué à juste titre que « Husserl déclare de manière un peu sibylline que la géométrie antique n'avait que des tâches finies » et suggère de comprendre que les Anciens parvenaient à éviter l'emploi de l'infini, en utilisant par exemple la théorie des propositions d'Eudoxe, pour démontrer que le rapport des aires de deux cercles est égal au rapport des carrés de leurs diamètres respectifs (Euclide XII 2)[2].

On peut aussi essayer de préciser le sens de cette limitation de la tâche chez les Anciens à partir de ce que Husserl nous dit de son infinitisation chez les Modernes. Quelle sorte de tâche infinie les Anciens n'ont-ils jamais envisagée ? Ce qu'ils n'ont jamais envisagé, ce n'est pas simplement la possibilité d'une tâche infinie, mais c'est la possibilité d'une théorie infinie et néanmoins close en soi (*eine unendliche und trotz der Unendlichkeit in sich geschlossen einheitliche systematische Theorie*). Autrement dit, les anciens n'ont jamais conçu la possibilité de déterminer l'ensemble infini de toutes les figures idéales qu'il serait possible de construire à partir d'un nombre néanmoins fini de concepts et de principes axiomatiques :

1. C. Chevalley, Introduction à W. Heisenberg, *La nature dans la physique contemporaine*, Paris, Gallimard, 2000, note 2, p. 71-72.

2. *Cf.* F. De Gandt, *Husserl et Galilée. Sur la crise des sciences européennes*, Paris, Vrin, 2004, p. 61-62.

> La conception de cette idée d'une totalité d'être (Seinsall) rationnelle infinie, avec une science rationnelle la dominant de façon systématique, voilà la nouveauté inouïe. Un monde infini, ici un monde d'idéalités, est conçu comme un monde dont les objets ne sont pas accessibles individuellement, imparfaitement et comme par hasard à notre connaissance, mais atteints par une méthode rationnelle systématiquement unifiée –qui atteint finalement dans une progression infinie tout objet dans la plénitude de son être-en-soi.[1]

Or le texte du § 9*a* semble dire le contraire, puisqu'il fait coïncider l'acte de naissance de la géométrie avec l'invention des méthodes de constructions, qui permettent non seulement de produire toujours de nouvelles formes idéales, mais de les construire *toutes* :

> Mais il est possible – et ce fut là *la découverte qui créa la géométrie* – grâce à ces formes élémentaires remarquables d'avance utilisables en général, et d'après les opérations qu'elles permettent en général d'accomplir, de ne pas se borner à *construire* toujours à nouveau d'autres formes déterminées intersubjectivement de manière univoque grâce à leur méthode de production. Car finalement s'ouvrit la possibilité de produire de manière constructive et univoque *toutes les formes idéales pensables en général*, et ce par une méthode systématique *a priori* omni-englobante[2].

Comment concilier ces deux déclarations apparemment contradictoires ? Comment Husserl peut-il soutenir que l'exigence de définitude, car c'est bien d'elle qu'il s'agit, constitue une nouveauté inouïe et, quelques pages plus loin, qu'elle coïncide avec l'acte de naissance de la géométrie ? On peut ici se souvenir que le terme « définitude » s'entend de plusieurs manières chez Husserl ; et l'on soupçonne alors que le passage du § 8 et celui du § 9 ne se rapportent peut-être pas au même concept. Les analyses d'Oskar Becker dans sa thèse d'habilitation, les *Beiträge zur phänomenoligischen Begründung der Geometrie und ihrer physikalischen Anwendungen*, soutenue en janvier 1922 à Freiburg, et publiée en 1923 dans le tome VI du *Jahrbuch*, nous seront utiles pour essayer de sortir de ce mauvais pas[3].

1. *Krisis I*, § 8, p. 19 [26 modifiée].
2. *Krisis I*, § 9*a*, p. 24 [32 modifiée].
3. O. Becker, *Beiträge zur phänomenologischen Begründung der Geometrie und ihrer physikalischen Anwendungen*, in *Jahrbuch für Philosophie und phänomenologische Forschung*, n° 6, Halle, Max Niemeyer, 1923, p. 385-560. Abrégé désormais *Beiträge*, p. 385-560.

Ce que les Anciens auraient découvert, c'est ce que Becker nomme, au § 2 des *Beiträge*, la « définitude élémentaire » (*Elementardefinitheit*) ou définitude au sens de Cantor : un ensemble E (fini ou infini) est complètement déterminé (*vollständig bestimmt*), lorsque pour tout objet, on peut dire s'il appartient ou non à l'ensemble E. L'ensemble E est alors défini eu égard à chacun de ses éléments, ou « élémentairement défini ». Cette définition de Cantor correspond au point de vue exprimé par Husserl au § 72 du livre I des *Idées directrices* :

> La géométrie fixe de préférence un petit nombre d'espèces de figures fondamentales, les idées de volume, de surface, de point, d'angle, etc., celles même qui jouent dans les « axiomes » le rôle déterminant. À l'aide des axiomes, c'est-à-dire des lois eidétiques primitives, elle est en mesure de dériver par voie purement déductive *toutes* les formes « existant » dans l'espace, c'est-à-dire toutes les formes spatiales idéalement possibles et toutes les relations eidétiques qui les concernent, sous forme de concepts qui déterminent exactement leur objet et qui servent de représentant aux essences qui en général demeurent étrangères à notre intuition.[1]

Cette détermination du concept de définitude permet de souligner l'opposition avec les concepts vagues morphologiques, dont on ne peut pas toujours dire si une forme individuelle concrète se trouve subsumée sous eux ou non. Ce qui caractérise précisément les concepts mathématiques idéaux, c'est que l'appartenance au concept est fixée pour tout objet, sans aucun doute possible et sans hésitation. Soit par exemple l'équation de Fermat : (avec x, y, z nombres entiers positifs). Dans chaque cas, c'est-à-dire pour tout quadruplet de nombres, on peut dire si l'équation est satisfaite ou non. Appelons « quadruplets de Fermat » les quadruplets qui satisfont l'équation pour $n > 2$, on dira alors que l'ensemble des quadruplets de Fermat est élémentairement défini.

Un deuxième concept de définitude correspond à ce que Becker appelle, au § 2 des *Beiträge*, la « définitude extensionnelle » (*Umfangsdefinitheit*) ou définitude au sens de Russell et Weyl (celui de la première théorie du continu de 1918). Ce deuxième sens correspond à la suite du passage du § 72 des *Idées directrices*, où Husserl écrit :

> Ce qui la caractérise, c'est qu'un nombre fini de concepts et de propositions, qu'on doit dans un cas donné tirer de l'essence du domaine considéré, détermine totalement et sans équivoque l'ensemble de toutes les configurations possibles du domaine ; cette détermination réalise le type de

1. *Ideen I*, § 72, p. 151 [231].

> la nécessité purement analytique; il en résulte que par principe il ne reste plus rien d'ouvert dans ce domaine.[1]

On peut interpréter ce passage en disant, comme Hermann Weyl dans sa première théorie du continu, que les objets d'une multiplicité définie forment un « ensemble idéalement clos, en soi déterminé et délimité »[2]. On peut dire aussi avec le Husserl de la *Krisis*, ce qui revient au même, que notre conception de géométrie est celle d'une « théorie systématique unifiée infinie, et malgré cette infinité, close en soi » (*in sich geschlossen*). On peut dire enfin avec Becker qu'« un ensemble *E* est défini quant à son extension, s'il est non seulement établi qu'un objet donné est subsumé sous *E* ou non, mais s'il est aussi établi que, en dehors d'un certain cercle circonscrit d'objets, il en tombe encore d'autres sous *E* ou non. Au contraire, pour un ensemble péritropique *E*, la question : « un objet déterminé *a* de *E* jouit-il de la propriété *P* ? » a certes un sens bien déterminé (dans la mesure où *E* est « élémentairement défini »); mais cette autre question : « *Y a-t-il* un objet tombant sous *E* qui jouit de la propriété *P* ? » n'en a pas toujours »[3].

Nos deux passages ne se contredisent donc pas : ce qui est nouveau, ce n'est pas l'invention des méthodes propres à permettre la construction de *toutes* les figures idéales à partir d'un petit nombre de figures caractéristiques; la nouveauté inouïe, c'est l'invention de la définitude extensionnelle, c'est-à-dire la possibilité de déterminer la « totalité d'être » de toutes les figures géométriques idéales; et c'est à cette nouveauté que se rattachera l'idée galiléenne d'une nature comprise comme « un monde de corps clos en soi », selon le titre de la première version du § 9 de la *Krisis*.

Mais les choses se compliquent au § 9*b*; car cette fois, Husserl établit l'équivalence entre les deux sens du concept que nous nous efforcions de distinguer chez lui avec Becker; et il semble même considérer que ces deux sens en impliquent un troisième, qui se fait jour sous l'expression d'« infinité décidée d'avance » :

> Grâce à l'idéalisation du monde des corps, du point de vue de ce qui en lui relève de la forme spatio-temporelle, elle [la mathématique] a créé les objectivités idéales. Elle a pour la première fois fait un monde *objectif*, au sens propre du terme, de ce qui était espace et temps pour le monde de la

1. *Ideen I*, § 72, p. 152 [232].
2. « an sich bestimmten und begrenzten, ideal geschlossenen Inbegriff » (H. Weyl, « Der circulus vitiosus in der heutigen Begründung der Analysis », in *Jahresbericht der deutschen Mathematiker-Vereinigung*, n° 28, 1919, p. 85).
3. O. Becker, *Beiträge*, § 2, p. 407-408.

> vie, c'est-à-dire une forme générale indéterminée avec la multiplicité des figures intuitives empiriques que l'on peut imaginer dans cette forme; c'est-à-dire qu'elle a fait une totalité infinie d'*objectivités idéales* déterminables de façon méthodique et absolument univoque pour tout le monde. Elle a ainsi montré pour la première fois qu'une infinité d'objets sujectivo-relatifs et pensés seulement dans une représentation générale vague, peut être *déterminée objectivement* par une méthode *a priori* omni-englobante *et qu'elle est à penser effectivement comme déterminée en soi*; plus exactement: qu'elle est à penser comme une infinité *décidée* d'avance, déterminée en soi dans tous ses objets et dans toutes leurs propriétés et relations.[1]

Ce qui est en cause dans tout le passage, c'est la mathématique en tant qu'elle se présente à nous comme «tutrice» ou «magistra» (*Lehrmeisterin*). Plus précisément, c'est la géométrie pure, en tant qu'elle constitue l'une des strates de l'héritage traditionnel de Galilée, l'autre strate de cet héritage étant constituée par la mathématique appliquée. Or la prestation de la géométrie pure se trouve caractérisée d'une triple manière. La première phrase dit que la mathématique pure a créé «les objectivités idéales» (*ideale Gegenständlichkeiten*); et nous savons, d'après le § 9*a*, que cette création ne consiste pas seulement à mettre en œuvre des méthodes permettant de construire quelques objectivités idéales, mais des méthodes propres à les construire *toutes*. La deuxième phrase ajoute que la mathématique a ainsi créé «une totalité infinie» (*eine unendliche Totalität*) d'objectivités idéales que l'on peut déterminer dans une méthode univoque; nous sommes donc passés de la «définitude élémentaire» à la «définitude extensionnelle». Enfin, il semble bien que la troisième phrase introduise un troisième sens du concept de définitude, du moins si l'on fait de l'adjectif «décidé» un commentaire technique, ce qui, vu le contexte, ne semble pas interdit: cette infinité d'objets doit être pensée comme déterminée en soi ou, plus exactement, comme «une infinité décidée d'avance» (*eine im voraus entschiedene Unendlichkeit*) dans tous ses objets et dans toutes leurs propriétés et relations mutuelles. Nous rencontrons ici le troisième sens de la définitude, celui que Becker nomme, au § 2 des *Beiträge*, «*Entscheidungsdefinitheit*» ou définitude au sens de Brouwer et du second Weyl (1921). Ce troisième sens correspond à la fin du passage du § 72 des *Idées directrices*:

> Toute proposition susceptible d'être construite à partir des concepts axiomatiques tels qu'on vient de les caractériser, et quelle que soit sa forme

1. *Krisis 1*, § 9*b*, p. 30 [37-38 légèrement modifiée].

> logique, ou bien résulte de ces axiomes de façon purement formelle, ou en est une conséquence opposée de cette même façon, en ce sens qu'elle présente par rapport aux axiomes une contradiction purement formelle : si bien que sa contradictoire serait une conséquence logique formelle des axiomes[1].

Il semble donc bien que le § 9 de la *Krisis* reconduise les glissements de sens du § 72 des *Idées directrices*, et ce en dépit des distinctions introduites entre-temps par Oskar Becker au § 2 des *Beiträge*. De sorte qu'il n'est pas possible de distribuer historiquement les différents sens du concept de définitude, attribuant l'un aux Anciens, et réservant un autre aux Modernes. À cet égard, les choses se présentent différemment chez Becker et chez Husserl. La distinction des différents sens de la définitude au § 2 des *Beiträge* conduira Becker à attribuer, au § 6*c* de *Mathematische Existenz*, l'invention de la définitude élémentaire aux Anciens. Toute autre est la position de Husserl dans la *Krisis*. La « nouveauté inouïe » ici, c'est l'invention de la propriété de définitude prise dans l'unité de ces trois sens hétérogènes.

Il faut alors donner toute son importance à l'adverbe « finalement » dans le passage du § 9*a* où Husserl semble attribuer aux Anciens l'invention de la définitude élémentaire. Lorsque Husserl écrit : « car finalement (*schliesslich*) s'ouvrit la possibilité de produire de manière constructive et univoque *toutes les formes idéales pensables en général* », cela signifie que cette possibilité n'est pas encore donnée avec celle de construire toujours à nouveau de nouvelles formes. Lorsqu'il évoque « la méthode géométrique de détermination opératoire de certaines formes idéales, et finalement (*schliesslich*) de toutes les formes idéales, à partir de formes fondamentales en tant que moyens de détermination élémentaires », c'est toujours en marquant un écart temporel entre l'invention des méthodes permettant de construire *certaines* formes idéales, et celles qui permettent de les construire *toutes*. Cela signifie que la définitude n'est pas déjà présente en un autre sens, mais qu'elle n'est présente qu'en germe.

Le deuxième élément de rupture est l'invention de la mathématique formelle. La petite histoire de la mathématique formelle qui est ici esquissée par Husserl (§ 8 et § 9*f*) emprunte certains motifs au texte de *Logique formelle et logique transcendantale* (§ 26) et s'inspire assez largement de la grande fresque d'Oskar Becker sur « le développement du mathématico-formel en Occident » qu'on trouve à la fin de *Mathematische*

1. *Ideen I*, § 72, p. 152 [232 modifiée].

Existenz (§ 6, *c*, III)[1]. Selon Becker, l'histoire de la mathématique formelle comporte en effet deux chapitres. La mathématique moderne commence avec la naissance de trois disciplines nouvelles, qui sont bientôt suivies d'une quatrième, plus importante : l'algèbre (Viète, Jordanus Nemorarius), la géométrie projective (Desargues), la géométrie analytique (Fermat et Descartes) et, plus tard, l'analyse infinitésimale qui est au fond une théorie des fonctions. Ces disciplines mathématiques nouvelles ont en commun de satisfaire la nostalgie de l'Antiquité tardive d'une mathématique conduisant au-delà du contenu intuitif. Elles mettent en œuvre deux instruments méthodiques : l'application, étroitement corrélée au concept de fonction, qui peut mettre en correspondance non seulement des figures de même genre, mais aussi des relations abstraites et leur expression symbolique ; et le principe de permanence des lois formelles. Ce sont ces deux grandes étapes que nous retrouvons dans le texte de la *Krisis*.

La première étape est caractérisée comme un processus d'arithmétisation (*Arithmetisierung*) qui correspond à l'élaboration de l'algèbre, de la mathématique du continu et de la géométrie analytique :

> C'est seulement aux débuts des Temps modernes que commencent la conquête et la découverte authentiques des horizons mathématiques infinis. Alors surgissent les commencements de l'algèbre, de la mathématique des grandeurs continues, de la géométrie analytique[2].

Quelle est la conception de la *Géométrie* de 1637 qui se trouve ici engagée ? Le contenu de la Géométrie de Descartes, Husserl n'y voit pas une réalisation de ce qu'il appelle, lui Husserl, la *mathesis universalis* ; la Géométrie n'est pas une des réalisations de la *mathesis universalis*, la plus réussie, car elle appartient encore à la préhistoire de la *mathesis universalis*. Elle appartient à ce que Husserl appelait, avec Newton, une arithmétique universelle ou *arithmetica universalis*. Cette arithmétique universelle n'est plus la « géométrie universelle » (*universelle Geometrie*) du § 9*a* ; elle n'est pas encore l'« analyse universelle » (*universale Analysis*) mentionnée en 9*f* ; c'est elle qui commande l'idée galiléenne d'une « physique universelle » (*universale Physik*) en 9*d*, ou plus exactement, l'exténuation de

1. O. Becker, *Mathematische Existenz. Untersuchungen zur Logik und Ontologie mathematischer Phänomene*, in *Jahrbuch für Philosophie und phänomenologische Forschung* VIII, 1927, en particulier la section II F sur « les débuts du mathématico-formel », p. 695-705 ; et toute la section III sur « la suite du développement du mathématico-formel en Occident », p. 705-747. *Cf.* aussi *Grösse und Grenze der mathematischen Denkweise*, Karl Albert Verlag, Freiburg, München, 1959, chap. 3, p. 89 *sq.*

2. *Krisis I*, § 8, p. 19-20 [27 modifiée].

sens de cette physique universelle; c'est elle aussi qui commandera la nouvelle idée de la « philosophie universelle » (*universale Philosophie*) qui se fait jour chez Descartes sous le titre de « mathématique universelle » (*Universalmathematik*), dont le nom n'apparaîtra qu'au § 10.

Le deuxième moment dans l'histoire de la mathématique formelle correspond au processus de formalisation (*Formalisierung*), qui conduit d'une théorie abstraite des nombres et des grandeurs à une analyse formelle, une théorie des multiplicités et une logistique. On aura reconnu ici les trois domaines qui constituent la mathématique formelle au sens de Husserl, dont on sait depuis le chapitre X des *Prolégomènes* qu'elle est la clé qui permet de comprendre Leibniz. On ne s'étonne donc pas que ces trois domaines servent d'embrayeur pour introduire dans la *Krisis* le thème leibnizien de la *mathesis universalis* :

> Leibniz a le premier aperçu, précédant du reste de loin son époque, l'idée universelle fermée sur elle-même d'une pensée algébrique supérieure, l'idée d'une « *mathesis universalis* », comme il l'appelait; il a le premier reconnu en elle la tâche de l'avenir, alors que c'est seulement à notre époque qu'elle s'est au moins approchée de sa réalisation systématique. Dans la totalité et la plénitude de son sens, elle n'est rien d'autre qu'une *logique formelle* développée dans toutes les directions (et dont la réalisation, dans la totalité propre à son essence va à l'infini), une science des *formes-de-sens du « quelque chose en général »*, formes constructibles dans une pensée pure, c'est-à-dire dans une généralité formelle vide; et sur ce fondement une science des « multiplicités » qu'il est possible de construire systématiquement comme étant libres de contradictions d'après les lois élémentaires formelles de la non-contradiction pour de telles constructions; enfin en son sens le plus haut, une science des multiplicités de ce type imaginables en général (...). Parmi ces multiplicités se distinguent celles que l'on appelle les *multiplicités « définies »*, dont la définition par un « système d'axiomes *complet* » donne aux objets-substrats formels contenus en elles, dans toutes leurs déterminations déductives, une totalité d'une nature particulière, avec laquelle on construit, peut-on dire, *l'idée logico-formelle d'un « monde en général »*. La théorie des multiplicités au sens éminent est la science universelle des multiplicités *définies*[1].

La manière dont est amenée cette première occurrence de l'expression *mathesis universalis* dans le texte de la *Krisis*, à partir de l'analyse, de la logistique et de la théorie des multiplicités nous livre une triple détermination du concept qu'elle désigne. Cette expression désigne quelque chose

1. *Krisis*, § 9*f*, p. 44-45 [52-53 légèrement modifiéé].

de complexe que l'on peut approcher d'une triple manière, à partir de Viète, d'Aristote et de Riemann. 1) À partir de l'algèbre de Viète, on peut dire que la *mathesis universalis* est une pensée algébrique supérieure (plutôt que « au plus haut sens du terme » comme le traduit G. Granel), c'est-à-dire une « analyse ». 2) À partir de la logique formelle d'Aristote, on dira que la *mathesis universalis* n'est rien d'autre qu'une « *logique formelle* développée dans toutes les directions » (*eine allseitig durchgeführte formale Logik*). La *mathesis* est ici pensée à partir de la logique formelle et son *universalité* est pensée comme une *allseitigkeit*, c'est-à-dire comme ayant le caractère de ce qui n'est pas unilatéral. Qu'est-ce qu'une logique formelle développée dans toutes les directions ? Dans quelle direction la logique formelle doit-elle être développée ? Elle doit être développée en direction des catégories pures d'objets, tandis que la logique formelle était restée cantonnée chez Aristote aux catégories pures de signification. La logique aristotélicienne était une analytique apophantique. La *mathesis universalis* leibnizienne sera une analytique apophantique et ontologique : « une science des *formes-de-sens du quelque chose en général*, formes constructibles dans une pensée pure, c'est-à-dire dans une généralité formelle vide ». Ce qui signifie qu'elle n'est pas à proprement parler une ontologie formelle : sur ce point encore, Husserl maintient les acquis de *Logique formelle et logique transcendantale*, où la *mathesis universalis* était définie comme une « théorie des sens apophantiques purs »[1]. 3) À partir de la théorie des multiplicités de Riemann, on dira que la *mathesis universalis* est une « science des multiplicités » consistantes, soumises à la seule logique de la non-contradiction. Son *universalité* tient au fait qu'elle ne concerne pas seulement des multiplicités possibles, mais l'*universum* des multiplicités possibles, c'est-à-dire les formes possibles de multiplicités en tant que corrélats des formes possibles de théories. 4) À partir du concept de définitude adapté du concept de saturation de Hilbert, on dira que la *mathesis universalis* est « la science universelle des multiplicités définies » (*die universale Wissenschaft von den definiten Mannigfaltigkeiten*). Telles sont donc les trois déterminations de la *mathesis universalis* qui auraient été aperçues en premier par Leibniz : algèbre supérieure, logique formelle développée dans toutes les directions et science universelle des multiplicités définies.

Or ces trois sens de la *mathesis universalis* ne vont pas également exercer leur médiation vers le domaine de la physique : Galilée n'est pas

1. *Cf.* sur ce point notre article « La *mathesis universalis* est-elle l'ontologie formelle ? », in *Annales de phénoménologie*, n°1, 2002, p. 91-93.

interprété à partir du calcul infinitésimal, comme chez Hermann Cohen ou Cassirer[1]; ce ne sont pas non plus les possibilités d'application de l'algèbre universelle à la physique qui intéressent Husserl; mais la science moderne de la nature se trouve abordée de manière récurrente à partir de la théorie des multiplicités. Comment la nature en vient-elle à être traitée comme une « multiplicité mathématique » (§ 9), et même comme une « multiplicité définie » (§ 72)? Comment s'est constituée l'idée d'une « nature mathématique universelle » (*universale mathematische Natur,* § 9*i*)?

MATHÉMATISATION DE LA NATURE

La mathématique formelle s'annonce dans le développement des modes de pensée algébriques, dont Husserl a rappelé qu'étant le fait de Viète, « il est par conséquent antérieur à Galilée »[2]. C'est dire aussi que la mathématisation galiléenne de la nature n'épuise peut-être pas toutes les ressources offertes par la théorie des multiplicités pour le domaine de la physique. Avec Galilée et Descartes, la *mathesis universalis* n'aura peut-être pas encore produit tous ses fruits, ni dans le domaine de la physique, ni dans celui de la philosophie. Quels sont, dès lors, les enjeux de cette reconstruction husserlienne de la mathématisation galiléenne de la nature?

Un premier enjeu concerne l'histoire critique de la science moderne. Il s'agit en effet pour Husserl d'éclaircir l'idée et la tâche de la physique dite galiléenne en reconstruisant les motivations dont elles procèdent. Or s'agissant des motivations conscientes et déclarées de Galilée, les indications données par Husserl tiennent en quelques lignes; celles-ci se trouvent au § 9*l* où Husserl s'explique sur sa méthode :

> C'est chez Galilée que l'idée en question [l'idée de nature] entre pour ainsi dire en scène toute équipée pour la première fois : j'ai donc attaché à son nom ces considérations (idéalisant par conséquent et simplifiant d'une certaine manière la situation), tandis qu'une analyse historique plus exacte devrait faire droit à ce qui, dans ses pensées, revient à ses « précurseurs ». (Je continuerai du reste à procéder de cette manière, et avec de bonnes raisons pour cela). Concernant la situation qu'il trouva devant lui, et la manière dont elle a dû le motiver, et d'après ses fameuses déclarations,

1. *Cf.* sur point les analyses de M. Fichant dans « Ernst Cassirer et les commencements de la science classique », *in* J. Seidengart (dir.), *Ernst Cassirer de Marbourg à New York*, Paris, Cerf, 1990, p. 135-136; repris dans *Science et métaphysique dans Descartes et Leibniz*, Paris, P.U.F., 1998, p. 397-398.

2. *Krisis I*, § 9*f*, p. 43 [51].

dont elle l'a motivé, il est possible de faire quelques constatations rapides et de comprendre ainsi le commencement de l'ensemble de la donation de sens pour la science de la nature. Mais déjà là, nous nous heurtons aux glissements de sens et aux recouvrements des époques plus tardives et les plus tardives[1].

Qui sont aux yeux de Husserl les représentants d'une analyse historique plus exacte? Quelles sont les fameuses déclarations de Galilée auxquelles Husserl fait ici allusion et quelles constatations rapides permettent-elles de faire concernant la donation de sens constitutive de la science de la nature? Quels sont les glissements de sens qui grèvent déjà ces premières analyses du sens originaire?

L'analyse historique plus exacte est représentée, pour Husserl, par des travaux comme ceux d'Emil Wohlwill, *Galilei und sein Kampf für die copernikanische Lehre* (1909) ou de William Whewell, *History of inductive sciences* (1837), diffusé très tôt en Allemagne par la traduction de J. J. von Littrow (1840)[2]. On sait en effet qu'avant d'entreprendre la rédaction de la *Krisis*, Husserl avait transcrit dans un manuscrit intitulé *Historische Geisteswissenschaft* (1935) des extraits de Galilée d'après l'ouvrage de Wohlwill, qui constitue la seule source avérée du § 9 de la *Krisis* dans le fonds posthume du dernier Husserl[3]. Dans ce manuscrit, Husserl avait copié le passage de la lettre à Kepler du 19 août 1610, où Galilée déclare à propos de certains de ses adversaires qui avaient refusé d'observer au télescope les satellites de Jupiter: « car cette sorte de gens pense que la philosophie est un livre comme *L'Enéide* ou *L'Odyssée* et que la vérité ne doit pas être cherchée dans le monde ou dans la nature, mais dans la comparaison des textes (ce sont leurs propres mots) »[4]. Wohlwill

1. *Krisis*, § 9*l*, p. 58 [67 modifiée].

2. *Cf.* respectivement, E. Wohlwill, *Galilei und sein Kampf für die copernikanische Lehre*, tome I, *Bis zur Verurteilung der copernikanischen Lehre durch die römischen Kongregationen*, Hamburg, Leipzig, Leopold Voss, 1909; et W. Whewell, *History of the inductive sciences, from the earliest to the present time*, tome II, London, J. W. Parker, 1837. Husserl avait étudié cet ouvrage dans la traduction allemande due à J.J. von Littrow, *Geschichte der inductiven Wissenschaften, der Astronomie, Physik, Mechanik, Chemie, Geologie, etc. von der frühesten bis zu unserer Zeit*, Stuttgart, Hoffmann, 1840, p. 23-68.

3. Husserl, Manuscrit K III 9, *Historische Geisteswissenschaft*, juin-juillet 1935, p. 75 a. *Cf.* sur ce point les remarques de R. Smid dans son Introduction à *Krisis 2*, p. LI-LII.

4. *Lettre de Galilée à Kepler du 19 août 1610*, citée approximativement par Husserl dans le Manuscrit K III 9/75a d'après E. Wohlwill, *op. cit.* p. 335. La citation de Galilée se trouve dans *Opere di Galileo Galilei*, Edizione Nazionale, X 423 : « *Putat enim hoc hominum genus, philosophiam esse librum quendam velut Eneida et Odissea; vera autem non in mundo aut in natura, sed in confrontatione textuum (utor illorum verbis), esse quaerenda* ».

rappelait que cette déclaration visait Giulio Libri, le philosophe de Pise qui avait refusé d'observer au télescope les planètes médicéennes : « peut-être les verrait-il maintenant, déclara Galilée à la nouvelle de sa mort, en allant au ciel ». Elle visait aussi Cesare Cremonini, collègue et ami de Galilée à Padoue, qui avait publié en 1613 un commentaire du *De caelo* où il n'était pas question des découvertes de Galilée : les observations à la lunette lui faisaient tourner la tête. Plus généralement, cette lettre exprimait le désir de Galilée, corroboré par d'autres lettres de la même époque, de s'expliquer, peut-être dans une nouvelle édition du *Nuncius Sidereus*, avec les péripatéticiens, ces « adversaires de toute connaissance sérieuse de la nature »[1].

De Natorp à Cassirer en passant par Alois Riehl, les néokantiens ont relevé les glissements de sens qui sont à l'œuvre dans ce type d'interprétation. Car c'est précisément sur l'évocation de la correspondance entre Galilée et Kepler que s'ouvre le § 3 du chapitre sur « la naissance de la science exacte », que Cassirer a consacré à Galilée, dans le tome premier de l'*Erkenntnisproblem* (1906), et qui constitue l'une des sources probables du § 9 de la *Krisis*[2]. La correspondance entre Kepler et Galilée est, selon le § 3 de l'*Erkenntnisproblem*, l'un des documents littéraires les plus caractéristiques et les plus intéressants de « l'histoire de l'esprit moderne » (*die Geschichte des modernen Geistes*). De même il s'agit, selon le § 9*i* de la *Krisis*, de clarifier « l'origine de l'esprit moderne » (*der Ursprung des neuzeitlichen Geistes*). Dans cet ensemble particulièrement représentatif, la lettre à Kepler du 19 août 1610 est, selon le § 3 de l'*Erkenntnisproblem*, l'expression typique du « style de Galilée » (*der Stil Galileis*) dans lequel Kepler s'est reconnu. De même, Husserl s'interroge au § 9*i* de la *Krisis* sur « le style méthodique nouveau » (*der neuartige Stil*) de la nouvelle science de la nature. On pourrait dire en première analyse, selon le § 3 de l'*Erkenntnisrpoblem*, que la logique est devenue un obstacle pour la recherche empirique ; l'exigence d'observation exacte s'oppose désormais

1. E. Wohlwill, *op. cit.*, p. 336.

2. E. Cassirer, *Das Erkenntnisproblem* in *der Philosophie und Wissenschaft der neueren Zeit*, in *Gesammelte Werke*, II, 1, Felix Meiner Verlag, Hamburg, 1999, p. 314-317 ; trad. fr. par R. Fréreux, *Le problème de la connaissance dans la philosophie et la science des temps modernes*, tome 1, Paris, Cerf, 2004, p. 283-311. Sur l'hypothèse d'une influence de Cassirer sur Husserl, *cf.* A. Gurwitsch, « Husserlian perspectives on Galilean Physic », in *Phenomenology and the Theory of Science*, Evanston, Northwestern University Press, 1974, p. 39. Husserl écrit à Cassirer en octobre 1910 : « Je n'attends pas peu de l'étude de cet ouvrage [*Substanzbegriff und Funktionsbegriff*] après que j'ai lu avec tant de joie et de stimulation votre dernier grand ouvrage sur le problème de la connaissance » (Lettre de Husserl à Cassirer d'octobre 1910, *Briefwechsel* V 3).

à la généralité vide du concept scolastique, l'image sensible réelle de ce qui est à la sèche abstraction; le problème de la science nouvelle et le destin du nouveau concept d'expérience se joueraient dans l'opposition entre la perception et la pensée, la réalité naturelle et le concept rationnel. Or cette formulation négative du problème ne permet pas de définir le sens systématique (*der systematische Sinn*) de la nouvelle manière de poser les problèmes. Car jusque dans la recherche astronomique concrète, Galilée a maintenu l'importance de la pensée conceptuelle; et comme Kepler, il exige lui aussi qu'une question de la pensée (*eine Frage des Denkens*) prépare et oriente l'observation concrète : « Sache donc, écrit-il à Kepler, que pendant les trois mois environ où l'étoile de Vénus fut visible, j'entrepris de l'observer attentivement avec la lunette, afin de comprendre aussi au moyen des sens ce que mon esprit tenait pour indubitable »[1]. De même Husserl remarque que la nature telle que nous la voyons au télescope n'est pas donnée dans une expérience directe, puisque « les montagnes et les rochers sur la lune, malgré tous les télescopes, ne deviendront jamais les objets d'une expérience proche et effectivement démontrable »[2]. Les choses lointaines sont devenues des choses proches : il y a là une idéalisation de l'expérience et de nos capacités d'expérience. On peut donc dire que Husserl tire au § 9*i* toutes les conséquences des analyses néokantiennes pour sa propre méthode d'analyse historique. Car il ne s'agit plus seulement de mettre au jour les motivations conscientes et déclarées de Galilée; mais il s'agit surtout de dégager les présuppositions idéalisantes inaperçues. Quelles sont les présuppositions idéalisantes qui ont rendu possibles une science mathématique de la nature ?

La méditation historique mise en œuvre au § 9 de la *Krisis* s'articule ici au projet philosophique d'une théorie de la méthode de la science de la nature dont fait état le texte publié par Walter Biemel comme Annexe I à la *Krisis* sous le titre « Science de la réalité et idéalisation. La mathématisation de la nature »[3]. Nous savons aujourd'hui que ce texte ne date pas de 1926/28, contrairement à ce qu'avait cru Walter Biemel qui se fondait pour cela sur une version ultérieure due à Landgrebe, mais qu'il fut rédigé par Husserl à l'automne 1922, lorsque celui-ci travaillait à la problématique des sciences positives[4]. Ces recherches sur l'insuffisance des sciences

1. Lettre de Galilée à Kepler (*Kepler*, Opera II 464), citée par Cassirer dans *Erkenntnisproblem*, tome 1, p. 323 [289].

2. *Krisis*, *Appendice* XIV, 449 [496].

3. *Krisis 1*, Annexe I, p. 279-293 [309-324].

4. *Cf.* la mise au point de Berndt Goossens dans son Introduction au volume XXXV des Husserliana, *Einleitung in die Philosophie. Vorlesungen 1922/23*, Dordrecht, Boston,

positives et leur rapport à la phénoménologie transcendantale sont aujourd'hui documentées par deux autres textes de l'automne 1922 : le texte intitulé « Fondation absolue de la connaissance. L'idéal de la *perceptio clara et distincta* : l'indubitabilité absolue. Pourquoi les sciences naturelles ne suffisent-elles pas ? » et « Critique de la géométrie comme science positive », publiés respectivement par B. Goossens comme *Appendices* III et IV au cours *Einleitung in die Philosophie* du semestre d'hiver 1922/23[1]. On aurait tort d'en conclure que les textes de l'automne 1922 doivent être lus uniquement dans la perspective des « Méditations préliminaires sur l'idée de la philosophie » qui en forment le contexte immédiat, et que le texte de la *Krisis* devrait être isolé des réflexions husserliennes du début des années 20 sur les sciences positives. La découverte du manuscrit de Husserl et sa datation exacte nous invitent bien plutôt à considérer que les analyses de la *Krisis* se tiennent sous un horizon de problèmes défini par Husserl dès l'automne 1922.

Il s'agit pour Husserl de produire « la science de la possibilité de la connaissance d'une nature en soi à partir de l'expérience de la nature », autrement dit, « la science apriorique de la possibilité d'une science mathématique de la nature », ou encore, « la science de la méthode de détermination, par une science de la nature, de la nature elle-même à partir des données de l'expérience »[2]. On ne peut donc pas dire avec Peter Janich que l'ambition de Husserl dans la *Krisis* ne soit pas de proposer une méthodologie de la physique, du moins dans sa partie rationnelle ; et qu'en l'absence d'une telle problématique chez Husserl, il reviendrait à la protophysique récente d'avoir livré la méthodologie de la physique et la fondation de la mécanique rationnelle appelées par les analyses husserliennes du sens de la géométrie[3]. Car ce qui est visé par Husserl sous le titre de « Theorie der naturwissenschaftlichen Methode » ne correspond pas à une

London, Kluwer Academic Publishers, 2002, p. LX, note 4. W. Biemel ne disposait que d'une version tapuscrite postérieure dûe à Landgrebe, mais le manuscrit original ayant été retrouvé depuis, nous savons qu'il s'agit des pages 24-31 du manuscrit F IV 3.

1. *Einleitung* in *die Philosophie*, respectivement Beilage III, p. 374-379 et Beilage IV, p. 380-382. Ces deux *Beilagen* appartiennent au même manuscrit B I 33. Il nous paraît significatif que le second ait été rédigé par Husserl au dos d'une page du tapuscrit de la thèse d'Oskar Becker, ainsi que dans les marges de la page de garde. *Cf.* sur ce point les indications de B. Goossens in *Einleitung* in *die Philosophie*, Apparat critique, p. 692.

2. *Krisis I*, Annexe I, 283 [314].

3. *Cf.* l'article de P. Janich, « Die galileische Geometrie. Zum Verhältnis der geometrischen Idealisierung bei E. Husserl und der protophysikalischen Ideationstheorie », in C. F. Gethmann (éd.), *Lebenswelt und Wissenschaft. Studien zum Verhältnis von Phänomenologie und Wissenschaftstheorie*, Bonn, Bouvier, 1991, en particulier p. 168, 172 et 179.

entreprise fondationnelle, concurrente de l'entreprise formaliste et de l'entreprise empiriste, mais fondationnelle au même sens qu'elles, et qui consisterait à construire un langage pré-géométrique, à définir des règles prédicatives et des principes d'homogénéité autorisant le passage du pré-géométrique au géométrique, etc. Il s'agit pour Husserl de « réflexions générales sur une méthode qui permette de déterminer, par opposition à la relativité des apparences, quelque chose de vrai, qui en celles-ci apparaisse », « des réflexions générales sur le point de savoir comment, dans le changement des apparences, un être vrai pouvait s'annoncer », bref des réflexions qui « dès lors qu'elles sont accomplies dans la pureté eidétique, conduisent à une ontologie de la nature »[1]. Mais l'ontologie de la nature n'est rien d'autre qu'un titre pour toutes les disciplines qui sont concernées par l'idée de la nature, et les idées constitutives de l'idée de la nature : le texte sur la mathématisation de la nature de 1922 mentionne la géométrie, la phoronomie et la mécanique *a priori*[2] ; d'autres textes, plus précis, mentionnent la théorie pure de l'espace (géométrie), la théorie pure du temps (chronométrie), la théorie pure du mouvement (cinématique), les théories des déformations des figures spatiales, mais aussi des déformations réelles et causales, bref, la science pure de la nature kantienne[3]. Ce qui pose non seulement le problème du rapport entre cette ontologie de la nature et l'ontologie formelle, mais aussi celui du rapport entre les différentes disciplines à l'intérieur de l'ontologie de la nature. Qu'en est-il du rapport entre la mathématique de la nature et la mathématique de la forme spatio-temporelle ? Husserl reproche à Kant d'avoir voulu trop nettement séparer la géométrie et la science de la nature : « ainsi se trouvent opposées l'une à l'autre, séparées par une coupure nette qui est supposée parfaitement compréhensible, la mathématique apriorique des formes spatio-temporelles et la science de la nature, qui, bien qu'elle applique la mathématique, est inductive »[4]. Le refus de cette séparation nette entre la relation purement mathématique de raison à conséquence, et la relation de raison réelle à conséquences réelles, donc la relation de causalité, conduit Husserl à mettre en cause la distinction kantienne entre les jugements synthétiques *a priori* de la mathématique pure et ceux de la science de la nature.

1. *Krisis I*, Annexe I, p. 285 [315-316].

2. *Krisis I*, Annexe I, p. 286 [316] : « La première mise en évidence de ce qui appartient essentiellement à l'identique, c'est-à-dire de ce qui fait partie de lui nécessairement, conduit à la géométrie, à la phoronomie, et aurait pu aussi conduire à la mécanique *a priori*... ».

3. *Cf.* par exemple *Problèmes fondamentaux de la phénoménologie*, § 9, p. 129 [114].

4. *Krisis I*, § 9*i*, p. 55 [63].

Le texte de la *Krisis* ne s'inscrit pas seulement dans le prolongement des textes de l'automne 1922 concernant l'insuffisance des sciences positives; mais l'ensemble des analyses qui, de l'automne 1922 à l'été 1936, conduisirent Husserl à développer sa critique de la mathématisation de la nature peut à son tour être rapporté aux travaux des élèves de Husserl qui se sont penchés sur des problèmes analogues, notamment ceux de Hugo Dingler. Bien que rien ne permette de parler d'une « influence directe » de Dingler sur Husserl, comme l'a établi G. Wolters dans sa notice sur les relations personnelles et intellectuelles entre Husserl et son élève de Göttingen, on ne peut manquer d'observer des « parallélismes frappants » [1] entre les deux penseurs, notamment en ce qui concerne le fameux thème de la « substruction logique ». Husserl écrit en effet au § 9*h* :

> Mais il est à présent capital de considérer la substitution – qui s'accomplit déjà chez Galilée – par laquelle le monde mathématique des idéalités, qui est une substruction, est pris pour le seul monde effectif, celui qui nous est effectivement donné comme perceptible, le monde de l'expérience réelle ou possible – notre monde-de-vie quotidien. Cette susbstitution s'est transmise aussitôt chez les successeurs de Galilée, chez tous les physiciens des siècles suivants. [2]

Les commentateurs ont remarqué que le terme de « substruction » (*Substruktion*) apparaît simultanément chez Husserl et chez Dingler en 1913 [3]. On le rencontre pour la première fois dans l'œuvre publiée de Husserl au § 74 du livre I des *Idées directrices* : « quant à la phénoménologie, elle veut être une théorie *descriptive* de l'essence des vécus transcendan-

1. *Cf.* G. Wolters, « *Dankschön Husserl* : Eine Notiz zum Verhältnis von Dingler und Husserl », *in* C. F. Gethmann (éd.), *Lebenswelt und Wissenschaft*, Bonn, Bouvier, 1991, p. 13-27. De tels parallélismes n'ont rien de fortuit. En octobre 1920, Husserl écrit à Dingler qu'il a lu avec intérêt son essai sur les corps solides et qu'il lui semble nécessaire d'entreprendre une étude approfondie de ses travaux avant de publier le livre II des *Idées directrices* qui contient sa phénoménologie de la nature. *Cf.* la *Lettre de Husserl à Hugo Dingler* du 18 octobre 1920, in *Briefwechsel* III 72-73 : « Ich habe Ihre Schriften immer mit warmen Interesse aufgenommen und wenn ich auch nicht die Ruhe fand, sie so differenziert durch zu denken, wie sie erfordern, so habe ich doch immer wieder die Notwendigkeit empfunden, das vor der Herausgabe meiner Ideen II (die tief in die Phän. der Natur eingehen) zu thun. Zum Theil habe ich schon damit in diesem Jahr angefangen. Der kurz gefasste, inhaltsreiche Aufsatz über den starren Körper ist mir natürlich besonderns wert » (cité par G. Wolters, *op. cit.*, p. 21-22). Husserl se réfère ici à H. Dingler, « Der starre Körper », in *Physikalische Zeitschrift*, 21, 1920, p. 487-492.
2. *Krisis I*, § 9*h*, p. 48-49 [57].
3. *Cf.* sur ce point Ulrich Weiss, *Hugo Dinglers Methodische Philosophie*, Mannheim, 1991, p. 180; *cf.* aussi la remarque de Wilhelm Krampf, *in* H. Dingler, *Die Ergreifung des Wirklichen*, München, Eidos-Verlag, 1955, p. 233, note 1.

talement purs dans le cadre de l'attitude phénoménologique; comme toute discipline descriptive qui ne procède pas à la substruction (*substruierende*) et à l'idéalisation, elle a en soi-même sa légitimité »[1]. On le rencontre aussi chez Dingler dans les *Grundlagen der Naturphilosophie* (1913)[2] où il est introduit comme équivalent du terme « Unterfahren » utilisé par Aloïs Höfler dans *Didaktik des mathematischen Unterrichts* (1910).[3]

Or l'expression était déjà utilisée par Husserl au § 20 du cours de 1907 *Chose et espace* : « On ne doit pas ici se laisser induire en erreur par des substructions (*Substruktionen*) que nous réalisons avec les propriétés annexes, en leur attribuant un remplissement d'espace qui leur est, selon leur nature, interdit en tant que remplissement d'espace proprement dit »[4]. Dans le contexte de la stratégie husserlienne de réappropriation et d'adultération de la distinction galiléenne entre qualités premières et qualités secondes, la substruction désigne la démarche qui consiste à attribuer abusivement aux propriétés annexes (son, odeur, goût) un remplissement spatial au même titre que les propriétés dites matérialisantes (couleur, rugosité, poli, etc.). Elle est enuite reprise par Hugo Dingler qui opposait, dans les *Grundlagen der Naturphilosophie*, le concept d'« élaboration logique » (*logische Verarbeitung*) et celui du « donné immédiat » (*unmittelbar Gegebene*). Appartient au donné immédiat tout ce que nous percevons sans réflexion, de manière interne ou externe, tandis qu'avec la réflexion commence l'élaboration logique. Ainsi par exemple, lorsque je regarde la maison d'en face, c'est immédiatement donné; mais lorsque je dis : « la maison a quinze fenêtres en façade », c'est déjà de l'élaboration logique. Dingler distingue deux niveaux d'élaboration logique. Le premier niveau consiste à détacher des éléments déterminés du donné immédiat, et trouve son expression dans la formation des concepts et les propositions simples. Le deuxième degré est constitué par la « déduction logique » à partir de ces propositions et par leur élaboration logique ultérieure; celle-ci ne consiste pas simplement à déduire logiquement des propositions formulées à partir du donné immédiat, mais réside dans l'ensemble de l'élaboration du donné immédiat au moyen de la logique. Font partie de cette élaboration logique en particulier les formations que Dingler désigne

1. *Ideen I*, § 75, p. 156 [238 modifiée].

2. *Cf.* H. Dingler, *Die Grundlagen der Naturphilosophie*, Leipzig, 1913, p. 115; *cf.* aussi *Physik und Hypothese. Versuch einer induktiven Wissenschaftslehre nebst einer kritischen Analyse der Fundamente der Relativitätstheorie*, Leipzig, 1921, p. 52.

3. *Cf.* A. Höfler, *Didaktik des mathematischen Unterrichts*, Teubner, Leipzig, 1910, p. 455; *cf.* aussi *Studien zur gegenwärtigen Philosophie der Mechanik*, Leipzig, 1900, p. 101.

4. *Ding und Raum*, § 25, p. 67 [93].

comme « substruction logique » (*logische Substruktion*). Soit par exemple la théorie atomique des gaz. Des processus intuitifs sont considérés comme présents, qui ne sont pas susceptibles d'être perçus pour eux-mêmes, mais qui sont de nature telle que toutes les propriétés du domaine concerné susceptibles d'être perçues peuvent en être déduites par une dérivation logique.[1] On peut donc dire : « tout ce qui entre en général directement dans notre esprit (c'est-à-dire comme on le dit habituellement de manière externe ou interne) est immédiatement donné. Ce n'est que lorsqu'il subit encore un traitement que résulte l'élaboration logique »[2]. Ce que Husserl décrit au § 9*h* dans des termes semblables à ceux utilisés ici par Dingler, ce n'est pas seulement le phénomène substruction, mais le processus de substitution (*Unterschiebung*) de substruction, par lequel nous prenons pour seul monde réel, ce monde d'idéalités mathématiques qui est une substruction. Ce n'est pas la substruction qui par elle-même est en cause ; mais c'est « la *substitution* d'une nature idéalisée à la nature pré-scientifique donnée dans l'intuition », « la *substitution* d'une activité méthodiquement idéalisante à ce qui est immédiatement donné (*unmittelbar gegeben*) ».

L'enjeu historico-critique se double d'un enjeu pédagogique. Car si la figure de Galilée se trouve investie du rôle de porteur des présuppositions idéalisantes qui ont rendu possibles une science mathématique de la nature, cette figure idéale omnitemporelle et anhistorique se trouve à son tour polarisée par la figure historique du philosophe qui se propose d'introduire son lecteur à la phénoménologie. Ce qui est en jeu dans l'histoire de la science moderne, ce n'est pas seulement une théorie de la méthode de la science mathématique de la nature, mais c'est le sens de la phénoménologie tout entière ; et ce sens de la phénoménologie concerne, inséparablement, sa propre histoire singulière et sa méthodologie rationnelle. L'enjeu pédagogique est lui-même historique et critique : il ouvre sur une histoire critique de la phénoménologie.

Selon l'analogie des fonctions la plus évidente dans la composition de la *Krisis*, la phénoménologie apparaît d'abord comme l'*analogon* de la philosophie universelle de Descartes ou « mathématique universelle ». Il s'agit en effet pour Husserl de décrire la mutation de l'idée de philosophie universelle en mathématique universelle à partir de la mathématisation galiléenne de la nature, et dans le même mouvement, d'indiquer que cette

1. Pour d'autres exemples de substruction logique, Dingler renvoie aux fictions de H. Vaihinger dans *Die Philosophie des Als-Ob*, Berlin, 1911.

2. H. Dingler, *Die Grundlagen der Naturphilosophie*, p. 116.

mutation en annonce une autre : la percée de la phénoménologie sous la croûte des faits historiques officiels de l'histoire de la philosophie. À la mutation de l'idée de philosophie universelle (première section) en mathématique universelle (deuxième section) répond la refonte de l'idée de mathématique universelle dans la forme de la phénoménologie (troisième section). La phénoménologie n'est une « percée », un « tournant », « l'ultime tournant », que parce que ce tournant répond à deux autres : le moment platonicien (idée de la « philosophie universelle ») et le tournant cartésien (idée *philosophique* de la « mathématique universelle »).

Mais une autre analogie des fonctions est à l'œuvre, qui consiste à définir la phénoménologie directement en référence à Galilée. Cette analogie revêt une signification particulière au regard de l'histoire de la phénoménologie, dans la mesure où elle correspond à un état de la compréhension qu'elle a eu d'elle-même. Jusqu'en 1908 en effet, Husserl avait compris la phénoménologie comme un genre de psychologie rationnelle, qui serait à la psychologie empirique ce que la mécanique rationnelle est à la physique empirique : « cette phénoménologie qui résulta pour moi d'une manière si pure de la contrainte même des choses, je la considérai d'abord – j'évitai le mot qui a mauvaise réputation – comme un nouveau genre de 'psychologie rationnelle', ayant le même rapport à la psychologie empirique que la théorie pure de l'espace, la théorie pure du temps et du mouvement, la mécanique rationnelle *a priori* (les disciplines d'une physique rationnelle prises toutes ensemble) à la physique empirique ». Or à partir de 1908, la phénoménologie n'est plus définie, fût-ce à mots couverts, comme une psychologie rationnelle, comprise par analogie avec la mécanique rationnelle, mais comme philosophie première : « Ce n'est que beaucoup plus tard, en l'année 1908 environ, qu'a été acquis le fait si important de savoir qu'il faut établir *une différence entre la phénoménologie transcendantale et la psychologie rationnelle*, différence qui certes n'entre pas en ligne de compte pour le travail empirique du psychologue sur un point particulier, mais qui est de la plus grande importance pour la philosophie transcendantale au sens véritable et en particulier pour la fonction de la phénoménologie en tant que véritable philosophie "première" » [1]. Dans ces conditions, s'expliquer avec Galilée, pour Husserl, c'est aussi

1. Husserl, « Esquisse d'une préface aux *Recherches logiques* », trad. fr. par J. English, in *Articles sur la logique*, Paris, P.U.F., 1975, p. 404-405. Sur la théorie de la connaissance ou « logique supérieure » comprise comme philosophie première, cf. *Einleitung in die Logik und Erkenntnistheorie (1906-1907)*, § 31, p. 165-166 [211-212]. Sur la logique philosophique comprise comme philosophie première, *cf.* l'introduction de *Alte und Neue Logik (1908/09)*, p. 3-4.

s'expliquer avec cet état de la phénoménologie où elle s'était elle-même comprise comme une psychologie rationnelle, par quoi elle se trouvait empêchée de dépasser véritablement le psychologisme sous sa forme la plus universelle, et finalement, de se hisser au niveau d'une philosophie première. À la limite, on pourrait donc dire que Galilée, c'est Husserl, mais le Husserl d'avant 1908.

Or cette analogie ne revêt-elle pas une signification plus fondamentale au regard de la méthode phénoménologique? On sait en effet qu'en dépit des recommandations de Husserl, certains s'entêtèrent à penser la phénoménologie à la lumière de la révolution méthodologique introduite par Galilée, tandis qu'ils voyaient dans le Pisan un « authentique phénoménologue ». Dans *Durch die Wüste* (1923), Ernst Bloch écrivait qu'« il y a certainement, bien que Husserl le récuse, une relation à rechercher encore plus précisément de toutes les descriptions pures, c'est-à-dire de celles qui se mesurent immédiatement et fidèlement à "l'intuition des essences", avec les concepts déterminés de manière idéale de la science objective, etc. »[1]; et en écho aux remarques d'Ernst Bloch, la deuxième partie de la dissertation de Hans-Heinrich Grunwaldt *Über die Phänomenologie Husserls* (1927) représentait précisément une tentative pour « jeter une arche » entre Galilée et Husserl, en dépit de la position de refus clairement identifiée chez celui-ci[2]. En ce début des années vingt, on voit donc se développer, en marge de la doctrine phénoménologique officielle, une interprétation « phénoménologique » de Galilée, ou une lecture « galiléenne » de la phénoménologie, avec lesquelles Husserl doit s'expliquer. Mais le plus remarquable, c'est que Husserl lui-même n'a eu de cesse – et ce bien après 1908 – de définir la phénoménologie par analogie avec la mécanique galiléenne: « Ce ne sont naturellement que de simples débuts, mais des débuts quand même; non des vagues pressentiments, des élucubrations obscures, mais les premiers éléments d'une puissante construction à venir,

1. « *Es gibt sicherlich, obwohl dies Husserl ablehnt, eine noch genauer zu untersuchende Beziehung aller reinen, dass ist, der "Wesensanschauung" sich unmittelbar und treu anmessenden Deskriptionen zu den ideal bestimmten Begriffen der objektiven Wissenschaft, dem schwerelosen Faden...* » (E. Bloch, *Durch die Wüste. Kritische Essays*, Berlin, Paul Cassirer Verlag, 1923, p. 98).

2. « *Vom schwerelosen Faden Galilei bis zu dem in der Wesensschau erfassten Wesen eines Gegenstandes sollte der Brückenbogen geschlagen werden* » (Hans-Heinrich Grunwaldt, *Über die Phänomenologie Husserls, mit besonderer Berücksichtigung der Wesensschau und der Forschungsmethode des Galileo Galilei*, Berlin, Emil Ebering, 1927, p. 75). Husserl avait lu soigneusement la dissertation de Grunwaldt, comme en témoignent les annotations de sa main dans la marge de son exemplaire personnel (*cf.* sur ce point les indications de R. Smid dans son Introduction à *Krisis* 2, p. IL, note 2).

quelque chose comme la mécanique galiléenne pour la physique d'aujourd'hui et demain »; « Nous sommes dans une période de transition, et telles que je vois les choses, et telles que je les vois sur le fondement d'un travail de 40 années, il nous revient de mettre en œuvre la réforme méthodique et de procurer les fondements phénoménologiques d'une nouvelle construction de la culture scientifique. Mais mettre cela en œuvre concrètement, comme cela doit arriver, exige un travail infini de renoncement de la part de ceux qui sont appelés sérieusement et, comme je le pense, déterminés à conserver dans l'avenir une signification durable – tout à fait comme à l'époque de la nouvelle fondation de la science rigoureuse de la nature, le petit nombre de ceux qui suivirent véritablement Galilée, Descartes »; « La phénoménologie constitutive, depuis qu'elle a percé à la première pure conscience de soi de son sens méthodique (en 1905 avec la réduction phénoménologique) a sa propre cohérence absolue, de même que la physique exacte depuis Galilée »[1]. Que depuis 1905, la phénoménologie se soit développée selon sa propre cohérence absolue, cela ne signifie pas qu'elle n'a pas évolué. La phénoménologie a bien une histoire; mais cette histoire ne fait que déplier ce qui se trouvait déjà là, en germe depuis 1905. Tout motif rationnel est appelé à recevoir une signification historique; et tout motif historique doit pouvoir passer au plan des principes. On peut donc dire que Husserl a lui-même contribué à entretenir cette idée développée par Grunwaldt d'une parenté intime entre la phénoménologie et la mécanique galiléenne.

Le troisième enjeu est polémique. On pourrait lire en effet le § 9 de la deuxième section de la *Krisis* comme la réponse de Husserl au § 5 de la seconde partie du cours tenu par Heidegger au semestre d'hiver 1935/36

1. Respectivement : « *Es sind freilig nur geringe Anfänge, aber doch Anfänge; nicht vage Ahnungen, unklare Überschwenglichkeiten, sondern erste Grundstücke eines gewaltigen Zukunftbaus, etwa so Galileis Mechanik zur jetzigen und künftigen Physik steht.* » (Lettre de Husserl à Gustav Albrecht du 12 avril 1919, *Briefwechsel* IX 56); « *Wir sind in einer Übergangsperiode, und wie ich die Lage ansehe, und aufgrund 40jähriger Arbeit ansehe, ist es uns auferlegt, die methodische Reform durchzuführen, und für einen Neubau der wissenschaftlichen Kultur die phänomenologischen Fundamente zu schaffen. Das aber konkret durchzuführen, wie es geschehen muss, erfordert eine unendliche entsagungsvolle Arbeit derjenigen, die eben ernstlich berufen sind und, wie ich meine dazu bestimmt sind, in der Zukunft bleibende Bedeutung zu behalten – ganz so wie in der Epoche der Neubegründung der strengen Naturwissenschaft die wenigen, die Galilei, Descartes wirklich folgten* » (Lettre de Husserl à Dietrich Mahnke du 26 décembre 1927, *Briefwechsel* III 458); « *Die konstitutive Phänomenologie, seitdem sie zum ersten reinen Selbstbewusstsein ihres methodischen Sinnes durchgebrochen ist (1905 mit der phänomenologischen Reduktion), hat ihre absolut eigene Konsequenz, ähnlich wie die neuzeitliche exakte Physik seit Galilei* » (Lettre de Husserl à Daniel Martin Feuling du 3 mars 1933, *Briefwechsel* VII 89).

sous le titre *Grundfragen der Metaphysik*, qui sera publié en 1962 sous celui de *Die Frage nach dem Ding*[1]. Réponse qui consiste d'abord à déplacer la question. Déplacement de la question qui consiste à rétablir la mathématique dans le rôle de l'interrogé. Car sans doute, Husserl et Heidegger semblent s'accorder sur ce point : la prétention nouvelle du savoir est la prétention mathématique, le trait fondamental de la science moderne est le mathématique ; mais qu'est-ce que le mathématique ? Pour Heidegger, ce serait une erreur de croire que nous puissions trouver une réponse à cette question en interrogeant la mathématique elle-même, car « la mathématique n'est qu'une élaboration déterminée du mathématique » (*die Mathematik ist selbst nur eine bestimmte Ausformung des Mathematischen*). Que la science moderne soit mathématique, cela ne signifie pas que le travail de cette science s'effectue à l'aide des mathématiques, mais que « cette science a questionné d'une manière telle qu'à la suite seulement de cette manière de questionner, la mathématique au sens étroit devait entrer en jeu »[2]. La fondation de la géométrie analytique par Descartes, celle du calcul des fluxions par Newton, la fondation du calcul infinitésimal par Leibniz, toute cette nouveauté, tout ce mathématique au sens étroit ne devient possible, et même indispensable, qu'en raison du trait mathématique fondamental de la pensée en général. La question heideggerienne s'énonce donc : « comment la mathématique moderne naît-elle de l'esprit du mathématique ? » De la forme même de la question, il ressort déjà que la mathématique ne pouvait devenir la norme de la philosophie par un simple élargissement des méthodes mathématiques, qui auraient été transférées après coup à la philosophie : « bien plutôt, c'est d'une même racine – le mathématique au sens large – que sont issues la science moderne de la nature, la mathématique moderne et la métaphysique moderne »[3]. Pour Husserl comme pour Heidegger, la science galiléenne de la nature, qui

1. *Cf.* sur ce point les analyses de Catherine Chevalley dans son article « La physique de Heidegger », in *Les Études philosophiques*, n° 3, 1990, p. 289-311 : « le cours de 1935 et la *Krisis* manifestent un parallélisme qu'il serait passionnant d'élucider », même si « Heidegger n'aborde pas ces thèmes uniquement dans la finalité d'une confrontation avec Husserl, mais aussi en vertu de sa propre interprétation de la situation actuelle des sciences, en tant que cette situation est une incitation à reprendre à neuf des questions qui étaient déjà soulevées en 1915 dans la leçon d'habilitation » (note 3, p. 292) ; le § 5 de la seconde partie du cours de 1935/36 est la « version heideggerienne du § 9 de la seconde partie de la *Krisis* de Husserl dont la rédaction est contemporaine » (p. 297). Concernant cet enjeu, *cf.* aussi l'étude d'Ismail El Mossadeq, *Kritik der neuzeitlichen Naturwissenscahft. Phänomenologie* in *der Alternative zwischen Husserl und Heidegger*, Rodopi, Amsterdam, Atlanta, 1995.

2. M. Heidegger, *Die Frage nach dem Ding*, § 5*b*, p. 59 [88].

3. M. Heidegger, *Die Frage nach dem Ding*, § 5*f*, p. 75 [108].

inaugure une période nouvelle dans l'histoire de la métaphysique, doit elle-même être comprise à partir de la *mathesis universalis*. Mais la même expression ne renvoie pas au même concept. Lorsque Heidegger parle de *mathesis universalis*, il en réfère le projet à Descartes : ce n'est pas un projet mathématique, mais un projet métaphysique. Husserl n'utilise jamais l'expression *mathesis universalis* en ce sens : pour désigner le projet philosophique inauguré par Descartes, il parle de « mathématique universelle » (*Universalmathematik*), et réserve l'expression *mathesis universalis* à Leibniz, dont Heidegger dit précisément dans ce cours que son entreprise vise à s'évader du projet mathématique et s'inscrit dans un nouveau mouvement de fond[1]. Une telle confrontation n'est donc pas sans intérêt, surtout pour marquer la distance qui sépare la forme même du questionnement de Heidegger au § 5 des *Grundfragen* et celui de Husserl au § 9 de la *Krisis* ; mais il s'agit tout au plus d'une reconstruction *a parte post*.

La véritable portée polémique du texte de Husserl réside bien plutôt dans la critique d'une « auto-interprétation des physiciens » dont Husserl nous dit au § 9*i* que « jusqu'à une époque toute récente, elle étendait partout sa domination » (*eine Selbstinterpretation des Physiker, welche bis vor kurzem die allherschende war*). Les analyses de la *Krisis* se renouent ici à la discussion engagée par Husserl avec le réalisme critique au § 52 du livre I des *Idées directrices*, comme nous avons essayé de le montrer ailleurs[2]. Les théories réalistes critiques constituent en effet les conséquences les plus lointaines des mécompréhensions où l'on est touchant le sens de la mathématisation de la nature. Mais quels en sont les conséquences immédiates ? Comment la physique galiléenne a-t-elle préalablement « déterminé de façon originelle la philosophie moderne » ?

1. « Que l'élaboration philosophique du trait mathématique fondamental du *Dasein* moderne s'accomplisse de manière déterminante en France, en Angleterre et en Hollande, ce n'est pas un hasard, non plus le fait que Leibniz reçut de ces pays les impulsions décisives de sa pensée, en particulier au cours de son séjour à Paris de 1672 à 1676. C'est seulement pour avoir parcouru ce monde, et parce qu'il en considérait vraiment la valeur propre du haut de sa supériorité, qu'il fut en mesure d'entreprendre de le dépasser ». (*Die Frage nach dem Ding*, § 5*f*, p. 76 [108-109]) ; « chez Platon, chez Leibniz, surtout chez Kant, puis chez Schelling et Nietzsche, nous pouvons, d'une manière chaque fois différente, éprouver quelque chose de ce mouvement de fond » (p. 118 [160]).

2. *Cf.* sur ce point notre article, « Husserl et la phénoménologie de la choséité », *in* G. Samama (éd.), *La connaissance des choses. Définition, description, classification*, Paris, Ellipses, 2005, p. 145-148.

MATHÉMATIQUE UNIVERSELLE

La mathématisation de la nature entraîne une double transformation : celle du concept de monde et celle du concept de la philosophie, en tant que science du monde. La transformation du concept de monde est un dédoublement : « le monde se dissocie pour ainsi dire en deux mondes : nature et monde-du-psycho-logique dont le second à vrai dire ne l'élève pas à la consistance d'un être-monde, à cause de la façon dont il est relié à la nature »[1]. D'où la transformation du concept de la science de ce monde, c'est-à-dire de la philosophie ; celle-ci devient un dualisme :

> Il n'est pas étonnant que nous trouvions déjà chez Descartes l'idée d'une mathématique universelle (*Universalmathematik*). Naturellement, le poids des premiers succès de Galilée agissait aussi dans ce sens. C'est pourquoi le monde et la philosophie reçurent, corrélativement, un visage tout nouveau. Le monde doit être en soi un monde rationnel, dans le nouveau sens de la rationalité, emprunté à la mathématique et à la nature mathématisée, et corrélativement la philosophie, la science universelle du monde, doit être édifiée, en tant que théorie rationnelle unifiée, *more geometrico*[2].

Entre les deux parties de la philosophie, il existe une relation de dépendance. Le dualisme est toujours déjà un rationalisme. C'est la rationalité physique qui sert de modèle à la psychologie, non l'inverse : on peut donc parler d'un « rationalisme physiciste » ou « physicisme ». À travers la rationalité physique, c'est la rationalité mathématique qui se propose en modèle : en d'autres régions du savoir, on pourrait enchaîner les connaissances par axiomes et postulats. D'où non pas seulement le rationalisme physiciste, mais l'idée cartésienne d'une mathématique universelle. Que veut dire ici mathématique universelle ? L'expression désigne le degré supérieur du rationalisme, non pas seulement le rationalisme physiciste, mais à travers lui et en même temps que lui, le rationalisme mathématique : c'est le modèle de la mathématique pure qui vient exercer sa médiation vers d'autres régions du savoir ; c'est le « pouvoir d'évidences apodictiques par axiomes et par déductions » (*das Vermögen apodiktischer Evidenz in Axiomen und Deduktionen*). Il s'agit donc de comprendre la stratégie husserlienne de réappropriation de l'idée cartésienne de « mathématique universelle » comme concept clé du rationalisme des Temps modernes, qui

1. *Krisis I*, § 10, p. 61 [70].
2. *Krisis I*, § 10, p. 62 [71].

permet à Husserl de baliser conceptuellement la séquence historique qui mène le rationalisme jusqu'à Spinoza.

La philosophie rationaliste est décrite par Husserl, à la fois dans la diversité de ses élaborations (§ 11) et dans son unité d'esprit (§ 12). Quels sont en effet les différents lieux d'élaboration du rationalisme ? Il s'agit à la fois pour Husserl de distinguer les différentes sciences disciplinaires qui sont autant d'élaborations de la philosophie rationaliste et de mettre en œuvre la lecture en zig-zag entre présent et avenir, ou par « sauts historiques », telle qu'elle a été décrite au § 9*l*, pour montrer que nous nous tenons encore dans les limites de ce rationalisme.

Un premier lieu d'élaboration du rationalisme est la psychologie rationaliste de Hobbes et de Locke : « il faut éviter ici de se laisser fourvoyer par l'habituelle opposition, l'habituel contraste de l'empirisme et du rationalisme. Le naturalisme de Hobbes se veut physicisme, et comme tout "physicisme", il a son modèle précisément dans la rationalité physicienne ».

Un deuxième lieu d'élaboration du rationalisme est la biologie rationaliste pensée sur le modèle de la physique. Une biologie explicative (pensons aux traités de John Ray) se substitue à la biologie descriptive qui avait commencé de se faire jour dans les entreprises de classification des choses concrètes; et pourtant la biologie est sans doute pour Husserl la discipline qui est la plus à même de résister à ce mouvement de rationalisation, en raison précisément de sa proximité avec les sources même de l'évidence. Car le vivre est donné originellement de la façon la plus propre dans la compréhension de soi du biologique. D'où le statut très particulier qui est accordé à la biologie dans un petit texte de juin 1936 que Husserl a consacré à cette science : « sa proximité des sources de l'évidence lui donne une telle proximité à l'égard de la profondeur des choses-mêmes, que l'accès à la philosophie transcendantale devrait lui être extrêmement facile, et avec lui l'accès au véritable *a priori* auquel renvoie le monde des êtres vivants dans ses plus grandes et constantes généralités » [1]. On sait l'importance de la lecture de *Die Philosophie des Organischen* (1909) de Hans Driesch pour Husserl [2].

1. *Krisis 1*, *Appendice* XXIII, p. 483 [535].

2. Sur la biologie chez Husserl, *cf.* les analyses d'Alain Beaulieu, « L'enchantement du corps chez Nietzsche et Husserl », in *Analecta Husserliana*, n° 84, 2000, en particulier p. 348-352 ; *cf.* aussi « La résistance de la métabiologie husserlienne aux doctrines évolutionnistes », in *Recherches husserliennes*, n° 19, 2003, p. 33-54.

Le dernier lieu d'élaboration du rationalisme est la métaphysique de Leibniz, Wolff et Spinoza. Dans l'interprétation qui en est ici esquissée par Husserl, l'*Éthique* de Spinoza accomplit l'ontologie dualiste et, dans le même mouvement, instaure la première ontologie universelle. Spinoza est à la fois celui qui accomplit le rationalisme et celui qui introduit le moment transcendantal à l'intérieur du rationalisme; il n'est l'accomplissement du rationalisme (ontologie générale) que parce que sa problématique comporte une composante transcendantale (au sens très général que Husserl donne à ce terme dans la *Krisis*). Cette incursion du rationalisme dans le régime transcendantal s'opère selon Husserl par intégration de la théologie dans le dispositif du rationalisme moderne. Qu'en est-il en effet de l'idée de Dieu, empruntée à la religion, dans le cadre du rationalisme mathématique? Est-elle abandonnée? Nullement. Husserl souligne que l'être, et tout d'abord la nature, présuppose pour être seulement pensable, une théorie rationnelle et une subjectivité qui s'en acquitte. Dès lors, l'être-pour-soi comme subjectivité reçoit un avantage sur l'être-en-soi comme nature: « car une subjectivité, écrit Husserl, qu'elle soit humaine ou divine, c'est toujours une subjectivité »[1].

Qu'est-ce qui caractérise dans son unité le rationalisme physiciste moderne? Qu'est-ce qui fait le caractère spécifique de la *ratio* moderne par rapport à l'*epistémé* ancienne? C'est l'idée d'une science totale (*Allwissenschaft*) comprise comme l'unité de trois progrès. 1) Progrès infini dans la connaissance du monde scientifique. À l'intérieur de ce monde, toute région du savoir peut en droit être atteinte et élucidée sans reste: « On vit donc dans le bonheur de cette certitude, d'un chemin qui relie le plus près au plus loin, le plus ou moins connu à l'inconnu, qui serait une méthode infaillible pour étendre la connaissance, dans laquelle tout du Tout de l'étant, véritablement tout, doit être connu dans son être-en-soi, dans un progrès infini » (§ 12). 2) Progrès infini dans la domination du monde ambiant de la praxis: « celui de l'approximation (vers l'idéal mathématique) du donné intuitif-sensible donné dans le monde de la vie qui nous entoure » (§ 12). Progrès de la technique donc. 3) Progrès infini dans la domination sur l'humanité qui est partie intégrante de ce monde ambiant, donc sur soi-même et ses compagnons humains. D'où l'extension de la *mathesis* à la sphère axiologique, éthique et politique, comprise par Husserl comme mathématisation de l'homme, après la mathématisation du monde et de la philosophie: « En un sens analogue à celui dans lequel la mathématique parle de points, de lignes, etc., infiniment éloignés, on peut employer cette

1. *Krisis I*, § 11 [72].

figure : Dieu est "*l'homme infiniment éloigné*". Le philosophe, en effet, corrélativement à la mathématisation du monde et de la philosophie, s'est idéalisé lui-même mathématiquement d'une certaine façon, et Dieu du même coup » (§ 12). Progrès infini dans la mathématisation du monde en soi, dans la mathématisation du monde ambiant de la praxis et dans la mathématisation de l'humanité, à laquelle Husserl avait lui-même pris part en envisageant une « *mathesis* de l'esprit et de l'humanité »[1], conçue par analogie avec la science mathématique de la nature : tels sont donc les trois progrès qui caractérisent pour Husserl le rationalisme moderne.

Un tel esprit idéalisé et mathématisé pour lequel tout dans la nature serait décidé d'avance (*im voraus entschieden*), Husserl l'appellera au § 72 de la *Krisis* « un esprit laplacien » (*ein Laplace'scher Geist*)[2]. De quoi s'agit-il ? Il faut voir ici une allusion de Husserl à cette intelligence supérieure, évoquée par Laplace en un passage célèbre de l'*Essai philosophique sur les probabilités* :

> Nous devons envisager l'état présent de l'univers comme l'effet de son état antérieur et comme la cause de celui qui va suivre. Une intelligence qui, pour un instant donné, connaîtrait toutes les forces dont la nature est animée, et la situation respective des êtres qui la composent, si d'ailleurs elle était assez vaste pour soumettre ces données à l'analyse, embrasserait dans la même formule les mouvements des plus grands corps de l'univers et ceux des plus légers atomes : rien ne serait incertain pour elle, et l'avenir, comme le passé, serait présent à ses yeux[3].

L'esprit humain offre, dans la perfection qu'il a su donner à l'astronomie, une faible esquisse de cette intelligence : « tous ces efforts dans la recherche de la vérité, tendent à se rapprocher sans cesse de l'intelligence divine que nous venons de concevoir, mais dont il restera toujours infiniment éloigné » (*ibid.*). Le mouvement qui voit apparaître la *mathesis universalis* comme théorie des multiplicités définies trouve donc son

1. Cf. *Cinq articles sur le renouveau*, Article 1, p. 7 [26-27].

2. Cf. *Natur und Geist 1919*, p. 216 ; *Erste Philosophie II, Appendices*, p. 214 : « L'idéal rationaliste de l'esprit laplacien est faux » (Das rationalistische Ideal des Laplace'schen Geistes ist falsch) ; *Krisis 2*, texte n° 11, p. 148 ; trad. fr. par M. Mavridis et V. Gérard, *Alter*, p. 307 : « Ce n'est pas seulement la mathématique, mais aussi la physique, qui est une science de la "forme" universelle du monde, dans laquelle nul *esprit laplacien* ne pourrait dégager un quelconque concept, une quelconque teneur de sens, qui fasse partie des réalités concrètes, – si ce n'est qu'il faut que cette forme justement en tant que telle entre en toutes choses ».

3. P.-S. Laplace, *Essai philosophique sur les probabilités*, Paris, Bachelier, 6e éd., 1840, p. 4. Husserl connaissait la traduction allemande réalisée par Norbert Schwaiger d'après la sixième édition, *Philosophischer Versuch über die Wahrscheinlichkeiten*, Leipzig, 1886.

aboutissement dans la mathématique universelle qui trouve elle-même son expression achevée dans l'idéal rationaliste du système du monde de Laplace. Husserl s'est probablement souvenu ici de cette remarque de Cassirer, à propos de la lettre de Leibniz à Varignon sur le principe de continuité, dans son Introduction aux *Écrits sur la biologie* de Leibniz: «L'idée selon laquelle un esprit qui contemplerait complètement un état momentané de l'univers, pourrait en même temps apercevoir tout l'avenir et le calculer d'après des règles mathématiques: cette idée, que la discussion moderne a l'habitude de faire remonter faussement à Laplace, provient en vérité de Leibniz et a été réalisée par lui de façon généralisée et sans réserve»[1].

Qu'avons-nous gagné à relire cette reconstruction husserlienne de la mathématisation galiléenne de la nature, à partir du concept de *mathesis universalis*, et dans la perspective de la constitution de la mathématique universelle?

L'intérêt de la *Krisis* ne tient pas tant à ce qui y est dit de la *mathesis universalis* pour elle-même. Bien qu'il ait, plus qu'aucun autre, contribué à la diffusion et la vulgarisation de l'idée de *mathesis universalis* chez les détracteurs de l'«esprit moderne», notre texte tient pour acquis les résultats antérieurs: la *mathesis universalis* s'annonce dans l'algèbre de Viète et la *Géométrie* de Descartes; elle se réalise dans l'analyse mathématique, la logistique et la théorie des multiplicités; elle culmine dans l'idéal d'une science des multiplicités définies, et c'est à ce titre qu'elle intéresse surtout Husserl dans la *Krisis*, précisément parce que la géométrie (et la famille des disciplines qu'elle représente) ne constitue pas à ses yeux un système déductif défini. La *Krisis* n'apporte rien non plus de fondamentalement nouveau à la critique de la mathématique universelle cartésienne. Sans doute, les *Notes de mai 1937* témoignent-elles de l'importance de l'explication avec Descartes lors de la rédaction de la *Krisis*[2]; mais la grille de lecture de Descartes est en place depuis la deuxième section du cours d'*Introduction à la logique et à la théorie de la connaissance* du semestre

1. «Der Gedanke, dass ein Geist, der einen momentanen Zustand des Alls völlig durchschaute, in ihm zugleich die gesamte Zukunft übersehen und nach mathematischen Regeln berechnen könnte: dieser Gedanke, den die moderne Diskussion fälschlich auf Laplace zurückzuführen plegt, stammt in Wahrheit von Leibniz her und ist von ihm allseitig und rückhaltlos durchgeführt worden» (E. Cassirer, *Leibniz. Hauptschriften zur Grundlegung der Philosophie*, Introduction, tome II, Hamburg, Meiner, 1906, p. 12).

2. *Cf.* Manuscrit K III 6, *Noten Mai 1937*, transc. par Marly Biemel, 1949, p. 20-21. De ce manuscrit provient l'essentiel des analyses husserliennes de la mathématique universelle chez Descartes publiées en Annexe au Haupttexte de la *Krisis*.

d'hiver 1906/07, sinon depuis le cours de *Théorie générale de la connaissance* du semestre d'hiver 1902/03. On retiendra tout de même les analyses husserliennes, en marge du *Haupttext*, pour faire un sort à la psychologie, l'anthropologie et la biologie.

L'intérêt de la *Krisis* est donc ailleurs. Il tient pour nous à l'analyse précise des rapports entre « mathématique universelle » et « *mathesis universalis* » au moyen de la « mathématisation de la nature ». La méditation historique sur la mathématisation de la nature dans la *Krisis* sert à Husserl à montrer que l'espace ni la nature ne sont des multiplicités définies ; que la géométrie n'est pas une discipline qui entre dans la *mathesis universalis*, mais qu'elle s'y soumet ; qu'on a donc besoin d'un autre *a priori*, complémentaire de l'*a priori* logico-formel, pour la constitution de la géométrie et de la famille de disciplines qu'elle représente. Cet *a priori* subjectif-relatif, Husserl l'appelle dans la troisième section de la *Krisis*, l'*a priori* du monde de la vie. Il le caractérise comme autonome et constitutif. Autonome, parce que la mise au jour de l'*a priori* subjectif-relatif implique comme première étape la suspension des sciences objectives, de toutes les sciences objectives : « Toutes les évidences naturelles, celles de toutes les sciences objectives (non exceptées celles de la logique formelle et de la mathématique), font partie du royaume des "choses qui se comprennent d'elles-mêmes" (*Selbstverständlichkeiten*), qui en vérité ont leur arrière-plan d'incompréhensibilité » [1]. Constitutif, parce que cet *a priori* objectivo-logique vient se fonder en dernière instance dans les structures du monde de la vie : « mais tandis que le savant dirige son intérêt de cette façon objective et déploie son activité, le subjectif-relatif fonctionne cependant d'autre part pour lui, non comme un processus irrelevant, mais comme ce qui fonde en dernière instance (*das letztlich Begründende*) pour toute confirmation objective la valeur d'être logico-théorique – fonctionne donc, comme source d'évidence, comme source de confirmation » [2].

Et pourtant, à trois reprises, nous surprenons Husserl qui s'interroge sur la signification des termes que, faute de mieux, il est amené à employer pour décrire ce nouvel *a priori*. La première fois au § 51 : « Le monde de la vie n'apparaît plus pour ainsi dire que comme simple "composante" (*Komponente*) dans la subjectivité transcendantale concrète, et corrélativement, son *a priori* n'apparaît plus que comme une "strate" (*Schichte*)

1. *Krisis I*, § 55, p. 192 [215].
2. *Krisis I*, § 34*b*, p. 129 [143 légèrement modifiée].

dans l'*a priori* universel de la transcendantalité »[1]. Ici, ce n'est plus l'*a priori* logique qui se fonde dans l'*a priori* subjectif-relatif du monde de la vie, mais celui-ci qui se trouve à son tour absorbé dans la tâche plus générale de la phénoménologie transcendantale; mais que signifient, au juste, les termes de « composante » et de « strate » ? La deuxième fois au § 55, Husserl indique à titre programmatique une classe de problèmes qui devraient être abordés : « les problèmes de la langue phénoménologique, de la vérité et de la raison phénoménologiques, et non pas seulement les problèmes de la langue, de la vérité, de la raison, constituées dans la mondanité naturelle, sous toutes leurs formes »[2]; mais cette problématique de la langue phénoménologique et de la signification qu'y revêtent les termes de la théorie des multiplicités n'est qu'évoquée en passant. Enfin, au § 59, Husserl évoque une nouvelle langue et ses rapports avec la langue populaire : « Toutes les aperceptions d'un genre nouveau, exclusivement liées à la réduction phénoménologique avec leur langue nouvelle (nouvelle, bien que j'emploie, comme c'est inévitable, la langue populaire, il est vrai avec des changements de sens également inévitables) »[3]. Tout compte fait, la géométrie différentielle avait bien fourni à Husserl, depuis le cours sur *Chose et espace*, un langage qui lui avait permis de parler de manière appropriée des structures du monde de la vie : le temps, l'espace et la causalité.

1. *Krisis 1*, § 51, p. 177 [198]. *Cf.* aussi le passage parallèle dans *Krisis 2*, texte n°11, p. 147; trad. fr. par M. Mavridis et V. Gérard, *Alter*, n°6, 1998, p. 307 : « Manifestement, l'*a priori* de la physique acquiert alors la signification d'un "composant" de l'*a priori* omni-englobant, l'*a priori* de la totalité comme totalité »; et la remarque marginale de Husserl : « mais que signifie ici composant ? »

2. *Krisis 1*, § 55, p. 192 [214].

3. *Krisis 1*, § 59, p. 214 [238].

HUSSERL ET LA SCIENCE DU MONDE DE LA VIE

LE ROUET DE GANDHI

Dans la *Crise des sciences européennes*, la *Krisis*, Husserl annonce une nouvelle science. Les sciences contemporaines sont en crise, notre culture européenne est sans âme et déséquilibrée, mais Husserl n'en reste pas au diagnostic, il ébauche en traits légers, hésitants et inchoatifs une autre science qui pourrait s'appeler plus véritablement science. Cette science nouvelle et inouïe, c'est la « science du monde de la vie ».

Science bien énigmatique et paradoxale, qui n'a rien à voir avec ce que couramment on appelle science. Elle serait pourtant plus scientifique, prétend-il, parce qu'elle s'appuierait uniquement et radicalement sur l'expérience. Ce dont elle parle serait totalement expérimentable, par contraste avec les procédés des sciences aujourd'hui si respectées, les sciences prétendues objectives, les sciences modernes issues du pari méthodique de Galilée, qui se meuvent à distance du réel, depuis qu'elles se sont donné leur objet par un coup de force métaphysique injustifiable.

Le projet a l'air don quichottesque, sans proportion avec les drames de l'Europe, ces drames qui forment les circonstances et l'occasion des conférences que Husserl a données à Prague et Vienne sur la *Crise*. Opposer cette science pauvre, désarmée, encore dans les limbes, à la science victorieuse des modernes, toute-puissante, techniquement si féconde, c'est à peu près le geste de Gandhi invitant à revenir au rouet pour supplanter les filatures industrielles.

UNE AUTRE SCIENTIFICITÉ (§ 34-44) : *DOXA* ET VALIDITÉ

La critique de la science galiléenne développée au début de la *Krisis* présuppose un certain idéal de science hérité de la Grèce. La science moderne vient à sa place dans une trajectoire longue qu'il faut avoir en vue dans son déroulement, si l'on veut saisir comment Husserl reprend et redresse la notion de science. En définissant l'*epistèmè*, les anciens Grecs ont proposé un idéal de connaissance certaine dont l'Occident tout entier a hérité, et dont Husserl se considère lui aussi l'héritier, en un sens qu'il s'agit de bien préciser. L'*epistèmè* a été définie en opposition à la *doxa*. Husserl ne renie nullement cet héritage, il décrit comment, à son avis, la science galiléenne s'est prétendue l'aboutissement de cette exigence, et comment la phénoménologie dessine une voie différente, une autre manière de cerner les rapports de la *doxa* et de l'*epistèmè*.

La science du monde de la vie peut apparaître comme une restauration pure et simple de l'opinion, de la *doxa*, en deçà de la science. Mais c'est que la notion de science, de connaissance vraiment assurée, *Wissenschaft überhaupt*, ne doit pas être confondue avec la science galiléenne[1]. Sinon on risque de ne pas comprendre en quel sens la science nouvelle est bien science. Si en effet la science du monde de la vie paraît, à première vue, bien éloignée de l'idéal de l'*epistèmè*, c'est seulement parce que les modernes ont mesuré la scientificité à l'aune de leur science « objectivo-logique ».

La quête de science est une réponse à notre exigence de validité dans la connaissance. Le monde de l'opinion est un monde flottant, incertain, toujours en voie de rectification. Chacun de nous a sa perspective, et les objets nous déçoivent si souvent, l'être auquel nous avions cru se trouble, se liquéfie et tourne en simple apparence. Comment garantir la validité de nos connaissances ? Comment arrimer solidement la *Seinsgeltung*, la validité d'être de nos objets ? À quoi accrocher notre foi ? Parménide, Protagoras, Platon ont légué à l'Occident ces questions, cette exigence d'une connaissance assurée, et la science nouvelle de Galilée, la science mathématique exacte de l'univers a cru y répondre ; c'est le thème du début du § 9, qui donne tout son ressort à la suite : Galilée a cru pouvoir transporter à la nature physique dans sa totalité la réalité ferme et assurée des êtres géométriques.

Aux yeux de Husserl, la science moderne est une réalisation incomplète, faussée, pervertie, de l'idéal grec de science et d'objectivité. La science galiléenne est insatisfaisante, parce qu'elle est partielle et biaisée, traitant tout objet comme un corps, aveugle à la réalité du sujet lui-même, et aussi parce qu'elle est mal assurée en ses fondements, confiante dans un univers qui serait de part en part mathématique et se reposant sur des formules et des calculs qui manquent eux-mêmes de clarté fondatrice.

1. *Krisis*, § 34, p. 127, trad. fr. p. 141.

Deux reproches en somme sont adressés à la science galiléenne : absence de la subjectivité qui connaît, appui sur une mathématisation mal justifiée.

Les traits du monde de la vie et la quête d'objectivité

Une fois posé ce diagnostic, Husserl ne renonce pas à l'idéal antique d'une science véritable, mais il propose de commencer autrement, de recommencer en partant de l'expérience la plus immédiate, au sein de ce qu'il appelle « monde de la vie ». L'opposition entre monde de la vie et monde objectif de la science, cette opposition que Husserl dessine nettement en plusieurs passages, risque d'être trompeuse. Par quels traits se caractérise le monde de la vie ? On trouve au fil de la *Krisis* plusieurs caractérisations partielles, qu'il faut parvenir à concilier : le monde des hommes et de leur vie pratique[1] ; le monde « subjectif-relatif » et « fluctuant » de l'expérience. Un passage du § 44 est particulièrement riche et précis :

> Le monde ambiant de la vie, nous voulons donc le considérer concrètement dans la relativité souvent méprisée qui est la sienne, et selon tous les modes de relativité qui lui appartiennent ; nous voulons considérer ce monde dans lequel nous vivons intuitivement avec ses réalités, mais telles qu'elles se donnent à nous de prime abord (*zunächst*) dans l'expérience directe (*schlicht*), et aussi selon les modes par lesquels ces réalités, le plus souvent, en viennent à devenir flottantes et mal assurées quant à leur validité (flottement entre l'être et l'apparence, etc.). Donnons-nous comme tâche exclusive de saisir justement ce style, justement ce « flux héraclitéen » dans sa totalité, ce flux qui est purement subjectif et apparemment impossible à saisir[2].

Le monde de la vie, qu'il faut réussir à traiter concrètement, est intuitionné, (*anschaulich*), donné directement et de prime abord (*zunächst, schlicht*), avant toute fondation ou construction ; il est également relatif, manquant de la belle objectivité qui caractérise les objets de la science galiléenne.

1. *Krisis*, § 34 en particulier.

2. « Die Lebensumwelt, konkret *in* ihrer missachteten Relativität und nach allen ihr wesentlich zugehörigen Weisen der Relativität, wollen wir also betrachten, die Welt, *in* der wir anschaulich leben, mit ihren Realitäten, aber so, wie sie uns zunächst *in* der schlichten Erfahrung sich geben, auch *in* den Weisen, wie diese öfters geltungsmässig *in* Schwebe geraten (in die Schwebe zwischen Sein und Schein usw.). Unsere ausschliessliche Aufgabe sei, gerade diesen Stil, gerade diesen ganzen bloss subjektiven, scheinbar unfassbaren "Heraklitischen Fluss" zu fassen », Hua. VII, p. 158-159.

Les caractères qui apparaissent dans ces textes (en particulier dans les § 34 et 44), vont du plus accessoire au plus essentiel ; le monde de la vie est :

- quotidien, par opposition au monde du savant, c'est le monde auquel le savant lui-même retourne une fois son travail accompli ;
- commun à tous les hommes et non partagé par quelques spécialistes ;
- subjectif et relatif, par opposition à l'objectivité prétendue du monde de la science ;
- en mouvement permanent, par opposition au monde fixe et parfaitement déterminé de la science ;
- coloré de subjectivité, de présence humaine, par opposition à un monde de choses ou d'objets physiques ;
- effectivement éprouvé, par opposition au monde dit objectif, qui en réalité n'est pas éprouvé et ne peut pas l'être[1] ;
- sol ultime de validation dans l'expérience et l'évidence.

Le dernier trait est le trait essentiel auquel il faut s'attacher si on veut suivre avec rigueur l'analyse de Husserl, de lui découlent les autres traits. Le monde de la vie est d'abord le monde de l'expérience, celui où viennent se puiser toutes les évidences qui peuvent justifier un énoncé ou une théorie, c'est le lieu de toute fondation.

Cela implique notamment que le savant ne peut s'évader du monde de la vie, non seulement parce qu'il y retourne après son travail ou parce qu'il doit parler à d'autres hommes, mais parce que c'est ultimement dans le monde de la vie, au sein du monde vécu, qu'il effectue les observations et les vérifications qui donnent à ses théories leur poids de réalité. Il n'y a pas deux mondes, deux sols de vérification, deux réalités disjointes. L'unicité est un trait essentiel du monde, de tout ce qui doit mériter le nom de monde, comme nous le verrons plus loin.

En ce sens monde de la vie et monde de la science ne peuvent s'opposer qu'en apparence et superficiellement. Même la science de type galiléen n'est pas rejetée ni disqualifiée, dans la mesure où elle accepte de reposer finalement sur le sol commun de l'expérience, et où elle peut rendre compte rigoureusement des idéalisations qu'elle effectue et avec lesquelles elle travaille.

Le subjectif-relatif n'exclut pas la quête d'objectivité, mais par d'autres voies que l'objectivité galiléenne. Husserl poursuit ici la même exigence que dans la critique de la science galiléenne, il est à la recherche d'une connaissance assurée. Connaître véritablement, c'est corriger l'impression

1. § 34, p. 130, trad. fr. p. 144-145.

première, aller au-delà des variations subjectives et des déceptions de l'apparence – objectivité que recherche la science galiléenne comme toute autre science digne de ce nom –, mais cette fois sans pouvoir garantir *a priori* la validité de la saisie, puisque les « biffages » sont toujours possibles. C'est la quête d'un être véritable, mais qui ne serait pas un en soi posé d'avance et inaccessible à l'expérience. Avant la science prétendue objective, et plus fondamentalement, il doit donc y avoir une description fidèle du monde de l'expérience, en deçà des idéalisations et même en deçà de toutes les constructions logiques[1].

Que vient faire le mot vie ? Le terme de « vie », pour nommer ce monde de l'expérience, est terriblement ambigu, il connote d'abord la vie pratique et quotidienne, pour bien signifier que le sol intuitif dans lequel nous vivons n'est pas le monde reconstruit des savants, mais qu'il s'agit de notre *Umwelt*, notre monde vécu. Peut-on alors envisager une science descriptive des divers *Umwelt* des peuples et des cultures ? Marquons nettement ce qu'il ne faut pas attendre : la description des types de culture, la sociologie historique des peuples. Une telle typologie différenciée ne serait pas interdite ici, mais elle doit venir ensuite, on ne peut décrire les divers *Umwelt* possibles avant de savoir ce qu'est, primordialement et essentiellement, un *Umwelt* ou un *Lebenswelt*[2]. L'entreprise de Husserl n'est pas historique ou factuelle, il s'agit de décrire l'essence même de monde.

Le sens du mot vie n'est pas épuisé ni même véritablement défini par la pratique et la quotidienneté. C'est finalement une vie en un autre sens, une vie « transcendantale » : la vie dont il s'agit, c'est l'activité de constitution d'un monde, le réseau des « prestations », des *Leistungen* de la subjectivité, ou plus exactement du nous interpersonnel qui opère pour tisser inlassablement le monde de l'expérience.

DU TRANSCENDANTAL AU MONDE DE LA VIE (§ 27-32)

Cette science annoncée paraît nouvelle, inouïe, déroutante, comme Husserl l'avoue candidement. On ne sait même pas trop par quel biais, de quel rivage la faire démarrer, pourtant elle a commencé depuis longtemps déjà, depuis que Husserl a ouvert et mis en chantier la phénoménologie, et même, paraît-il, depuis que la philosophie occidentale a inauguré son effort de reprise réflexive de la connaissance.

1. « vorlogische Geltungen », *Krisis*, p. 127.
2. § 38, trad. fr. p. 167.

Cette science en projet est noyée dans la *Krisis*, au beau milieu d'un ouvrage tellement composite qu'on hésite même à parler d'un livre. Pour comprendre le dessein de Husserl il faut repérer les diverses lignes argumentatives qui s'entrecroisent, il faut surtout discerner les questions essentielles qui guident Husserl. Nous voudrions dégager ce projet de science au sein du massif trop vaste et mal ordonné de la *Krisis*, dessiner en quelques traits plus nets les contours de cette science du monde de la vie. La richesse du projet n'apparaîtra pourtant pas encore, et Husserl a conscience d'en rester à des préalables, de ne pas offrir assez de contenu substantiel pour permettre une entrée effective dans la pratique de cette science nouvelle. Essayons au moins de clarifier les préalables.

La manière dont s'insère cette science du monde de la vie, au sein de la *Krisis,* n'en facilite pas l'accès. La partie historique et polémique de la *Krisis*, ce qu'on pourrait appeler la partie « destructive », occupe la plus grande place. Tout le début est consacré à la critique de la science « objectiviste », puis vient un exposé historique de la philosophie moderne, enfin les derniers chapitres portent sur la critique de la psychologie. Tel est l'ordre un peu déroutant du livre (si l'on peut parler d'un livre à propos de ce patchwork de manuscrits) : après la critique de la science galiléenne exposée dans le long § 9, se place une brève histoire de la philosophie moderne, esquissée dans les § 10-27, autour du triptyque Descartes – l'empirisme anglais – Kant ; enfin l'exposé historique et polémique reprend aux § 56-72, consacrés aux impasses de la psychologie (partie III B).

Enchâssé entre ces deux morceaux plus polémiques et déconstructifs, Husserl expose son projet d'une science du monde de la vie dans la partie III A de la *Krisis*[1].

1. Comme tout le livre à partir de la page 105, cette partie n'a pas été publiée par Husserl lui-même, elle n'apparaît que dans l'édition de 1954, à partir d'un manuscrit qui contient des additions et des retouches. La rédaction est par endroits désordonnée, et les difficultés textuelles s'ajoutent à l'obscurité et aux ambiguïtés intrinsèques de la notion de monde de la vie (dans son excellente traduction anglaise, David Carr propose quelques corrections judicieuses au texte édité par Biemel). L'exposition souffre de sautes de rythme, de graves inhomogénéités dans la présentation ; ainsi, après une annonce assez générale s'insère subitement un développement très difficile, au cours du § 28, sur les kinesthèses et le corps vivant, qui aurait trouvé sa place plus naturelle dans le cours du § 48, ou en tous cas après les remarques liminaires de méthode, assez lentes et sinueuses, des § 29-44. Nous verrons que ce passage est une insertion à l'intérieur d'une rédaction plus primitive, et que Husserl a démesurément « amplifié » son texte et remplacé trois phrases (douze lignes) par un développement de cinq pages, en réalité peu à sa place à cet endroit parce que le cours de l'argumentation est brisé.

Où commence exactement l'exposition de la science du monde de la vie? On ne saurait le marquer avec précision. Au beau milieu d'une discussion critique de la philosophie kantienne, démarre tout à coup vers le milieu du § 28, une esquisse consacrée au monde de la vie, puis Kant revient sur le devant, puis on repart dans le monde de la vie (la référence à Kant est « abandonnée » à la fin du § 32). Pourquoi le monde de la vie est-il brusquement mentionné et décrit en cet endroit? Le lecteur voit mal comment les insuffisances de Kant obligent à un tel « tournant ».

La partie III A de la *Krisis*, celle qui nous occupe, est annoncée avec emphase à la fin du § 27, en conclusion de la partie consacrée à l'histoire de la philosophie moderne. Après les « tournants » cartésien et kantien, le lecteur doit se préparer à un « ultime tournant », des « décisions ultimes » et une « métamorphose intérieure », que la discussion de Kant rend inévitable.

L'éveil ou la stimulation de la pensée proviennent du contraste entre la manière de faire de Kant et celle de Descartes, contraste qui met la pensée en mouvement. Comment faut-il comprendre ce contraste? Pour simplifier on pourrait dire : d'une part Descartes invite à la vision directe des vécus et de leurs relations, d'autre part Kant offre un tableau systématique des conditions de l'expérience, tableau qui résulte d'une enquête régressive sur la connaissance et ses conditions *a priori*. Tous deux sont guidés par une même quête, celle du transcendantal, si du moins l'on entend le mot transcendantal au sens large, comme un retour réflexif sur le sujet et sa vie [1]. Descartes ou Kant? Husserl se propose de dépasser l'opposition entre la vision directe cartésienne et la systématicité du transcendantal kantien. Peut-il y avoir les deux à la fois, c'est-à-dire un accès direct au transcendantal, une saisie qui réunirait la présence à soi du Cogito et l'exhaustivité méthodique d'un inventaire de la raison pure? C'est ce que promet Husserl à la fin du § 27.

UNE EXPÉRIENCE DIRECTE DU TRANSCENDANTAL : QUE LE SOL DEVIENNE UN CHAMP DE TRAVAIL

En effet cette « dimension du transcendantal », qui est restée cachée tout en étant obscurément perçue ou ressentie, doit pouvoir finalement faire l'objet d'une « expérience directe », d'une « vue ». Le sol caché devient un champ ouvert, désormais le sol de l'expérience pourra être un champ de travail ouvert dans son infinité, et dans ce champ on pourra poser et décider tous les problèmes philosophiques et scientifiques du passé.

1. § 26.

La suite du § 28, reprise et développée dans les § 30-32, éclaire un peu le rapprochement avec Kant. Celui-ci a entrepris un retour réflexif (*Selbstbesinnung*) sur la possibilité de l'expérience, qu'il a placé sous le titre d'un inventaire de l'entendement. Il a montré que l'entendement peut s'expliciter en des lois (causalité, substantialité, etc.), mais il n'a pas vu que la constitution du monde intuitif exige un fonctionnement différent de l'entendement (du moins si on accepte de continuer à nommer cela entendement) : le monde de l'expérience est régi par une domination (*walten*) plus cachée qui lui confère l'unité d'une figure de sens globale. Il y a donc une double fonction du *Verstand* kantien : les lois d'une logique transcendantale à expliciter, mais aussi la prédonation d'un monde d'expérience. Les conditions transcendantales qui permettent qu'il y ait un monde ne se réduisent pas aux lois de l'entendement explicitées dans la critique kantienne, il faut creuser plus profond et tenter de faire voir, de dévoiler ces conditions restées anonymes.

Comment une vue directe du transcendantal serait-elle possible ? Certaines tentatives ou ébauches de l'œuvre kantienne vont dans ce sens, en particulier l'essai pour une déduction transcendantale dans la première édition de la Critique, qui tente d'aller droit aux conditions de l'expérience, sans passer par une méthode indirecte et régressive. Cet essai a été écarté comme trop psychologique.

Nous voilà prévenus : la science du monde de la vie risque d'être confondue avec une forme particulière de psychologie. Il y avait là pourtant une voie pour rendre possible une clarté ultime sur les structures a priori de l'expérience, mais à condition de comprendre que le « subjectif transcendantal » n'est pas purement et simplement psychologique[1]. Décrire les structures qui constituent un monde, ce n'est pas faire de la psychologie ; l'âme, telle que la conçoivent les psychologies de l'époque de Kant, est elle-même une partie du monde et ne peut servir à constituer le monde. Telle serait l'absurdité d'un fondement psychologique : une part du monde servirait de fondement à la totalité.

La nouvelle science, celle du monde de la vie, est donc présentée initialement comme une forme directe et intuitive de l'entreprise transcendantale kantienne. Les lois de l'expérience doivent être accessibles à une vue directe, on doit pouvoir transformer le « sol » même de l'expérience en un « champ » de travail accessible et indéfiniment ouvert.

1. § 30-32.

Husserl prévient à diverses reprises l'embarras ou le scandale : présenté trop brutalement, tout cela paraîtra bizarre ou restera discutable [1]. Le lecteur est en effet tenté par l'ironie : tant de fois les philosophes nous ont bercés avec leur promesse d'une science universelle. Pourtant ce n'est pas une vision enthousiaste de jeune homme, comme cette science que Descartes a entrevue en rêve. C'est plutôt l'œuvre de toute une vie. Husserl le dira un peu plus loin, cette science nouvelle, inouïe, paradoxale, si difficile à mettre en œuvre concrètement, ne fait que développer l'intuition qui a guidé tout son travail depuis quarante ans, avant même les *Recherches Logiques*, intuition qu'il nomme « l'ouverture de l'a priori universel de corrélation » [2].

Après ces développements des § 28-33, encore très généraux et plutôt préliminaires, sur le transcendantal et le monde de la vie, la suite des paragraphes caractérise la nouvelle science en ses traits plus extérieurs, ce sont les passages sur la scientificité et la *doxa* que nous avons présentés sommairement ci-dessus (§ 34-44). Enfin, au § 45, après tous ces délais et toutes ces précautions, le moment est venu d'exposer la nouvelle science, ou du moins d'entrer un peu plus avant dans la brèche, concrètement et en détail.

LE TISSU INDÉCHIRABLE (§ 45-49) : L'A PRIORI UNIVERSEL DE CORRÉLATION

L'exposé proprement dit de ce que devrait être la science du monde de la vie ne s'ouvre qu'avec le § 45, et il est marqué de réserves, de réticences, ponctué de plusieurs « commencements » successifs. Enfin le temps est venu de « fournir de quoi remplir la généralité vide de notre thème » [3].

Par moments on sent que Husserl veut trop dire, qu'il voudrait tout dire à la fois. Et on voit bien pourquoi : il s'agit précisément de montrer que la nouvelle science proposée est globale, qu'elle n'oublie rien, qu'elle se préoccupe constamment de rattacher entre eux les éléments de l'expérience, de manifester les connexions. Car tel est le but : rendre directement saisissable le « tissu » unitaire de la vie du moi. Le texte déploie toute une rhétorique de l'inséparable : ceci ne va pas sans cela, tel élément et tel autre

1. « Wie befremdlich und noch fraglich man das hier schlechthin Ausgesprochene zunächst finden mag » (§ 34, Hua. VI, p. 131).

2. Il en fait remonter à 1898 la première prise de conscience (« Der erste Durchbruch dieses universalen Korrelationsapriori »), et il place tout son travail sous l'invocation de ce thème (« dass seitdem meine ganze Lebensarbeit von dieser Aufgabe einer systematischen Ausarbeitung dieses Korrelationsapriori beherrscht war », (§ 48 note, Hua. VI, p. 169, trad. fr. p. 189).

3. Hua. VI, p. 159, trad. fr. p. 178.

ne tombent pas à part l'un de l'autre, les aspects apparemment disjoints sont en réalité « appartenants », corrélés, ils s'impliquent les uns les autres. Husserl compose des expressions avec *mit*, co-appartenir, co-déroulant, etc. Pour décrire ce tissu il faut bien commencer par un bout (« par exemple voici les choses, /.../ je considère l'une quelconque d'entre elles »[1]), mais peu importe, quel que soit le fragment choisi un peu au hasard dans la totalité de l'expérience, on montrera que tout vient avec lui, que l'objet est nécessairement relié à ses modes de donnée subjectifs, que la perception est inséparable des mouvements du corps percevant, qu'autrui est « Konnex » de l'ego, etc[2]. Prenez sans le choisir un grain de sable qui n'a l'air de rien, et le monde entier viendra après lui, parce qu'à ce grain adhèrent tous ses « horizons », tout ce qui est visé implicitement avec lui. Chaque acte de conscience, chaque donation, si ténue soit-elle, emporte et tire après soi toutes sortes de radicelles, tout un halo qui est fait de prolongements temporels, de franges virtuelles, de co-visées[3]. C'est ce tissu, ou du moins sa structure essentielle, cet « *a priori* universel de corrélation », qu'il faut parvenir à présenter dans son unité indéchirable.

Il est probablement normal et inévitable de commencer, sans y prendre garde, par un corps physique donné en présence (*Präsenz*). Le monde se donne d'abord comme monde de corps actuels, et la perception simple est la forme privilégiée de l'accès aux étants[4]. Mais la présence de l'objet s'avère bien fuyante, composée de tant de couches cousues ensemble, avec de l'acquis et du deviné, de l'actuel et du virtuel. La donation perceptive est une prétention à offrir l'objet en personne, mais cette prétention cache une réalité beaucoup plus riche et complexe, elle s'analyse phénoménologiquement comme un réseau ou un déroulement de donations et de retraits,

1. Hua. VI, p. 160, trad. fr. p. 178.

2. Relevons quelques termes dans ce vocabulaire de la non-séparation : *Korrelation* est plutôt utilisé pour la corrélation objet-formes de donation ou la correspondance entre les faces de l'objet et les déplacements du corps qui sont *korrelativ* H 164, mais le mot est aussi utilisé d'une manière générale pour l'ensemble des corrélations qui tissent le monde de la vie, sous l'appellation programmatique d'*a priori universel de corrélation* (c'est le titre du § 46, Hua. VI, p. 161); *Konnex* est plutôt utilisé pour désigner mes liens avec autrui (Hua. VI, p. 166), *Zugehörigkeit, zurückbezogen*; tous les composés avec *« mit » : « mitverlaufend », « mitzugehörig », « Mitfolgen »* (Hua. VI, p. 164, lignes 24-25) *impliziert, Fallen nicht aussereinander.*

3. Comparer avec les *Méditations Cartésiennes*, § 19-20 (l'actuel et le potentiel dans l'analyse intentionnelle).

4. Hua. VI, p. 162-163, trad. fr. p. 181-182.

un enchevêtrement très subtil d'effectif et de virtuel[1]. La réflexion phénoménologique décèle au sein même de la présence la plus immédiate tout un fonctionnement anonyme, qui de proche en proche conduit aux linéaments d'un monde et d'une subjectivité – inséparables[2].

Le lecteur phénoménologue ne devrait nullement se sentir dérouté par cet exercice, puisqu'il est rompu à la pratique de la reprise réflexive, qu'il s'est exercé à cette active « archéologie du sens », qui tente de retrouver les actes intentionnels en deçà des objets constitués. Paradoxalement la phénoménologie refuse de s'en tenir à la présence apparemment simple et offerte, elle tente de revenir de la présence à ce qui la rend possible, de régresser du donné complet et clos, du *Fertig-Seiendes*, à ses origines intentionnelles[3], de fluidifier tout étant[4], en en manifestant les couches de sens cachées.

La science « inouïe » n'est donc en réalité pas si nouvelle. La science du monde de la vie n'est pas autre chose que la phénoménologie elle-même, qui aurait atteint une sorte de maturité systématique, de complétude dans la description et la fondation. Il n'y a pas de tournant anthropologique ou existentiel, il n'y a pas de renoncement à la scientificité de la phénoménologie. Husserl n'a pas cessé de chercher une science rigoureuse, de creuser pour trouver les fondations de la connaissance objective. La science du monde de la vie est le couronnement de cette quête, si on peut parler de couronnement quand il s'agit de trouver un sol. Faire la science du monde

1. Voir dans les *Analyses sur la Synthèse Passive* le très beau texte « Die Selbstgegebenheit in der Wahrnehmung », Hua. XI, p. 3-24, trad. fr. N. Depraz, B. Begout, Jérôme Millon, Grenoble, 1998, p. 95-112.

2. Si l'on tient absolument à retracer les parallèles et divergences entre Husserl et Heidegger, on peut voir dans cette déconstruction husserlienne de la présence une sorte de parallèle de l'entreprise de Heidegger. À vrai dire des termes comme « déconstruire » ou « démonter », « *abbauen* », « *abtragen* », n'appartiennent pas vraiment au vocabulaire de Husserl dans la *Krisis*. Husserl parlerait plutôt de révéler, dévoiler des couches restées anonymes, de manifester des horizons de sens restés cachés. S'il y a bien une archéologie ou une généalogie, elle n'est pas déconstructrice, elle vise à restaurer une vie intentionnelle par dessous les sédiments ou les objectivités apparemment toutes faites. Ce serait d'ailleurs une erreur de perspective de voir la *Krisis* comme une réponse à Heidegger. Tant d'analyses y sont rassemblées que Husserl avait déposées depuis longtemps par écrit, pour lui-même ou dans des textes publics.

3. « Jedes ernstliche und echte Zurückgehen von einem « Fertig-Seienden » auf seine intentionalen Ursprünge », Hua. VI, p. 171, trad. fr. p. 191.

4. En parlant de « fluidifier l'étant », nous avons bien conscience de rapprocher dangereusement Husserl et la tradition idéaliste, avec un vocabulaire plutôt proche de Hegel ou Fichte. Mais il est difficile ici de garder la bonne distance ; Husserl est l'héritier conscient de toute une tradition, qu'il prétend mener à son terme ultime et nécessaire, et en même temps son entreprise nous paraît assez profondément différente, en un sens qu'il faudrait parvenir à préciser.

de la vie, c'est déployer tout ce que la réflexion phénoménologique peut atteindre, en manifester l'unité et la puissance constituante.

UN MONDE

L'unité du tissu dont nous parlions porte un nom : c'est le monde. Comme s'il y avait désormais une sorte de corrélat quasi-objectif à la réflexion phénoménologique : de quoi la phénoménologie est-elle l'étude ? Du monde, mais du monde comme inséparable de l'Ego (et des Egos). Il faut faire l'analyse de ce que c'est qu'être un sol, décrire la « fonction de sol » (§ 44, H 158 : la *Bodenfunktion*).

La phénoménologie a révélé le jeu des actes qui constituent l'expérience, elle a mis au jour toutes sortes de synthèses, les unes plus apparentes comme la liaison de jugement[1], les autres beaucoup plus souterraines et anonymes comme les synthèses passives de la perception ou de la temporalité, et le monde est l'englobant, ou plutôt la structure ultime et universelle de toutes ces synthèses, il est l'unité des diverses synthèses :

> Toutes les strates et les couches par lesquelles s'entrelacent les synthèses (...) forment une unité universelle de la synthèse, et par elle se réalise l'univers objectif, le monde (...). Nous parlons de ce point de vue de la « constitution intersubjective » du monde, en comprenant par là le système d'ensemble des modes de donation si cachés soient-ils, et des modes de validation par le moi ; c'est grâce à cette constitution, lorsque nous en faisons le dévoilement systématique, que le monde qui est pour nous, est rendu intelligible, comme formation de sens issu des intentionnalités élémentaires[2].

On peut raisonner en termes de « synthèses », on peut aussi, de manière plus ou moins équivalente, raisonner en termes de « donations ». Chaque

1. La synthèse du jugement est celle que privilégie Kant et qui lui sert de guide pour construire le système des principes de l'entendement. Hume, lui, a manqué les synthèses, il a conçu la vie de la conscience comme un amas de data (*Haufen von Daten,* Hua. VI, p. 90) ; son empirisme est un empirisme pointilliste, disconnecté ; Husserl prétend à un empirisme plus fidèle aux connexions, respectueux du tissu de l'expérience.

2. « Alle Stufen und Schichten, durch welche die [...] Synthesen verflochten sind, bilden eine universale Einheit der Synthesis, durch sie kommt das gegenständliche Universum, die Welt [...] zustande. Wir sprechen in dieser Hinsicht von der « intersubjektiven Konstitution » der Welt, darin also befassend das Gesamtsystem der noch so verborgenen Gegebenheitsweisen, aber auch der ichlichen Geltungsmodi ; durch sie wird, wenn wir sie systematisch enthüllen, die für uns seiende Welt verständlich gemacht, verständlich als ein Sinngebilde aus den elementaren Intentionalitäten », § 49, Hua. VI, p. 170-171, trad. fr. p. 190-191.

objet a sa manière d'être donné, avec chaque fois un certain déroulement d'esquisses, d'anticipations, de corrélations, de fondation sur un niveau antérieur, etc. Les objets, les choses, les étants sont inséparables de leurs modes de donation et de validation. Voilà un refrain de ces sections de la *Krisis* : ce qui est donné, *gegeben*, n'est pas sans ses *Gegebenheitsweisen*, le donné est à prendre avec ses manières de se donner. Et si l'on admet que ces modes de donation, pris tous ensemble, forment un entrelacement systématique, alors on appellera monde ce système global des conditions et des horizons de l'expérience. C'est l'horizon ultime de toute validité, le domaine dessiné par avance de tout être effectif[1]. Il est en un sens toujours déjà là (§ 37) et nous ne pouvons vivre sans vivre dans la certitude du monde, quoique pourtant le monde ne soit pas un étant.

En parlant de la structure d'un monde on risque l'équivoque. Ce n'est pas l'unité du monde de Galilée ou Newton, il ne s'agit pas d'un monde objectif, en soi, d'avance régi par des lois. Il n'y a pas d'en soi de ce monde dont traite Husserl. Le monde est un « universum ouvert », c'est « le tout de ce qui est confirmable avec évidence »[2]. Il est à la fois toujours déjà là (à titre de sol) et toujours en construction ou reconstruction. Il est stable comme horizon dernier de tous les horizons, et en même temps il est flottant ou fluctuant parce que les étants y sont toujours en voie de confirmation.

Les corrélations

Le monde dont traite cette science possède une « typique », c'est dans cette mesure qu'il peut être objet de science[3]. Il est régi par une « structure générale »[4]. Comme le monde galiléen, le monde de la vie a aussi ses liaisons, son inductivité, ses cadres. Mais la structure du monde de la vie n'est pas une détermination spatio-temporelle et causale qui serait objective et extérieure, c'est un tissu de « corrélations ».

1. « ständige Geltungsboden », § 33, Hua. VI, p. 125; « Die Welt als der ständige seinsgeltende gemeinschaftliche Horizont seiender Dinge », Hua. VI, p. 464, 515 (annexe).

2. « Die Welt, das ist das offene Universum [...] So ist die Welt das All des selbstverständlichen Bewährbaren » § 52, Hua. VI, p. 180, trad. fr. p. 201.

3. « *In* all dem aber waltet – und das macht Wissenschaftlichkeit, Beschreibung, phänemenologisch-transzendantale Wahrheit möglich – eine feste Typik » § 51, Hua. VI, p. 176, trad. fr. p. 196. C'est déjà le thème abordé à la fin du § 48, mais appliqué à chacun des objets comme corrélatif d'un système de donation : chaque objet obéit à une « typique » en ce sens qu'il possède ses façons particulières de se donner (§ 48, Hua. VI, p. 168-169, trad. fr. p. 188-189).

4. § 36, trad. fr. p. 158.

Une première corrélation est apparue dès le § 28, c'est l'entrelacement du corps vivant et de la perception. Elle apparaît dans ce paragraphe comme une forme particulière de présence du sujet, distincte du corps physique et distincte aussi de la présence du sujet « plein ». Cette analyse sera reprise plus loin, dans l'enchaînement des § 45-47. Mon corps est inséparable des objets; en percevant un objet, je perçois toujours en même temps mon propre corps, mais je ne le perçois pas lui-même comme objet, mon corps vivant (*Leib*) n'est pas un corps physique (*Körper*); il est quelque chose comme le prolongement ou la présence vivante de mon Ego, son milieu de subsistance et de puissance (en lui mon ego « règne », *waltet* – voir sur ce terme notre discussion de conclusion). Le *Leib* est pour ainsi dire l'organe des organes grâce auxquels je perçois; quand je m'avance ou que je tourne la tête pour percevoir, je perçois en même temps le mouvement de mon corps et les apparences nouvelles qui se donnent par ce geste : l'objet est visible autrement, des faces nouvelles apparaissent[1].

D'autres modes de corrélation sont exposés assez sommairement dans les paragraphes suivants :

§ 45 : l'analyse du voir
§ 46 fin : le flux temporel
§ 47 : la concordance et les kinesthèses.
§ 47 : les champs perceptifs
§ 47 fin : le *Konnex* avec autrui.

La quête de l'objectivité reste plus ou moins le fil commun de ces développements. Il ne s'agit pas de l'objectivité de la science « objective », mais de l'objectivité propre au monde de la vie, fidèle à la teneur même de l'expérience, cette objectivité souple et fluente qui s'effectue de proche en proche, dans la progression des remplissements prescrits par les lignes directrices intentionnelles : je présume que l'objet devrait apparaître sur la gauche comme coloré de telle manière, ce qui sera ensuite confirmé ou « biffé ». De même la présence d'autrui n'est pas en premier lieu une question anthropologique, mais une question de validité. Enfin la « mobilité » du monde de la vie ne doit pas être comprise au sens d'un mouvement visible, mais c'est le nom que Husserl donne à la possibilité toujours ouverte de rectifications.

1. § 28, trad. fr. p. 120-123.

LES DEUX VERSIONS DU § 28

Un exemple détaillé donnera une idée des difficultés textuelles et de l'enchevêtrement des thèmes. Husserl a remplacé un court § de 12 lignes par cinq pages sur la chair et les kinesthèses [1]. Le résultat est assez déséquilibré et la suite de l'argumentation du § 28 est rompue. La question des kinesthèses et du Leib reviendra au § 47, à une place qui est plus naturelle, parmi les diverses analyses de « l'*a priori* universel de corrélation ».

Version 1 : Le mode de présence du corps vivant

Si l'on veut restituer la cohérence de ce § 28, et se faire une idée plus nette de l'enchaînement des arguments, il est préférable de retourner au texte supprimé, très court [2] :

> Ce monde ambiant qui en son noyau est continuellement intuitionné, tant que nous sommes éveillés, ce monde nous le nommons « sensible », parce qu'il se présente à nous dans des aspects divers, tantôt visuels, tantôt tactiles ou acoustiques, et dans tous ces changements comme « le » monde, le monde des choses. En même temps notre corps vivant, qui est toujours donné de manière concomitante dans le champ intuitif, est en fonction pour la possession de ces aspects (les yeux, les mains, les oreilles comme organes du corps vivant à chaque fois pour voir, toucher, entendre, etc.). Nous sommes corporellement et en tant que personnes toujours partie prenante dans une position qui peut avoir deux modes, ce qui fait que parfois nous fonctionnons comme sujets pour chacun de nos objets, ou parfois comme objets, pour les autres ou pour nous-même, apparaissant sous des modes variables – et dans ce dernier cas en nous percevant nous-même, ou nous évaluant nous-même, etc., de manière réflexive, chaque fois saisi ou saisissable en tant que tels. Nous fonctionnons aussi à titre de sujets sur le mode de la pensée scientifique, posant des questions (...).

1. Hua. VI, p. 107 ligne 20 – 112 ligne 3 ; trad. fr. p. 119 : « Il est manifeste... »-125.

2. Voir *Textkritische Anmerkungen*, Hua. VI, p. 521 : « Diese in ihrem Kern immerfort (solange wir wach dahinleben) anschauliche Umwelt nennen wir « sinnlich », weil sie in verschiedenen, bald visuellen, bald taktuellen, akustischen Aspekten sich uns darstellt in all diesem Wandel als « die » Welt, die Welt der Dinge. – Dabei ist unser, immer mit im Anschauungsfeld gegebene Leib für das Haben dieser Aspekte in Funktion (Augen, Hände, Ohren als Leibesorgane je für Sehen, Tasten, Hören usw.). – Wir sind leiblich und als Personen immer in doppelt möglicher Einstellung beteiligt, die es macht, dass wir bald als Subjekte für unsere jeweiligen Objekte fungieren, oder aber als Objekte, sei es für Andere oder für uns selbst, in wechselnden Modis erscheinend – in letzteren Fall in reflexiven Selbstwahrnehmungen, Selbstbewertungen und dergleichen jeweils als dieselben erfasst oder erfassbar. Als Subjekte fungieren wir auch ... ».

L'enchaînement des thèmes successifs du paragraphe est donc assez serré dans la version primitive :

– le monde est sensible ;

– il n'y en a qu'un, à travers les changements des aspects perçus (c'est la reprise de la phrase précédente : malgré le changement – *Wandel* – de nos validations d'être, le monde se maintient identique) ;

– notre corps vivant, avec ses organes, est toujours en fonction lorsque nous « avons » ces aspects perçus ;

– notre présence, en tant que corps vivant et en tant que personne, se partage en deux positions possibles : comme sujet, ou comme objet pour les autres ou pour nous-même (réflexivement) ;

enfin le texte, dans sa version initiale enchaînait sur l'activité des savants, qui sont présents à leur manière dans le monde comme objets et sujets connaissants [1].

Version 2 : validité, subjectivité et transcendantal

Attachons-nous maintenant à la version longue. Les cinq pages interpolées traitent longuement des kinesthèses et de la chair ou corps vivant (*Leib*). Pourquoi ici ? On peut y voir l'approfondissement du thème de la présence de la subjectivité dans le monde. Il y a en effet une forme très particulière, mystérieuse et essentielle, de présence du sujet au monde : la chair ou le corps vivant (*Leib*). Après un exposé sur la situation du corps vivant dans le monde sensible, la suite du texte enchaîne sur d'autres modes de présence du sujet : cette présence comme *Leib* n'est pas la seule (« l'*Ichlichkeit*, l'égoïté charnelle n'est pas la seule », il y a d'autres formes d'égoïté [2]).

Husserl propose ainsi une gradation des formes de présence du sujet dans le monde perçu :

1. *Leib*, chair ou corps vivant toujours co-perçu, fonctionnant dans ses organes ;
2. Corps parmi d'autres corps (le problème est laissé ouvert ici de savoir « comment ma chair acquiert le sens d'être d'un corps parmi d'autres », trad.fr., p. 122) ;
3. Sujet plein (« sujets égologiques complets » dans la trad. fr.) ;
4. Être humain (*Mensch*) ;
5. Communauté humaine ;

1. C'est la suture avec le texte définitif (Hua. VI, p. 112, trad. fr. p. 125).

2. Hua. VI, p. 110 ; Granel p. 123 traduit par « l'égologicité », ce qui alourdit encore le texte.

6. Les savants dans leur activité (Hua. 112, p. 125, c'est la fin du manuscrit ajouté, et la couture avec le texte principal ; on renoue ainsi avec le thème de la subjectivité des savants eux-mêmes, qu'ils ont perdue de vue).

On peut, sur cet exemple assez embrouillé, voir Husserl travailler, enrichir progressivement le déroulement de ses analyses descriptives. Il creuse son texte de l'intérieur, profite d'un point particulier pour ajouter des analyses plus fouillées, au risque de faire perdre le fil à son lecteur.

La difficulté est que plusieurs thèmes s'enchevêtrent ici :

1. l'unité ou la permanence du monde au-delà des variations de validité ;

2. la présence du sujet, tout particulièrement sous la forme de la chair et de ses kinesthèses ;

3. le statut du transcendantal (la discussion de Kant est apparemment l'occasion de ce développement).

Naturellement le lecteur vraiment perspicace comprendra que ces trois thèmes n'en font qu'un : les variations de validité – du côté monde – sont indissociables des présomptions, kinesthèses et intentionnalités – du côté sujet –, et le transcendantal n'est qu'un mot savant, ambigu et un peu creux, pour désigner justement tout ce réseau de prédonation, d'anticipations et d'acquis, de biffages et confirmations qui donne son cadre à la connaissance et rend possible l'accès aux objets. Mais il faut probablement du temps, avoir un peu cheminé en phénoménologie, s'être exercé sur des exemples appropriés, avant de saisir l'unité des trois thèmes.

Lorsque Husserl prétend amener à une expérience directe du transcendantal, c'est tout ce paysage en demi-teinte, ces dynamismes secrets, qu'il se propose d'amener à la pleine clarté. Les difficultés de présentation ne sont donc nullement accessoires si l'on se souvient du but à atteindre : faire percevoir directement, intuitivement, l'unité indéchirable du tissu de la prédonation du monde.

LE MOI « RÈGNE » DANS SES ORGANES

C'est une vue directe qui est exigée, par contraste avec le transcendantal obtenu indirectement, « régressivement » chez Kant. Pour accéder à ce transcendantal, il faut expliciter, déployer tous les horizons en jeu. Husserl va jusqu'à parler d'« intentionnalités cachées », par une extension hardie de la notion d'intentionnalité, qui déborde le modèle premier de l'attention consciente. Il faut donc parvenir à décrire, à faire accéder au regard direct, toutes les « co-visées », tous les liens implicites qui forment le tissu, l'*a priori* de corrélation. Les connexions qui fabriquent anonymement la prédonation d'un monde unique, toujours déjà là, doivent être défaites et amenées au jour. Il faut parvenir, en dernier ressort, à les traduire en mots, pour les exposer sous forme d'une science déposée, stable et disponible.

Voilà une tâche redoutable, dont la difficulté peut être illustrée par les embarras de la traduction. Prenons un terme très intéressant et révélateur, dont les nuances sont difficiles à rendre, le verbe *walten*. Il apparaît dans la *Krisis* dès la discussion de Kant au § 28 : le *Verstand* kantien est d'une part réserve de lois logiques à expliciter, d'autre part puissance cachée, pouvoir invisible qui régit la prédonation d'un monde (*verborgen waltend*).

Le mot est repris au moment de décrire la présence du Je à son corps, le jeu qu'il joue à travers ses organes. « *Walten* » connote une présence globale, à la fois spatiale et non localisée, qui impose un certain mode d'être à un domaine large. Par exemple on dira : Un esprit de concorde règne ici, la paix s'étend sur une région[1]. Le verbe peut s'appliquer à une tonalité générale qui domine, à une atmosphère, ou à une régularité qui s'impose, mais il dénote souvent l'action ou la présence de Dieu (ou du Diable). Si l'on prend peur au moment d'un orage, on dira : c'est l'affaire du Bon Dieu, laissons Dieu faire à sa guise, nous sommes entre ses mains, *Walt's der liebe Gott* ou *Lass Gott walten*. Dire que Dieu « règne », *Gott waltet auf Erde*, c'est affirmer aussi qu'il est présent, qu'il exerce sa puissance, mais pas à distance. Il circule sur ses terres, jouit physiquement de la domination qu'il « exerce » en effet. Il préside, règne, étend son empire, fait connaître sa loi, manifeste son pouvoir.

La relation de souveraineté dont parle Husserl est donc aussi une relation de présence corporelle : si je règne, c'est que mon royaume me donne corps, spatialité. Dieu affirme sa puissance en visitant ses terres, comme l'adolescent qui est fier de ses muscles, qui a plaisir à profiter de ses forces nouvelles, les employer et vérifier jusqu'où elles peuvent aller[2]. On fausserait l'analyse si l'on y voyait une description des relations entre l'esprit et le corps. Le mot *Geist* est-il employé ? C'est plutôt le Je qui *waltet*[3].

En d'autres endroits Husserl joue sur une expression double, *Schalten und walten* (*Med. Cart.* § 44, Hua. I 99) : *schalten* aujourd'hui désigne

1. Voir par ex. le passage que nous citons note 25 ci-dessus : une typique « règne » (*waltet*).

2. *Walten* est alors plus ou moins proche de *stark sein* et aussi de *besitzen*.

3. Le terme allemand *walten* est apparenté à d'autres vocables qui connotent soit la possession soit la valeur ou la force (*gelten*, *valere*). Il ouvre sur divers registres : pouvoir, administration, force, violence, possession. En français on hésitera entre plusieurs directions sémantiques : « régner », « dominer », « prendre soin de », « être fort », « exister », « être présent ».

l'opération d'allumer ou d'éteindre, de brancher ou de mettre hors circuit, et le mot ajoute à *walten* une autre nuance, qui indique la possibilité de « déclencher », de mettre en jeu ou de laisser inactifs les organes. Comment traduire *schalten und walten* ? Les traducteurs ont proposé « en dispose à sa guise », « exerce son bon vouloir ». Husserl souligne ainsi la dimension du « je peux », cette forme de liberté ou d'agentivité élémentaire de l'ego à travers ses organes [1].

Walten, c'est tout cela, et c'est beaucoup pour un seul mot. Voilà la jeune science phénoménologique bien embarrassée de ses imprécisions, trop riche des nuances de la langue. D'autres diraient ici : « la langue allemande pense d'elle-même », Husserl préfère dire sobrement : « les mots nous manquent ».

ÉCHOS, HÉRITAGES : L'EXEMPLE DE BINSWANGER

Nous commencions par un rapprochement ironique et désabusé entre Husserl et Gandhi. Que peut-on espérer du rouet de Gandhi ? Quel sérieux prêter à une entreprise qui se définirait en rivale de la science moderne, renonçant délibérément aux outils de l'idéalisation mathématique et du détour logique ? Où peut bien mener le projet radical, démesuré et en même temps si pauvre, de décrire l'expérience la plus élémentaire dans son tissu d'actes et d'« effectuations » ?

Aux sceptiques, qui douteraient par avance de la portée et de la fécondité de toutes ces descriptions, de ces efforts subtils et toujours repris pour énoncer les linéaments les plus originaires de l'expérience, on peut au moins proposer une piste : l'inspiration que quelques psychiatres, en particulier Ludwig Binswanger, y ont trouvée. Tout ce courant de recherches et de réflexions cliniques pourrait attester, modestement, inchoativement, que la phénoménologie n'est pas sans confirmation et sans portée. La descente mal assurée, tâtonnante, dans les méandres et l'obscurité des « opérations » et des « prestations » les plus anonymes de la conscience, a permis de dégager quelques structures essentielles, dont se sont emparés Binswanger et ceux qui l'ont suivi. L'analyse de l'enchaînement des synthèses passives leur a servi à décrire de plus près l'accélération du temps intérieur dans la manie, l'incapacité à constituer des objets et à répondre de

1. On trouvera d'autres variations sur le *walten* par exemple dans les manuscrits sur l'intersubjectivité (Hua. XV, texte n° 9, *in* Husserl, *Sur l'intersubjectivité*, trad. fr. N. Depraz, P.U.F., 2001, t. I, p. 179 *sq*.). N. Depraz a choisi de traduire *walten* par plusieurs expressions différentes, « régner » « gouverner » ou « agir gouvernant ».

soi-même comme sujet. Le dégagement de la croyance élémentaire dans le jeu des attentes perceptives, la permanence d'une confiance foncière dans la stabilité du monde par-delà les « biffages » partiels, ont servi de cadre à l'étude du « cela va de soi », de l'« évidence naturelle » (*Selbstverständlichkeit*) que le schizophrène a perdue. La perméabilité originaire de mon monde avec le monde des *alter ego* a donné quelques directions de travail, pour décrire un peu moins mal l'« empathie » la plus foncière, qui donne relief et solidité aux objets d'un monde commun, et sur le fond de laquelle peut se produire l'émergence d'un sujet capable de communiquer.

Certes nous ne prétendons pas que les prolongements ou les échos de la phénoménologie husserlienne dans l'œuvre de Binswanger soient la seule ni même la principale direction dans laquelle se révélerait la fécondité – et la vérité – des analyses de Husserl. Au moins ces ouvertures vers la clinique donnent-elles quelques motifs pour persévérer dans une si étrange aventure.

PHÉNOMÉNOLOGIE DE LA RÉDUCTION ET RÉDUCTION ÉTHIQUE UNIVERSELLE

Les considérations phénoménologiques husserliennes sur la « réduction » ne sauraient être de simples réflexions d'ordre méthodologique, du moins tant que l'on ne confine pas celles-ci dans la sphère de la logique formelle, de la mathématique, ni même de la théorie de la connaissance, conçue au sens fort qu'elle prend dès les années 1906-1907, celui de *noétique*[1]. Jamais la chose n'aura été aussi dramatiquement manifeste que dans la *Krisis*. La dramatisation tient en l'occurrence à une difficulté que Husserl avait aperçue dès la parution des *Ideen* en 1913, une difficulté qu'il avait cru pouvoir surmonter par un *exposé théorique* de la méthode de la réduction. Le « discours de la méthode » que Husserl projette sous le titre de *Krisis* doit, en effet, prendre acte d'une « difficulté » massive qui n'a rien d'accidentel ou de conjoncturel. On pourra éventuellement dire, au terme de ces analyses, qu'elle est *contextuelle*, mais à la condition de comprendre le contexte comme *structurel*, comme un *Strukturzusammenhang*, qui dessine, en creux, la figure menaçante d'un cercle vicieux, et qui rend compte de l'échec continu des discours de la phénoménologie transcendantale (publications, cours, conférences), de leur inefficacité *rhétorique*, c'est-à-dire de leur incapacité à se prémunir contre les contresens et les falsifications ainsi qu'à introduire et initier. Si d'un côté, l'exposé de la réduction phénoménologico-transcendantale doit lui-même être une phénoménologie, inversement, la compréhension correcte

1. *Introduction à la logique et à la théorie de la connaissance, (1906-1907)*, trad. fr. L. Joumier, Paris, Vrin, 1998, toute la section II, p. 163-202, et plus particulièrement le § 26, qui rappelle opportunément la distinction entre logique formelle *lato sensu* et noétique, en tant que « doctrine du droit » (*Rechtslehre*).

de l'exposé phénoménologique suppose la mise en œuvre et donc la compréhension préalable de la réduction [1]. Tel est le cercle.

Il est toujours possible et légitime d'étudier la phénoménologie de l'un ou l'autre des points de vue signalés en premier lieu; toute science, en tant que théorie, relève de la juridiction de la logique formelle ou, corrélativement, de l'ontologie formelle; la «phénoménologie n'échappe pas à la règle»; mais, dans la mesure où la phénoménologie s'installe dans l'élément de l'évidence ou de l'expérience élargie, «recourant à la simple intuition», «les formes de théorie en usage dans les disciplines mathématiques et tous leurs théorèmes médiats ne peuvent lui être d'aucune utilité»; «la théorie des formes des disciplines ne peut plus jouer le rôle d'un instrument de recherche scientifique» [2]. Elles ne sauraient en tous cas obnubiler le regard thématisant de la phénoménologie, selon lequel *tous les objets concevables* – et pour autant qu'il s'agisse réellement d'un concept, la différence entre concept opératoire et concept thématique soulignée naguère par E. Fink est secondaire – ont leur «expérimentabilité» *(Erfahrbarkeit)*; et pour lequel la tâche de la phénoménologie consiste par suite à déployer dans l'élément de l'évidence phénoménologique, d'une évidence de degré supérieur, chaque évidence, «chaque expérience et chaque «vision rationnelle» *(Einsicht)* réellement effectuée (que, sans raison, l'on distingue d'une manière tout à fait principielle de ce qu'on a l'habitude d'appeler expérience)» [3]. Rappelons pour nous prémunir contre une pelletée de contresens prévisibles que même l'indéterminé, même le confus ou l'absurde *se donnent*, ou du moins doivent pouvoir *en droit* se donner *dans l'évidence*, se laissent identifier *en tant que tels*; je peux, par exemple, avoir *l'impression* qu'il y a dans une proposition *quelque chose* de contradictoire, et par une expérience ultérieure, c'est-à-dire *par l'effectuation* des articulations logiques de l'énoncé, selon l'évidence de la distinction, sur un simple plan apophantique, confirmer ou infirmer cette impression; ou encore avoir l'impression qu'une fraction correspond à un nombre rationnel, et par la mise en œuvre du calcul, me rendre compte qu'il n'en est rien. Ce calcul est lui-même une expérience, qu'il est absurde de

1. *Krisis*, p. 254, trad. fr. p. 281. Nous trouvons une version ramassée de cette circularité «vivante» dans *Logique formelle et transcendantale*, trad. fr. S. Bachelard, p. 216, p. [142]. «C'est seulement en voyant que je peux mettre en évidence ce dont il s'agit véritablement dans un voir; l'explicitation de l'essence propre d'un tel voir, je dois l'effectuer en voyant.»

2. *Ideen I*, p. 112, trad. fr. p. 194.

3. *Logique formelle et logique transcendantale* (*FTL* 142), trad. fr. p. 216, traduction modifiée.

vouloir réduire à une quelconque perception sensible, puisque d'*après son sens même*, ce n'est manifestement pas le cas, etc.

Dans ces conditions, une certaine polysémie de la conceptualité phénoménologique elle-même (sous réserve d'erreurs ou d'errances, que seules des analyses, c'est-à-dire des évidences ultérieures peuvent rendre manifestes comme telles)[1] surtout lorsqu'elle affecte des concepts phénoménologiques aussi fondamentaux que ceux de réduction ou d'*épochè*, ne saurait être interprétée comme un symptôme d'inconstance, voire d'incontinence discursive, encore moins, comme certains ont pu l'insinuer, à propos du « vieil Husserl », de sénilité ou d'« artériosclérose spirituelle »[2]. Du moins ne devrait-il pas en aller ainsi si l'on fait sien le principe de « charité » – ou disons, dans la langue de Husserl, de « probité ». Il est vrai que le prix d'une telle lecture « honnête » est exorbitant, dès lors que le « recours à l'évidence » cesse d'être « un truc de l'argumentation de la théorie de la connaissance », pour devenir l'élément même dans lequel la lecture et donc l'interprétation doivent se déployer. Si nous prenons Husserl au mot, nous sommes mis en demeure d'effectuer, ni plus ni moins, avec et après lui, la série des *intuitions rationnelles,* c'est-à-dire eidétiques, dans lesquelles – réflexivement – nous décrivons ce qui se donne et se constitue dans et pour la conscience naïve comme champ thématique et selon le mode de donation qui est à chaque fois le sien. Celui-ci ne consistant pas, comme le veut un contresens intéressé, à reconduire toute au sol de *l'expérience perceptive*. Il y a expérience, c'est-à-dire évidence au sens élargi et néanmoins rigoureusement délimité par la réduction phénoménologique, dès qu'il y a *identification d'un soi*, dès qu'il y a *intention* de quelque chose (chose perçue, mal perçue, réelle, irréelle, imaginée, souvenue, signe, sens, contresens, non sens, algorithme, nombre imaginaire, opération technique, action, etc.).

Prendre en compte et au sérieux la polysémie du terme de réduction, c'est se ménager un chemin sûr vers ce qui constitue le foyer des considérations en apparence hétérogènes de la *Krisis*. La nature, l'enjeu et l'origine de la crise, l'objet et les moyens de la critique phénoménologique demeurent incompréhensibles, telle sera notre thèse, tant qu'on ne prend pas la *mesure exacte* de cette *polysémie*, tant qu'elle ne devient pas, elle-même, thématique. La présente question portant sur l'extension et la diversification des usages croise, sans s'y confondre toutefois, celle des

1. *FTL* 140, trad. fr. p. 213.
2. *Krisis*, p. 440, trad. fr. p. 486.

« voies ou les chemins de la réduction », ainsi que les « figures multiples de l'*épochè* »[1].

C'est également dans le cadre d'une telle question que se comprennent les motivations profondes du surgissement du thème apparemment inopiné du « monde de la vie » dans ce qu'on a appelé le dernier Husserl. Cette diversification et cette multiplication ainsi que ce surgissement sont de fait *préparés* – quoique non programmés – depuis de longues années. Pour nous en tenir aux leçons de *Philosophie première,* on peut y suivre d'une leçon à l'autre, et surtout dans les annotations effectuées après-coup, à la fois la distinction de chemins *de* la réduction, la distinction entre diverses formes de réduction ainsi que l'émergence progressive du *thème* du monde de la vie, comme terrain sur lequel et à partir duquel il devient possible de penser les différentes réductions comme autant d'institutions d'attitudes, c'est-à-dire d'installations dans des régimes d'activité de conscience. Le volet phénoménologique strictement noétique, ou si l'on veut, gnoséologique *(erkenntnistheoretischen),* se double alors d'un volet qu'il faut bien qualifier de pratique et même d'éthique, à condition de se donner les moyens de penser rigoureusement ceux-ci.

Pour autant on ne peut et on ne doit pas dire, à proprement parler qu'elles étaient *programmées*, et cela pour des raisons essentielles. Il est essentiel, en effet, qu'une certaine *ouverture*, une certaine *liberté* soit préservée, et cela en ce point où elle se conjugue à la mise en œuvre rigoureuse de la réduction transcendantale ; en ce point de pivotement dont dépend à la fois la possibilité de la connaissance vraie et celle de l'action libre. Car dans son *noyau le plus intime,* la crise de l'humanité européenne, est justement une crise de la *liberté et de la raison*, une crise de la « raison pratique » et de la « raison évaluative » radicalisées en « raison téléologique » – et donc un enrayement de ce qui constitue son ressort le plus intime, celui sans lequel toutes nos décisions restent prisonnières des réseaux de motivations déjà préconstitués : l'*épochè.* Cette *épochè* que Husserl qualifie tour à tour, selon le contexte, de radicale, d'apodictique, de totale, d'universelle, de philosophique, de transcendantale, de phénoméno-logico-transcendantale, etc. sans que cela suffise à la déterminer proprement, c'est-à-dire de façon *univoque,* tel est le nom du point de surgissement de tout être, mais aussi de toute valeur. Il conviendrait donc de lire la série des considérations historiques de la *Krisis*, comme l'expression d'une stratégie de prise de parole publique, une stratégie visant elle-même,

1. *Krisis*, p. 399, trad. fr. p. 441.

dans l'urgence, à ménager les conditions d'une prise de parole publique absolument libre, c'est-à-dire d'une *responsabilité absolue*.

Fondamentalement, la crise qui frappe l'Europe (et qui affecte les sciences, la psychologie et, surtout, la philosophie) n'est pas principalement et fondamentalement une crise « logique », « épistémologique », ou « gnoséologique », et pas non plus ultimement une crise régionale, celle de la psychologie.

La *crise épistémologique* est elle-même un symptôme. Si Husserl déplore l'irrationalisme, le scepticisme, le mysticisme des « philosophies », il ne déplore nullement un défaut de rigueur formelle dans les sciences de la nature ou dans les mathématiques. Loin de prendre prétexte de ce qu'on a appelé la « crise des fondements », tant en physique qu'en mathématique, Husserl se félicite de ce que la physique moderne (mécanique quantique et théorie de la relativité) nous ait libéré des prothèses oculaires (*Abblendungen*) dont une certaine « réduction positiviste » étroitement associée à l'apothéose de la mécanique classique avait équipé notre raison, au point d'entraver son regard (*Einsicht*), de l'obnubiler. La première question posée par les conférences de Prague le présuppose sans équivoque :

> Mais le combat victorieux contre l'idéal de la physique classique et de même le conflit qui se poursuit encore quant à la forme d'édification authentique de la mathématique pure, une édification qui soit conforme à son sens, signifient-ils que la physique et la mathématique précédentes n'étaient pas encore scientifiques, ou bien que, affectés de certaines obscurités et de certaines œillères, elles n'auraient pas encore suscité, dans leur champ de travail, de visions à plein évidentes (*evidente Einsichten*) ? N'y a-t-il pas pour nous aussi, qui nous sommes libérés de ces œillères [*die von diesen Blenden Befreiten*], des visions contraignantes ?[1].

Une lecture attentive des quelques développements consacrés par Husserl, à l'époque de cette conférence, à la mécanique quantique confirme ce point. Ces analyses, dans une question qui a entraîné beaucoup d'égarements, sont remarquables par leur grande sobriété et leur perspicacité. Les relations d'incertitude énoncées par Heisenberg ne signifient nullement, comme le veut l'interprétation dominante, qu'il y ait « des hasards dans la nature », c'est-à-dire des « événements causalement indéterminés » ; encore moins faut-il y voir un abandon de « la » causalité ; les révolutions scientifiques comme les révolutions politiques donnent l'impression à

1. *Krisis*, p. 2.

ceux qui tiennent par tout leur être à l'« ancien monde » que le nouvel ordre politique n'est en réalité qu'un chaos. La physique nouvelle s'émancipe uniquement d'une certaine étiologie, de la causalité *nomologique « réelle »* (au sens mathématique de ce terme) de la physique classique, où les singularités instanciant la loi étaient des singularités quelconques (*beliebigen Einzelheiten*), logiquement *interchangeables* et mathématiquement *intégrables*, et donc idéalement calculables de façon univoque dans leurs propriétés mécaniques, au profit d'une *causalité du complexe* portant sur des individualités typiques (*typischen Individualitäten*); « causalité signifie simplement désormais [dans le cadre de l'hypothèse générale de la nouvelle physique] que ces éléments sont liés nomologiquement par leur complexe typique (*gesetzmäßig gebunden ist durch ihren typischen Komplex*), ou si l'on veut, que se produit dans la nature une liaison et une dissolution « apriorique » de complexe (*eine « apriorische » Komplexbindung und -auflösung*), une dissolution, qui conduit de nouveau à une formation de complexe (*Komplexbildung*) dans un style inconditionnellement universel, de sorte que ce qui advient dans la singularité, dans l'extrême singularité n'est jamais quelconque (*nie beliebig*), mais, bien qu'il ne soit pas calculable dans son individualité, il le reste d'après son complexe dans le contexte de son complexe »[1]. La « probabilité » n'est objective qu'en ce sens où elle constitue le corrélat d'une intentionnalité objectivante, tout comme la « certitude », l'« univocité », la « calculabilité », etc. Physiquement et mathématiquement, dans l'optique ontologique de la nature hypothétique, l'objectivité n'est autre que celle de « la loi des groupes » qui constitue pour le physicien l'espace-de-jeu pour des possibilités et des probabilités du devenir. La phénoménologie se trouve ainsi mobilisée non pour déplorer l'ancien déterminisme, mais pour enrayer la confusion qui menace d'oblitèrer le profil de la nouvelle étiologique. Mathématiquement, donc, la nouvelle physique rompt avec l'intuitivité et le réalisme présumés de la physique classique, mais qui n'étaient que le produit d'une idéalisation, d'une *certaine* mathématisation, d'une substruction, dont le positivisme est la version la plus virulente, mais, phénoménologiquement, elle contribue à rendre les idéalisations mathématiques plus proches de ce qu'est l'intuition empirique ordinaire des corps, où les corps ne sont jamais des individualités identiques totalement interchangeables, « atomiques », au sens de l'atomisme critique de la physique classique, mais des individualités typiques.

1. *Krisis*, p. 388, p. 429, trad. modifiée.

On aurait tort de ne voir là qu'un repli stratégique, après des tentatives infructueuses et malheureuses de prise de position dans le débat scientifique, en particulier dans le champ qui lui était le plus familier, celui des mathématiques. La crise logique n'en est pas réellement une, puisque dès ses premières années, Husserl a reconnu la *nécessité* de cette « logification », jusques et y compris sous la forme d'une « sémiotique » (entendons une symbolique ou algorithmique générale), c'est-à-dire sous la forme d'une technologie de la connaissance. « En soi le passage de la mathématique consistante *(sachhaltiger Mathematik)* à sa logification formelle est quelque chose d'entièrement *légitime* [Rechtmäßiges], et même de nécessaire, de même qu'est légitime et nécessaire, sa technicisation »[1]. Sur ce point du moins la position de Husserl est demeurée inchangée, depuis la *Philosophie de l'arithmétique*. Procédons à quelques rappels et renvois. La technicisation du savoir mathématique ainsi que la *conversion normative-pratique* qu'elle présuppose sont reconnues comme nécessaires et même naturelles. Pour autant, cela ne doit pas nous faire oublier ni le sens théorétique du logico-formel, qui relève, du point de vue noétique, de plein droit, de l'intuition catégoriale[2], ni le « domaine réel » où se trouvent prélevées par « abstraction formalisante », les formes pures de théories et de domaines, « domaine réel » qui relève, quant à lui de l'intuition eidétique ou « abstraction idéatrice ». De même, dans la *Krisis*, après avoir insisté sur cette nécessaire et fructueuse conversion formalisante et technicisante, Husserl insiste sur la *limite* du logique sous sa forme pleinement développée de « pure analyse » ou de « théorie des multiplicités », c'est-à-dire comme *mathesis universalis*. S'il faut donc reconnaître sa légitimité et sa fécondité au concept d'une « mathématique universelle (d'une logique, d'une logistique) », concept qui constitue la teneur la plus essentielle de la science moderne, et qui préside à la construction du concept d'un « monde vrai en soi », « d'un monde substruit dans une forme mathématique, du moins en ce qui concerne la nature », il reste qu'elle « ne peut posséder la dignité d'une évidence effective, c'est-à-dire d'une vision d'essence puisée dans une auto-donation directe (d'une intuition qui fait l'expérience), dignité qu'elle aimerait bien pourtant revendiquer pour elle-même »[3].

La crise ne concerne pas non plus, en dernière instance, les *fondements épistémologiques* de la psychologie. On peut déplorer certes la prégnance

1. *Krisis*, p. 46, trad. fr. p. 54.

2. Cf. *Prolégomènes*, l'exposé de la conception « pratique » et normative de la logique au Chapitre I et sa critique au chapitre II. Voir plus particulièrement les § 15 et 16.

3. *Krisis*, p. 177, trad. fr. p. 197.

du modèle physico-mathématique, de la modélisation analogique de la psychologie, qui s'accompagne d'une obturation de la seule source de droit capable de lui assurer durablement le statut d'une science authentique : l'expérience psychologique ; et aboutit à l'artificiel « rabattement sur l'idéal de l'exactitude des sciences de la nature » dans la psychologie « génétique » (c'est-à-dire objectiviste, à la manière de Wundt, Fechner ou Weber) ; mais il faut également et tout autant regretter l'abandon de toute dimension nomologique au nom d'une fidélité dans la description d'actes et de contenus d'actes directement livrée à la « perception interne » (psychologie descriptive de Brentano), alors même que la classification bretanienne des actes psychiques se calque, explicitement, sur le *dénombrement* cartésien, qui, à la différence de l'analyse des natures simples corporelles, n'est possible que d'un point de vue de l'*intuition intellectuelle,* une intuition intellectuelle métaphysique, c'est-à-dire que depuis l'attitude conquise de haute lutte par l'*épochè* cartésienne. Il reste que même en cet état problématique, on peut reconnaître une validité (*mitgelten lassen*) à cette « science abstraite fondamentale » qu'est la psychologie, à côté des sciences de la nature et des sciences positives de l'esprit dont la rigueur scientifique ne saurait être contestée. Cette « crise » endémique, propre à la psychologie est secondaire ; elle renvoie, à la manière d'un symptôme, à une dimension plus fondamentale. L'impossibilité de la psychologie à se constituer en science autonome en prise sur son « thème propre » (l'âme) est l'indice de son incapacité à s'emparer du thème de l'intentionnalité sans le mutiler, sans le dévoyer. La critique de la psychologie passe d'abord par une critique de l'« objectivisme » de la psychologie, un objectivisme qui dans sa version positiviste se traduit par l'adoption de l'horizon ontologique selon lequel *tout ce qui vaut* est en dernière instance réductible à de l'être et où l'être est par définition factuel, d'une factualité pensée à son tour, dans le cadre d'une version forte du positivisme, comme *instantiation* d'une loi. Or ce qu'un tel horizon exclut ainsi, c'est le « monde de la vie » pratique et affective dans sa dimension intentionnelle. Elle parvient, comme le souligne Husserl dans un passage fort dense de la conférence de Vienne, à objectiver et traiter inductivement le vécu de valeur, le vécu de volonté, en l'indexant sur la vie corporelle (*körperlichen*), mais se revèle incapable de thématiser « les buts, les valeurs, les normes » autrement qu'en les réduisant, derechef, à de simples « dispositions », c'est-à-dire à des états de fait. Or l'activité scientifique du psychologue suppose en tant qu'activité objectivante effective non seulement des unités de sens à vérifier, et à terme des vérités, mais également, car c'est ainsi que ces vérités fonctionnent pratiquement pour le scientifique, des normes objectives. C'est en ce point, poursuit Husserl, sur cette ligne de fracture qui concerne indissociablement la *conversion normative* des unités de sens propre à l'intentionnalité objectivante, que *l'objectivation des normes* ainsi produites, des *valeurs* elles-mêmes, qu'éclata le conflit psychologique. De là surgit la double exigence, ressentie par Husserl dès les années décisives, d'une critique de la connaissance et d'une réforme de la psychologie. La crise endémique des fondements de la psychologie proviendrait donc de son incapacité à *saisir les normes comme normes*, à comprendre sous les titres de « normes, valeurs, fins, etc. » en tant que corrélats des actes affectifs en général, et des actes volitifs en particulier, autre chose que des faits ou des « fictions » (*Einbildungen*)[1]. Un tel échec se solde, plus généralement, par l'incapacité à décrire l'intentionnalité en tant que telle, donc y compris celle des actes objectivants.

Cet échec se décline ainsi en diverses tentatives :

a) les tentatives de mathématisation et de formalisation, telle que la « statistique morale », qui n'aboutissent à aucune « science morale »[2]; Husserl a lui-même promu, dans le cadre de la pratique et de l'axiologie formelles des années 1904-1908, l'Idée d'une « statistique éthique » (une théorie du choix probable et une théorie des valeurs probables) entendue cette fois -ci en dehors de toute confusion, comme le véritable analogon de la probabilité logique et mathématique, c'est-à-dire comme extension modale des disciplines aprioriques fondamentales de l'axiologie et de la pratique formelles ;

1. C'est ainsi que nous comprenons et retraduisons le passage difficile de la *Conférence de Vienne* : « Elle [la psychologie] peut bien objectiver des vécus d'évaluation, des vécus de volonté, indéxés sur une vie corporelle et les traiter inductivement, peut-elle aussi le faire pour des buts, des valeurs, des normes, elle peut faire de la raison un thème, peut-elle en faire quelque chose comme une « disposition » ? Ce serait perdre complètement de vue que l'objectivisme en tant qu'opération authentique du chercheur se réglant sur des normes véritables présuppose justement ces normes, qu'il ne veut donc pas se laisser diriger par des faits, car les faits eux-mêmes sont par conséquent déjà visés en tant que vérités, et non pas en tant que productions imaginaires », *Krisis*, p. 344, trad. fr. p. 379.

2. *Cf.* Hua XXVIII, *Vorlesungen über Willen une Wertlehre*, § 19, p. 141 ; ainsi que § 21, note, p. 151. À bien considérer l'impact et les « usages » qui ont été faits au cours du siècle écoulé de la mécanique quantique et de la théorie des jeux, il y a également un étrange parallèlisme entre l'interprétation aberrante *de la probabilité* en termes naïvement objectifs, et l'interprétation non moins aberrante de la théorie des jeux, ainsi que de ses transpositions en théorie du choix collectif, comme théorie descriptive-prédictive ou, pire encore, comme théorie normative. – *Cf.* respectivement, par exemple, B. Guerrien, *La théorie des jeux*, Paris, Economica, 2002, p. 7-18, E. Picavet, *Choix rationnel et vie publique*, Paris, P.U.F., 1996, Introduction, p. 29 *sq*.

b) les tentatives de pacification, telle celle de Dilthey, qui selon Husserl commence par s'installer en ce lieu de l'« opération » (*Leistung*) psycho-physique où Fechner avait tenté sa propre percée : dépasser le langage « phénoménologique » et populaire des états de conscience, et intoduire, dans un domaine considéré jusqu'alors comme irréductiblement qualitatif, la « puissance du continu », et donc l'analyse mathématique ; ce qui manque dès lors à la psychologie, à l'issue du partage diltheyen entre science de la nature (explicatives, nomologiques) et sciences de l'esprit, c'est ce qu'elle a rejeté d'emblée en dehors d'elle comme un élément totalement étranger, voire monstrueux, à savoir une analyse descriptive constituant une sorte de *mathesis* des vécus elle-même comprise comme eidétique matériale *purement descriptive* ; se trouve par là même programmée la neutralisation axiologique weberienne, qui, sous couvert de rationalité, projette sur le monde du sociologue, l'ombre du scepticisme éthique ;

c) les « efforts » de Windelband et Rickert n'ont pas apporté la vision tant désirée (*die ersehne Einsicht*), celle qui permettrait d'arracher la valeur à cette sorte de bévue de la raison consistant à en faire un objet ; eux aussi sont restés « englués dans l'objectivisme » ;

d) enfin, les prétentions des psychologues néo-réformateurs, des partisans d'une psychologie gestaltiste ou holiste (*Ganzheitpsychologie*), qui, dans leur lutte contre le préjugé « atomiste », n'ont pas davantage réussi à se défaire des œillères objectivistes, voire positivistes, puisque non seulement les touts et les formes envisagés sont en réalité déjà des *abstracta* prélevés sur le tout de la vie psychologique concrète ; mais surtout ces « totalités », ces « formes » sont elles-mêmes interprétées unilatéralement en un sens physicaliste positiviste ; ainsi de Köhler qui voit dans les *Gestalten* des réalités physiques *directement accessibles* dans la perception ; la méconnaissance de l'intentionnalité se révélant une fois de plus interdépendante de la « sous-estimation » de la *Lebenswelt*.

S'il y a une urgence phénoménologique, elle consiste non seulement à mettre à jour le fondement purement théorétique des pratiques scientifiques hautement technicisées, mais plutôt à décrire la dimension proprement pratique – c'est-à-dire éthique – de l'activité scientifique. Ce que nous pointions ci-dessus sous le titre de « probité ».

La véritable crise est en effet *éthique* au sens le plus large et le plus radical, une crise de la *vie de l'humanité européenne*, et, parce que cette humanité s'est voulue porteuse d'un idéal de rationalité, qu'elle prétend encore l'incarner non seulement dans la pratique et la promotion de ses sciences et de ses techniques, mais aussi dans ses projets d'organisation économique, sociale et politique, c'est une *crise mondiale, en voie de mondialisation*. Sauf à adopter un *biologisme funeste et absurde*, qui est précisément en question, particulièrement dans ces années-là, et pas uniquement dans le paroxysme de l'idéologie nazie, mais également sous la forme plus policée du *spencerisme* ou du *darwinisme social*, la vie, dans cette expression, n'est pas la vie au sens biologique, mais bel et bien la vie au sens de *monde de vie*, la vie au sens quasi-existentialiste d'existence, si l'on veut, ou encore, la vie au sens fort et large du terme. C'est, en ce sens qu'il convient de comprendre la thématique, apparemment nouvelle, de la *Lebenswelt*. L'enjeu de la critique, qui contribue à lui donner « son sérieux et son caractère de nécessité »[1], n'est autre que la « raison pratique » au sens husserlien, une raison qui a retrouvé la pleine *capacité intuitive* dont Kant avait cru pouvoir et devoir la priver définitivement. Une raison qui, par suite de cette atrophie, ne s'oriente plus dans la pratique (dans la pratique théorétique comme dans l'action), qu'à coups de symboles, de *schèmes analogiques*, d'hypotyposes non-objectivantes ou, comme on aime à dire de nos jours, de « paradigmes », et qui s'abrite, dès lors, derrière les formules d'une liberté elle-même formelle, toujours plus formelle. C'est dans ce contexte – celui d'une *histoire de la raison*, et non plus d'une histoire positive quelle qu'elle soit – que s'articulent les questions pressantes que Husserl adresse aux scientifiques, aux psychologues, et plus largement au public cultivé. Ces questions « exigent » « dans leur généralité et leur nécessité qui s'imposent à tous les hommes, qu'on les médite suffisamment et qu'on leur apporte une réponse qui provienne d'une vue rationnelle [*aus vernünftiger Einsicht*] »[2]; car elles « concernent [*betreffen*] en dernière instance l'homme en tant que, dans son comportement vis-à-vis des hommes comme vis-à-vis de l'environnement non-humain, il se décide librement, en tant qu'il est libre dans ses possibilités de se donner rationnellement figure à soi comme à son monde environnant ». Or *cette liberté* est devenue incompréhensible non seulement pour les scientifiques, mais plus généralement pour le public cultivé. « Or, demande Husserl, sur la raison et sur la non-raison, sur nous-mêmes les hommes en tant que sujets de cette liberté, qu'est-ce donc que la science a à nous dire ? La simple science des corps manifestement n'a rien à nous dire, puisqu'elle fait abstraction de tout ce qui est subjectif »[3].

De là, que ces questions dans leur caractère systématique constituent autant d'énigmes : les « problèmes énigmatiques et sans solution des

1. *Krisis*, p. 3, trad. fr. p. 9.
2. *Krisis*, p. 4, trad. fr. p. 10.
3. *Krisis*, p. 4, trad. fr. p. 10.

sciences modernes, même des sciences mathématiques » [*rätselhaften, unauflöslichen Unverständlichkeiten der modernen, selbst der mathematischen Wissenschaften*][1]. Ces énigmes épistémologiques et régionales, que Husserl a infatigablement traquées sous le titre de psychologisme, d'anthropologisme, de biologisme, de scepticisme, mais aussi de nominalisme, d'empirisme, de scepticisme, d'historicisme, etc. qui contribuent à rendre incertaines la teneur et les limites du *domaine propre* à chaque science, se résument, comme de juste, en une énigme *de fond, celle du monde, de ce monde commun dans lequel se déroule l'ensemble des pratiques qu'elles soient théorétiques ou non, le monde dans lequel sont produites non seulement des validités objectives de la science, mais aussi des objets d'usage, des objets culturels, des objets affectés de valeur, mieux ce monde où d'emblée et de prime abord les choses nous apparaissent comme « digne-de »* [*-wert, -wertig*] (d'être aimées, haïes, désirées, redoutées, fuies, recherchées, méprisées, relevées, etc.). Cette énigme, qui est commune à toutes les époques, atteint au XXe siècle un degré de compacité insoupçonnée et insoupçonnable, du fait de ce que Husserl nomme au § 2 de la *Krisis*, « réduction positiviste ». *Corrélativement,* selon une rétro-référence qui est familière au phénoménologue husserlien, ces énigmes renvoient [*führen zurück*] à l'« énigme de la subjectivité », et par suite, elles sont inséparables, de « l'énigme de la thématique et de la méthode psychologique ». Nous sommes ainsi, pour ainsi dire, devant une sorte de *chiffrage* historique et épistémologique de *l'a priori corrélationnel* (*i.e.* noético-noématique). Mais cette constellation d'énigmes renvoie en dernière instance, comme le dit plus loin Husserl, à l'« énigme de toutes les énigmes », au monde en tant qu'il est *à partir de* la raison, la corrélation la plus profonde et radicale, la corrélation *raison-étant*.

> Ce qui devient toujours plus énigmatique, c'est la raison et son « étant », ou si l'on préfère : la raison – en tant qu'elle donne sens à partir d'elle-même au monde qui est – et, vu du côté opposé, le monde – en tant qu'il est à partir de la raison ; si bien que finalement on devait constituer en thème propre le problème du monde ayant affleuré à la conscience [*bewußt zutage gekommen Weltproblem*], celui de la plus profonde liaison d'essence entre raison et étant en général, l'*énigme de toutes les énigmes*[2].

La critique qu'entreprend la *Krisis* est donc une critique de la raison universelle téléologique qui renoue en un sens avec certains des objectifs

1. *Krisis*, p. 3, trad. fr. p. 9.
2. *Krisis*, p. 11-12, trad. fr. p. 19.

avoués de Kant. La critique est nécessaire parce qu'il y a une crise de la raison, qui est tout à la fois une crise de confiance *en* la raison et une crise de confiance *de* la raison *en elle-même*. Et il s'agit donc de retrouver la foi en la raison, une foi qui soit elle-même rationnellement motivée, c'est-à-dire dans une claire vision de ce qu'elle vise et de ce qu'elle est car Husserl ne veut pas, ni dans l'ordre de la théorie ni dans l'ordre de la pratique, d'une foi en la raison qui ne soit et a priori qu'une *Vernunftglaube* aveugle. Une critique de la raison pour être légitime ne peut se contenter d'une démarche régressive et constructive, elle doit s'opérer dans l'élément de l'histoire concrète qui est celle de la culture et des sciences de fait.

La critique phénoménologique de la raison *excède* ainsi la critique kantienne, en la radicalisant, et en ajoutant *aux époques de l'histoire de la raison pure*, par laquelle Kant conclut la *Critique de la raison pure*, et clôture, en quelque sorte, le champ de bataille de la métaphysique, une *péripétie* que ce dernier ne pouvait que méconnaître, fasciné qu'il était par le « fait » de la physique mathématique newtonienne, qui constitue même le point *aveugle* de sa critique, cette péripétie que Husserl désigne dès 1913[1] comme « substruction ». Du point de vue théorétique, le périple de la raison scientifique, cultivée sous le titre de *métaphysique*, qui se termine *in fine* par un retour réfléchi et critique de la raison en elle-même[2] a laissé en dehors de l'examen critique et accueilli parmi les principes transcendantaux de l'entendement pur, certains principes *purement hypothétiques*. Dans les trois pas dogmatique, sceptique et critique qui, du point de vue de la méthode, constituent le trajet *achevé* – clos sur lui-même – de l'histoire de la raison pure, la substruction représente un *faux pas* qu'on ne peut renvoyer, sans plus, à la pure contingence de l'histoire positive des idées. Car la substruction reste, dans son *opérativité*, dans sa dimension subjective-transcendantale, une opération cachée, indécelable tant du point de l'épistémologie que de l'histoire des sciences. Pour la faire apparaître, il faut creuser sous la croûte des faits historiques patents pour retrouver la *téléologie* interne et cachée, celle qui relève de la subjectivité à l'œuvre et fonctionnante (*leistenden, fungierenden*), des couches *d'activité désactivées, subjectivées*, « matérialisées », c'est-à-dire incorporées au

1. *Ideen I*, § 74, p. 237 ; § 40-43 ; Cf aussi *Psychologie phénoménologique* (1928), p. 55, Hua. IX, p. 54, et dont la généalogie linéaire d'*Expérience et jugement* ne souffle, bien évidemment, pas un mot.

2. *Critique de la raison pure*, B 883/A 855. – Voir aussi, *Quels sont les progrès de la métaphysique en Allemagne depuis le temps de Leibniz et de Wolff?* in *Œuvres philosophiques*, III « Bibliothèque de la Pléiade », Paris, Gallimard 1986, trad. fr. J. Rivelaygue, p. 1217 et p. 1252.

tissu « réel » du vécu, et des couches de subjectivité fonctionnante (*fungierende*). Les activités de la subjectivité constituante « ne sont pas de purs et simples factualités, de pures et simples écoulements psycho-physiques de data sensibles, mais plutôt des processus spirituels, qui, en tant que tels, exercent dans une nécessité d'essence, la fonction de constitution de figures de sens ». Ces factualités psycho-physiques accompagnent certes l'activité constituante. Ce serait, néanmoins, un quiproquo monumental, qui ne tient pas compte de l'acquis principal de la Cinquième *Recherche Logique* (§ 21-27), que de croire que cette part « naturelle » – que les sciences positives, des neuro-sciences doivent aborder – fournit immédiatement le lit de l'activité constituante, car seule une activité désactivée, un « passé transcendantal », un « matériau spirituel » peut fournir le lit d'une activité ultérieure et/ou supérieure. Ce que précise d'ailleurs aussitôt Husserl, « cela elle le fait cependant à chaque fois à partir d'un matériau spirituel qui se manifeste toujours dans une nécessité d'essence en tant que figure spirituelle, en tant que constitué ; de même que tout ce qui est devenu nouvellement figure est appelé à devenir matériau, et donc à *fonctionner* au service de formations de figures »[1].

La *réduction positiviste* de l'histoire qui, au nom d'un principe d'économie au demeurant légitime, refuse ce qui, à ses yeux ne peut passer que pour un immense détour par l'imaginaire, parce qu'elle le juge absurde et dispendieux, et décide de s'en tenir à ce qui est factuel, est solidaire de la réduction positiviste en matière de sciences de la nature, et elle a, elle-même, sa source lointaine dans ladite substruction. Cette dernière Husserl la décrivait dans les notes regroupées sous le titre de *Recherches phénoménologiques pour la constitution*, comme une « sorte de réduction », par laquelle nous nous plaçons dans l'attitude de la science de la nature, et « ce faisant, il est clair pour nous que nous accomplissons par là une sorte de mise hors circuit, *une espèce* d'*épochè* »[2], par laquelle se trouvent mis hors circuit non seulement les prédicats de valeurs et par suite l'ensemble des choses de la vie quotidienne, et par laquelle, corrélativement, la conscience du scientifique se trouve équipée d'œillères (*Scheuklappe*), qu'elle a fini, à force d'habitude, par *oublier*[3].

1. *Krisis,* p. 114, trad. fr. p. 127-128, traduction modifiée.

2. Respectivement, *Ideen II*, p. 25, trad. fr. p. 51, et p. 27, trad. fr. p. 53.

3. *Ideen II,* p. 18, trad. fr. p. 259. Le scientifique « a les œillères de l'habitude », « c'est par une abstraction ou plutôt une sorte d'oubli de soi de l'*ego* personnel, qu'elle [l'attitude naturaliste] gagne une certaine indépendance par laquelle, en même temps, son monde, la nature, s'absolutise de façon illégitime ».

Elle consiste ultimement en ceci qu'on a touché mortellement à ce qui constitue, aux yeux de la phénoménologie husserlienne, la structure la plus caractéristique de la conscience, de l'intentionnalité ou ce qui revient au même de l'*expérience* au sens déjà mentionné : *l'horizon*. Ce qui du point de vue de la critique phénoménologique de la raison s'exprime en termes *d'aveuglement et d'aliénation*, se traduit du point de vue de la conscience par une altération de la structure *d'horizon*. C'est ainsi que l'activité scientifique physico-mathématique se meut, depuis cette époque dont le nom de Galilée n'est que l'éponyme, dans « un horizon de sens qui a subi une mutation »[1]. S'il y a crise, c'est que l'on a touché à *« l'horizon vivant »*[2], c'est-à-dire indéfiniment ouvert, et donc ouvert aussi à des possibilités encore *indéterminées et inanticipables* de déception comme de confirmation, un horizon où se joue *librement*, c'est-à-dire aussi dans une responsabilité illimitée, la vie de la conscience. Libérer cet horizon, implique une prise de conscience de l'ensemble des potentialités et des actualités de la conscience, de ses affections et de ses actions (*Affektionen und Aktionen*), de ses modifications (modes de donation intuitifs, non intuitifs, degrés de détermination, degrés de remplissement et modalisations). Le monde de la vie est indissociablement « monde des sens », « monde de l'intuition sensible », monde corporel *(leiblich)*, avec lequel je me situe dans un rapport organique, monde de la quotidienneté et de l'habitualité, monde des « emplois du temps » (qu'il faut décrire à tous les niveaux de temporalisation), monde de la production et monde de la praxis, monde de l'agir et de l'évaluer, du pâtir et de l'agir. Cette dimension éthique et axiologique, omniprésente dans la *Krisis*[3], n'a pas encore reçu jusqu'à ce jour, à notre connaissance, toute l'attention qu'elle méritait, pour ne pas dire qu'elle a été presque toujours systématiquement escamotée. Sa prise en compte devrait conduire, en tout état de cause, à réviser assez sévèrement le prétendu primat de la perception – considérée comme une activité théorétique ou pré-théorétique, ou en termes, plus rigoureusement husserlien, objectivante ou pré-objectivante.

D'un côté donc la critique kantienne – et c'est *a fortiori* le cas de l'histoire des sciences pratiquée depuis un point de vue positiviste ainsi que des réflexions logiques ou méthodologiques que celles-ci soient strictement formelles ou analytiques ou historiquement informées – souffre de cette relégation dans un arrière-plan obscur, de ce mépris de la dimension

1. *Krisis*, p. 48, trad. fr. p. 48.
2. *Krisis*, p. 152, trad. fr. p. 152.
3. *Cf.* par exemple, *Krisis*, p. 111-113, trad. fr. p. 123-126 ; p. 329-330, trad. fr. p. 363-364.

pratique et axiologique – affective – de l'activité théorétique. Il en irait de même d'une critique de la connaissance phénoménologique qui ne prendrait pas la peine de penser l'ensemble des activités objectivantes de la conscience dans leur dimension téléologique concrète, dans l'historicité de la subjectivité transcendantale. L'ensemble extrêmement riche et complexe de l'analytique des synthèses passives et actives de la conscience objectivante, cette « logique transcendantale » à laquelle Husserl travaille dans les années vingt, doit être entrelacée à son volet d'activité et de passivité affectives au sens large [1], si l'on veut prendre toute la mesure de la réflexion phénoménologique transcendantale, qu'on ne saurait confiner dans la sphère bien connue d'une « philosophie de la réflexion ».

> Naturellement toute activité *(Aktivität),* et donc aussi cette activité réflexive, produit son acquis habituel. Par des considérations, nous acquérons une connaissance habituelle, une familiarité avec l'objet qui est pour nous étant dans ses propriétés inconnues auparavant – et il en va de même de l'auto-connaissance que l'on obtient par auto-considération. Dans l'auto-évaluer et par les projets et les actions qui se rapportent à nous, humains, et à nos semblables, nous acquérons des valeurs qui se rapportent à nous ainsi que des buts qui se dirigent sur nous-mêmes en tant que validités habituellement persistantes nôtres (*als unsere habituell verharrenden Geltungen*). Mais toute connaissance en général, toutes les validités de valeur *(Wertgeltungen)* et tous les buts en général peuvent être, en tant que propriétés à la fois produites dans notre activité et persistantes de nous-mêmes en tant que sujets-ego, en tant que personnes, découverts dans l'attitude réflexive comme constituant notre être propre [2].

La rétro-référence phénoménologique au sujet constituant doit donc prendre la tournure d'une rétro-référence au sujet « éthique » (un sujet doté d'*hexis* et d'*êthos*).

1. Ce sens large de l'affectivité qui, phénoménologiquement parlant, comporte sa passivité et son activité propre est explicitement thématisé par les leçons de 1902 sur *l'Éthique et la théorie de la valeur. Cf.* à titre d'échantillons, les passages récemment traduits et présentés par Philippe Ducat et moi, dans les *Annales de Phénoménologie,* 2005, p. 221 : sous le titre d'éthique, il faut comprendre « la sphère entière de la raison pratique, étendue à tout le champ de l'agir rationnel ». « Et cette discipline à son tour a pour fondement une théorie générale de la valeur, qui n'a pas affaire à la raison dans le domaine du désirer et du vouloir, mais plutôt dans celui du sentiment ». De là l'idée d'une doctrine phénoménologique du « cœur », de l'affectivité, l'idée d'une *Gemütslehre* en tant que théorie des intentionnalités non-objectivantes – avec leur cortège de passivités. Risquons l'hypothèse que certaines inflexions terminologiques des années trente, comme l'emploi de certains concepts, par ex. ceux d'*Affektion* et d'*Aktion* enregistrent cet élargissement de perspective.

2. *Krisis,* note p. 111-112, trad. fr. p. 124-125.

Sans nous arrêter à reprendre un à un les points sur lesquels Husserl se démarque de la critique kantienne, relevons ceux qui touchent précisément à la structure d'horizon. La substruction étant une « mathématisation », une « logification », une « exactification », qui s'empare non seulement de la science, mais de la conscience du savant, de cette conscience en tant que, en elle et par elle, il vit, c'est-à-dire connaît, cherche à connaître, pense, écrit, mais aussi agit et pâtit, le tort de Kant est de partir du fait de la science et de l'attitude théorisante (à l'œuvre dans les mathématiques et la physique mathématique classique) comme d'un fait allant de soi. Si nous nous tournons vers la *Critique de la raison pure* avec le regard auquel Husserl veut nous éduquer, il saute alors aux yeux que Kant n'est parvenu à produire que le doublon subjectif et transcendantal de l'attitude scientifique positive opérant aveuglément et affectée par la substruction dont les deux aspects essentiels rappelés au § 8 de la *Krisis* sont, dans leur version bien connue, a) élimination ontologique des *aistheta idia* considérés comme purement subjectifs; les *aistheta koina* subissant eux aussi par conséquent une mutation de sens; b) indexation de ceux-ci sur des *items* = X constructibles mathématiquement[1].

Première trace : le statut empirique assigné par Kant, dans les pages consacrées à la déduction transcendantale, à la synthèse de reproduction dans l'imagination et de l'appréhension. Conformément à ce que Hume voulait, l'unité produite dans la perception et qui fait l'objet éventuel d'un jugement de perception est un produit de « la loi d'association ».

> C'est, écrit Kant, à la vérité une loi simplement empirique que celle en vertu de laquelle des représentations qui se sont souvent suivies ou accompagnées *(die sich oft gefolgt oder begleitet haben)* finissent par s'associer entre elles et par former ainsi une liaison *(Verknüpfung)* telle que, en l'absence de l'objet, une de ces représentations fait passer l'esprit (*Gemüth*) à une autre, suivant une règle constante. Cette loi de la reproduction suppose que les phénomènes eux-mêmes soient soumis réellement à une telle règle et que, dans la diversité de leurs représentations *(in dem Mannigfaltigen ihrer Vorstellungen),* conformément à certaines règles, une suite ou série *[Begleitung, oder Folge]* trouve place; car autrement notre imagination empirique n'aurait jamais rien à faire qui fût conforme à son pouvoir, et demeurerait donc enfouie au fond de l'esprit comme une faculté morte et inconnue à nous-mêmes[2].

1. *Loc. cit.* p. 24; à rapprocher de la note p. 27-28. 35.

2. *Critique de la raison pure,* trad. Tremesaygue et Pacaud, P.U.F., (Quadrige) p. 112. [A, 100]. Voir également p. 134-135.

Il reconnaît et concède à Hume, le rôle constituant de l'imagination dans la perception, « ce que nul psychologue n'avait encore bien vu », de même qu'il saisit la dimension affective qui accompagne constamment l'activité de synthèse pure de l'entendement; mais, faute d'interroger le présupposé massif d'un monde prédonné lui-même déjà modifié dans son sens d'être par la substruction mathématisante, il en manque immédiatement le sens[1].

Solidairement à cela, deuxième trace, il est conduit à chercher cette règle ici présupposée d'accord entre les « associations » de l'esprit et le déroulement des phénomènes, et donc la condition de possibilité d'une expérience comme source de la connaissance objective de la nature, dans des principes transcendantaux eux-mêmes mathématisés : les axiomes de l'intuition dans lesquels s'enracine le mathématique au sens kantien, et surtout les *anticipations de la perception*. Il y a en effet un régime transcendantal de la sensibilité et de l'imagination, mais uniquement en tant qu'elles se trouvent enrôlées dans l'optique étroite d'une connaissance mathématique de la nature. Là encore Hume, en digne héritier d'Epicure, avait admis la possibilité d'une « association *a priori* », c'est-à-dire de la production d'une *idea* comprise comme un pur produit d'une *imagination,* par ailleurs passive et reproductive, sans *impression* préalable[2]; Kant y voit de son côté l'indice du mathématique dont la physique moderne avait besoin, une mathématique des grandeurs intensives, c'est-à-dire une

1. « Dans la « déduction transcendantale » de la première édition de la *Critique de la raison pure* Kant donne bien le coup d'envoi d'une fondation directe, descendant jusqu'aux sources originelles, mais c'est seulement pour en briser aussitôt l'élan, avant d'être parvenu aux problèmes authentiques d'une détermination des fondements tels qu'il faut les déployer de ce côté-là, c'est-à-dire d'un côté qui est apparemment seulement celui de la dimension psychologique » (*Krisis*, p. 118).

2. « Supposons maintenant qu'une personne ayant joui de la vue pendant trente ans, se soit parfaitement familiarisée avec toutes les espèces des couleurs, à l'exception, si l'on veut, d'une nuance particulière de bleu, que le hasard ne lui a jamais fait rencontrer. Plaçons devant elle toutes les nuances diverses de cette couleur, à l'exception de la seule nuance en question, et en descendant graduellement de la plus foncée à la plus claire; il est évident qu'elle percevra un vide, à l'endroit où il manque une nuance et qu'elle sentira que l'intervalle entre les couleurs contiguës est plus grand en cette place qu'à aucune autre. Je demande maintenant si cette personne pourra, par la seule force de l'imagination, combler cette lacune et s'élever d'elle-même à l'idée de cette nuance particulière qui cependant ne lui a jamais été fournie par ses sens ? Il en est peu, je pense, qui ne croient le pouvoir : et ceci peut servir à établir que les idées simples ne sont pas toujours ni dans tous les cas tirées des impressions correspondantes; mais ce cas est si exceptionnel qu'il est à peine digne d'arrêter notre attention et ne mérite pas que, pour lui seul, nous corrigions notre maxime générale » (*Enquête sur l'entendement humain,* p. 40, trad. D. Deleule, Paris, Nathan, 1982).

mathématique du continu. L'anticipation est un titre général qui convient, certes, à « toute connaissance par laquelle je puis connaître et déterminer *a priori* ce qui appartient à la connaissance empirique, et, sans aucun doute, c'est bien le sens qu'Épicure donnait à son terme de *prolèpsis* » [1], mais c'est en un « sens exceptionnel » que Kant entend ce terme, d'après lequel il s'agit d'anticiper sur l'expérience eu égard à ce qui constitue sa matière (la sensation), « d'anticiper des perceptions et même de remplir les lacunes des perceptions » et « de fermer la porte à toutes les conclusions fausses qu'on pourrait tirer de ces vices » [2]. L'exemple qui fait office de preuve du caractère transcendantal de ce principe, même s'il conserve « quelque chose de choquant pour un investigateur habitué à la réflexion transcendantale », est justement pris du côté des physiciens, « en majeure partie mathématiciens et mécanistes ». Ces derniers ont tendance à rendre compte de la différence de densité des matières en termes purement extensifs. À ce principe *métaphysique*, il faut opposer le principe *transcendantal* de l'anticipation de la perception, et corriger ainsi l'induction qui conclut immédiatement à l'existence de quantités discrètes (de grandeurs extensives), et maintenir indéfiniment ouverte la possibilité d'une explication en termes *infinitésimaux*. Lisons l'exemple : « Ainsi, une dilatation qui remplit un espace, par exemple, la chaleur, et de même, toute autre réalité (dans le phénomène) peut, sans laisser le moins du monde vide la plus petite portion de cet espace, décroître en degrés jusqu'à l'infini, sans néanmoins cesser de remplir l'espace, avec ses degrés plus petits, tout aussi bien qu'un autre phénomène avec de plus grands » [3].

Nous sommes là, très exactement, en présence de la version kantienne de ce que Husserl appelle *mathématisation des pleins*. Or, comme Kant n'a pas su le voir, cette mathématisation équivaut à une altération radicale de la structure véritable d'anticipation, de la structure d'horizon. « Mais Kant se dit : Sans doute les choses apparaissent, mais c'est simplement parce que les *data* sensibles déjà rassemblés (en cachette, pour ainsi dire) par les formes *a priori* se trouvent par-là même avoir été logifiés sans que la raison qui s'est manifestée comme logique et comme mathématique ait eu à être interrogée ou à remplir en cela une fonction normative. Cependant ce quasi-logique est-il un hasard psychologique, et si nous écartons cette hypothèse est-il possible qu'une mathématique, une logique de la nature en

1. *CRP*, p. 168.
2. *CRP*, respectivement p. 168 et p. 171.
3. *CRP*, p. 172.

général, ait la faculté de connaître des objets avec de simples data sensibles ? »[1].

Enfin, troisième trace, faute d'avoir vu que le monde pré-informé par la physique mathématique présupposait toujours déjà le monde de la vie comme monde de la praxis, Kant a été conduit à limiter l'horizon de la praxis et à le dédoubler. Pour nous en tenir à l'incidence pratique de la substruction, nous obtenons au terme des trois critiques, d'une part, un horizon d'autodétermination rationnelle *a priori*, tacitement et analogiquement – ou si l'on préfère, typiquement – substruit à vide, c'est-à-dire posé comme une multiplicité infinie définie (un domaine au sens kantien) : le règne des fins. Bien qu'il soit incommensurable à la nature considérée *materialiter*, comme ensemble des phénomènes, ce règne des fins est isomorphe à la nature considérée *formaliter* comme système de lois, subsumant en retour l'infinité des « actions » et des « volitions ». Et de même que l'entendement opère, selon un progrès infini, un partage prescrit *a priori* par les postulats de la pensée empirique, entre ce qui est objectif, c'est-à-dire subsumable sous une loi présumée (et postulée) comme moment d'un système de lois, et ce qui retombe au niveau de l'opinable, du subjectivement relatif et contingent, de même la raison pratique doit-elle opérer un partage entre ce qui n'est que subjectivement libre (expression du libre arbitre) et ce qui l'est objectivement, c'est-à-dire subsumable sous une loi de la liberté, considérée elle-même comme « moment » d'un système de lois. D'où, d'autre part, la relégation de la dimension matérielle et empirique de l'action dans l'ordre de la contingence, contingence que Kant ne peut sauver de l'insignifiance qu'en mobilisant les ressources du régime réflexif – esthétique et téléologique – du jugement. La méthodologie de la raison pure pratique – et donc l'éducation morale – ne peut être autre chose qu'un exercice du jugement réfléchissant. Quant à l'horizon de progrès infini que Kant prétend ouvrir à l'humanité sous l'égide de l'impératif catégorique, il n'est qu'un horizon *vide*, et définitivement évidé, un horizon par essence *abstrait* dans lequel l'humanité avance à l'aveugle. C'est pourquoi d'ailleurs l'humanité historique a besoin de toute une panoplie de *présentations analogiques*, pour penser la manière dont elle s'oriente dans l'action : *schématisme de l'analogie* dans la religion, signes historiques, idées esthétiques, où puiser l'encouragement, présentations sans lesquelles la *possibilité réelle* de la liberté reste elle-même une possibilité réelle *in abstracto*, une possibilité vide, simplement postulée, et en tout cas une possibilité qui ne nous touche pas, nous laisse affectivement

1. *Krisis*, p. 109.

(c'est-à-dire axiologiquement et pratiquement) indifférents, neutres, sceptiques.

La reconquête du sol pour une véritable critique de la raison implique une refonte complète du projet de *logique transcendantale*. La logique transcendantale chez Husserl recouvre *l'ensemble* de l'activité et de la passivité de la subjectivité transcendantale : gnoséologique et affective. La nouveauté de la *Krisis*, s'il y en a une, tient essentiellement à ce qu'elle fait apparaître plus *explicitement*, plus *expressément*, que dans les recherches antérieures, les dimensions *axiologique, pratique et historique* de cette subjectivité constituante, opératoire (*leistenden*), en ce qu'elle considère, en d'autres termes, la vie de la conscience transcendantale dans sa relation à son horizon le plus englobant, celui du monde de la vie qui échappe – ou du moins risque d'échapper – à des *epoché* et des réductions trop rapides ou trop lentes, trop progressives et partielles, ou au contraire trop brutales et totales. Faute d'avoir vu que la raison *dont* et *depuis* laquelle il opère la critique est une raison altérée, Kant ne pouvait que tomber dans des *constructions mythiques*.

De son côté, Husserl est on ne peut plus conscient de ce que les questions de *présentation* et de *communication* de la phénoménologie ne sont nullement des questions annexes, secondaires. Au point qu'on peut considérer l'ensemble de la *Krisis*, comme un coup de force, pour ménager à la phénoménologie un espace de libre communication. Le thème qui constitue l'énoncé central de la *Krisis* est ainsi en rapport étroit avec les conditions de son énonciation. Le phénoménologue ne peut conquérir ses « choses » sans conquérir en même temps les mots pour les dire. Telle est la portée de la remarque méthodologique[1] qui conclut le long et sinueux § 9. À tous ceux qui soupçonneraient la phénoménologie de dilettantisme [*Dilettantismus*] du fait de sa façon « peu scientifique de parler », celle qui est « propre aux sciences de la nature » [*die naturwissenschaflitchen Sprechweise*], Husserl répond qu'il ne s'agit pas là d'un manquement provisoire et malheureux, mais d'une décision consciente et délibérée. Il a choisi consciemment de l'éviter, tout comme il a choisi, pour décrire par le menu cette opération historico-transcendantale, qu'est la substruction, d'adopter la « façon naïve de parler » [*die naïve Sprechweise des Lebens*], non sans toutefois lui faire subir à son tour une modification de manière à l'adapter aux besoins d'exposition de l'intuitivité phénoménologique. La phénoménologie retrouve ici la veine *polémique et même gigantomachique*

1. *Krisis*, p. 59-60, trad. fr. p. 68-69.

de la philosophie platonicienne. La défense devient offensive contre la prétendue « scientificité » de la philosophie objectiviste traditionnelle. La prise de parole publique – et polémique – a elle-même une *fonction méthodique* par rapport au but qui est celui de la phénoménologie. Le phénoménologue n'est donc pas le dernier piéton de l'air, comme le dit le traducteur français, il tente au contraire, par-delà l'abstraction de la philosophie moderne stigmatisée par Kierkegaard, de retrouver la dimension éthique et existentielle de cette *autre abstraction* que Husserl parvient à penser à partir des années dix en termes de réduction et d'épochè à l'œuvre dans toute démarche philosophique authentique, et dont toute démarche sérieuse participe à des degrés variables.

> Il faut encore ajouter ici que, d'après leur sens même tous nos développements ne doivent être utiles à la compréhension que dans la relativité de la situation et que notre manifestation publique d'un soupçon qui s'aggrave dans les critiques que nous y adjoignons (…) a sa fonction méthodique en ceci qu'elle doit préparer les idées et les méthodes, qui peu à peu prendront forme et devront servir à notre libération. Toute prise de conscience [*Besinnung*] à partir de raisons existentielles est par nature critique[1].

Si la dimension de la subjectivité transcendantale qui constitue de bout en bout le phénomène de la phénoménologie husserlienne est restée anonyme, tacite, cachée, c'est parce qu'on a tout fait, et cela depuis l'origine, pour la *taire, la dissimuler, et en faire abstraction.* Or cette abstraction qui accroît toujours plus son empire sur les consciences, n'est pas seulement réductible à la fascination qu'exercent, ou du moins ont exercé, jusqu'au début du XXe siècle, les sciences de la nature, et qui a abouti à la « réduction positiviste ». Elle se confond plus fondamentalement, plus originellement, avec la « logification » ou « logicisation » *(Logifizierung),* avec la « logicisation formelle » avec la « formalisation complètement universelle », et à terme, avec la « mécanisation », avec la « technicisation »[2] qui s'est emparée non seulement des sciences en général, mais aussi de la conscience collectivement et individuellement. et qui a, quant à elle sa source lointaine et trouble dans la dialectique platonicienne et se poursuit bien au-delà de la révolution galiléenne, et même au-delà du contexte de crise immédiat dans lequel parle Husserl. Mutation dont le contrecoup est de renvoyer à *l'anonymat* de la non-objectivité, de la « subjectivité » (c'est-à-dire de

1. *Krisis*, p. 60, trad. fr. p. 69.
2. Respectivement, *Krisis*, p. 46, trad. fr. p. 54 ; p. 44, trad. fr. p. 52 ; p. 48, trad. p. 56.

l'inconsistance), la subjectivité fonctionnante, *fungierenden*, qui continue de produire ce qu'elle a à produire, dans le mépris et l'anonymat le plus complet.

L'exposition du thème de la phénoménologie suppose *donc* une critique *éthique et politique* de la *logique*, et par suite de la théorie de la connaissance et de la théorie de la science qui s'enrôlent sous la bannière de ladite logique. La première et plus urgente tâche consiste en la libération d'une logique *intuitive*, d'une logique à mesure d'intuition, disons d'une logique qui fasse droit à l'intuition et qui rende compte ultimement des capacités intuitives de la conscience et ce, à partir d'un exercice en acte, de l'intuition elle-même. Mais pour ce faire, il faut rompre avec l'hégémonie du logico-formel, par rapport auquel l'intuition [*Anschauung*] n'est que la « rubrique vague et vide »[1], reléguée à un rang inférieur et de moindre valeur [*ein Geringes und Unterwertiges*], tandis que le « logique » s'attribue lui-même la dignité la plus haute [*dem höchstwertigen Logischen*]. Et donner à l'intuition sa pleine et entière signification, qui n'est pas de l'ordre de l'ineffable, puisque c'est elle qui continue de nous ventriloquer, à notre insu, dès que nous parlons, dès que nous vivons. Antérieurement au logique qui s'érige en « doctrine normative apriorique de tout "logique" », il y a un « logique » normatif qui se déploie à l'intérieur de la sphère des relativités constitutives de la vie quotidienne, de la vie « empirique », de la vie pratique et sensible[2]. Ce « logique » Husserl le nomme : la langue du monde de la vie.

« Car le monde de la vie – qui est « le monde pour nous tous » – s'identifie avec le monde dont-il y a à parler en général *(mit der allgemein zu bereden Welt)* ».

> Toute nouvelle aperception, par essence, conduit par un transfert aperceptif à une nouvelle typification du monde environnant, et, dans le commerce, à une nomination, qui entre aussitôt dans le flux de la langue générale. C'est ainsi que le monde est toujours déjà le monde interprétable (*auslegbar*) empiriquement en général (intersubjectivement) et en même temps interprétable linguistiquement (*sprachlich*)[3].

1. *Krisis*, p. 137, trad. fr. p. 153.
2. *Krisis*, p. 138, trad. fr. p. 153.
3. *Krisis*, trad. fr. p. 237, ce qui, dans le contexte de ces considérations sur la psychologie, explique pourquoi la psychologie – tout comme la philosophie, d'ailleurs – passée au crible de la critique phénoménologique ne peut éliminer ce qu'on appelle la « psychologie populaire » non plus que son vocabulaire.

De là l'inadéquation de la forme logique de la science, et de la définition logico-formelle de la scientificité à l'expression des « vérités de situation, quotidiennes-pratiques, à vrai dire relatives, mais (...) qui sont précisement celles que la praxis recherche dans ses projets et dont elle a besoin »[1]. Toutes les aperceptions nouvelles de la phénoménologie doivent donc elles-mêmes se glisser dans cette langue populaire, « avec il est vrai des changements de sens également inévitables »[2]. La logique des logisticiens modernes est donc définitivement vouée à une incurable naïveté, en ce que dans un seul et même geste anxieux, elle accepte confusément l'a priori du monde de la vie et le recouvre. Bref, elle le présuppose. Tant qu'elle ne thématise pas explicitement ce présupposé, la logistique « est suspendue dans les airs, sans fondement » et elle « est à ce point naïve » qu'elle ne s'est pas même aperçue de la tâche « qui s'impose à toute logique objective, à toute science objective, à toute science apriorique au sens habituel », à savoir de reconduire la logique à son fondement « non logique », à l'a priori universel prélogique qui lui confère son sens et lui confère sa portée normative[3].

Faute de cela la logique transcendantale à laquelle œuvre la philosophie moderne se condamne, également, au psittacisme – par rapport aux sciences constituées – ou à des constructions mythiques, celles du subjectivisme transcendantal[4].

Dans ces conditions nous comprenons mieux que la possibilité de produire un concept univoque, ou corrélativement la possibilité de *régler*, non arbitrairement, la polysémie du terme de réduction dépende du succès de l'*auto-présentation* de la réduction phénoménologique sur le terrain – non-reconstruit, non-substruit – de l'attitude naturelle, c'est-à-dire d'un monde labile ou inchoatif où l'ontologique et l'axiologique se trouvent encore entrelacés, et où, corrélativement, toutes les activités de la subjectivité constituante – y compris celles qui, sous la forme de l'activité scientifique multiforme, œuvrent à la constitution d'une « nature », ou celles qui tentent de fixer l'histoire considérée du point de vue de sa facticité historique – se trouvent enveloppées et enchaînées dans un réseau de

1. *Krisis*, p. 150.
2. *Krisis*, p. 238.
3. Le texte dit plus exactement : « un *a priori* universel prélogique, à partir duquel tout logique, l'architecture d'une théorie objective, selon toutes ses formes méthodologiques, manifeste son sens légitime, [un *a priori*] par lequel, par conséquent, toute logique doit être d'abord normée » (p. 144, trad. modifiée, p. 161.
4. *Krisis*, p. 228.

motivations d'ordre pratique et affectif. La possibilité de l'auto-présentation de la phénoménologie – qui enveloppe des questions aussi cruciales et urgentes que celle de sa communicabilité, de son enseignabilité – n'est en rien une question secondaire; elle se pose à la phénoménologie, comme elle se pose, comme elle devrait se poser, à toute science, ou plus largement à toute activité qui aspire à *dire, à produire ou à faire quelque chose*; elle se pose également à tout un chacun pour autant qu'il aspire à être éthiquement *quelqu'un,* c'est-à-dire une singularité éthique exemplaire *et* quelconque, un sujet capable de répondre de ce qu'il dit, fait ou produit.

Or le point d'articulation de la dimension affective et pratique de la subjectivité et de sa dimension transcendantale, et donc constituante, qui motive et fonde *phénoménologiquement* le concept de réduction, c'est cela que vise ce terme auquel on accole à celui de réduction sans se donner la peine de penser ce que cela signifie – l'*épochè.*

Telle est la possibilité que cherche à établir l'étrange analytique de l'épochè transcendantale du § 35, qu'il faut rapprocher de la présentation de la réduction transcendantale du § 41.

Avant de s'aventurer sur les questions relatives au nombre et aux espèces de chemins de la réduction, il conviendrait de se demander si – aux yeux de Husserl – un tel dénombrement avait un sens, et si oui, à quel niveau de généralité il convenait de se placer pour y procéder. Or sur ce point, il est quelques déclarations de Husserl qui auraient dû, si ce n'est alerter, du moins inviter à plus de prudence et de circonspection. Il conviendrait également de se poser clairement la question : s'agit-il de multiples chemins vers une seule et même réduction, ou bien de multiples formes de réductions, voire de formes exclusives les unes des autres. Cette question de l'un et du multiple relative à la réduction et à l'*epoché*, ce n'est pas nous qui la posons à Husserl, c'est la question qui n'a cessé de le hanter. Car, innombrables en effet sont les « chemins impraticables » (*verführende Irrwege*) « c'est-à-dire les manières de comprendre l'accomplissement de l'*épochè* qui, assurément, ne conduisent pas au but »[1], c'est-à-dire à un changement total d'attitude (*totale Umstellung*) au terme duquel toutes les objectités, tout « étant » au sens le plus large, tout « quelque chose » (y compris donc les formes objectivées et objectivables de la subjectivité) apparaissent comme autant d'« index d'un système subjectif de corrélation », de « multiplicités de modes subjectifs d'apparition » (*Mannigfaltigkeiten*

1. *Krisis*, p. 151, trad. fr. p. 169.

subjektiver Erscheinungsweisen)[1], non pas une multiplicité de fait (psychologique et empirique), mais une « multiplicité systématique » saisie dans une « universalité idéelle »[2].

Quant aux véritables chemins, ceux qui conduisent au but, Husserl ne prétend pas autre chose qu'*indiquer* ceux qu'il a lui-même *historiquement* et *de fait* empruntés. Conformément à la méthode phénoménologique, ce sont les seuls dont il puisse s'autoriser à parler, parce qu'il les a lui-même suivis et en a par conséquent éprouvé (*erprobt*), par un travail de plusieurs dizaines d'années, la « praticabilité » (*Durchführbarkeit*) et la « fermeté » (*Bodenfestigkeit*) ; mais ils sont eux-mêmes exemplaires d'une multiplicité de chemins elle-même *idéelle*, et dont il est possible d'indiquer, dont il faut indiquer l'extension idéale au moyen de cette vaste variation éidétique que constituent les considérations historiques de la *Krisis*. Leur exposition n'ayant d'autre but que d'établir – « *par le fait* » – la « possibilité pratique d'une nouvelle philosophie »[3].

Tel est le cadre *a priori* dans lequel il conviendrait de poser la question de l'exposition des chemins husserliens, de leur nombre et de leurs espèces. Il peut sembler pertinent, et fondé d'un point de vue historique, de prendre au sérieux un tel dénombrement[4]. Encore faut-il se demander ce *qu'est et ce qu'implique un dénombrement et si un dénombrement,* dans la perspective de l'*a priori* positiviste massif qui est celui de l'histoire, a le moindre sens. Car n'en va-t-il pas ici comme si l'on espérait qu'avec un peu de temps, ou un meilleur « équipement » psychologique, ou en étant plus malin que les autres, on parvienne un jour à résoudre le « problème » de la quadrature du cercle. D'un point de vue phénoménologique, tout comme d'un point de vue mathématique, il est clair qu'un dénombrement n'a de sens qu'à se placer à un niveau de généralité suffisant et pertinent depuis lequel la multiplicité ou la « variété » (la *Mannigfaltigkeit*) à dénombrer se trouve définie, ce qui n'exclut pas, ce point est décisif, une certaine ouverture, et c'est peut-être ce qu'il y a de plus difficile à penser.

D'un point de vue mathématique, nous sommes en présence d'un problème qui est assez ancien chez Husserl et qui est en étroite connexion avec notre question, celle de l'univocité de la réduction. La définitude, telle

1. *Krisis*, p. 168, trad. fr. p. 187.
2. *Krisis,* p. 169, trad. fr. p. 189.
3. *Krisis*, § 7, p. 16, trad. fr. p. 24.
4. Pour une approche plus étendue de cette question, ainsi que pour les attendus d'une telle position, on m'excusera de renvoyer ici aux commentaires que j'avais proposés dans *Le phénoménologue et ses exemples*, Kimé, 2000, au chapitre I, *cf.* également la note 22, p. 46-47.

que tente de la penser Husserl à partir de 1901, caractérise formellement ou axiomatiquement, c'est-à-dire d'un point de vue que Husserl qualifiera ultérieurement de syntaxique, une multiplicité[1]. En tant que telle, elle relève des mathématiques abstraites, c'est-à-dire formelles, au sens de l'« abstraction formalisante ». Dès les études de 1893 sur Riemann, la réflexion husserlienne sur les multiplicités est hantée par la question de l'élargissement ou du rétrécissement possible d'une multiplicité, ou pour le dire en d'autres termes, par la possibilité pour une multiplicité, qu'elle soit finie ou infinie, d'être « ouverte ». Quant à la définition (au sens usuel de ce terme, c'est-à-dire technologique) de la multiplicité, Husserl la définissait ainsi en 1901 : « le domaine d'objets est défini par les axiomes en ce sens qu'il est délimité en tant que sphère quelconque d'objets en général, peu importe qu'ils soient réels ou idéaux, pour lesquels sont valables des propositions fondamentales de telles et telles formes. Nous appelons un domaine d'objets ainsi défini une multiplicité déterminée, mais définie formellement. Les formes de théories définies dans une telle abstraction peuvent alors être mises en rapport les unes avec les autres, elles peuvent être classées d'une manière systématique, *on peut élargir et rétrécir* de telles formes, on peut mettre n'importe quelle forme donnée d'avance en relation (*Zusammenhang*) systématique avec d'autres formes de classes définies d'une manière déterminée et tirer d'importantes conclusions sur son rapport »[2].

Une multiplicité mathématiquement « constructible » est définie au sens de la *définitude essentielle*, donc *défini axiomatiquement*, si le système d'axiome en question définit un domaine, une « sphère d'objets » telle que « tout objet existant dans cette sphère sur le fondement de ces axiomes est déterminé univoquement par sa relation opératoire à des objets « donnés

1. Sur la question de l'équivalence entre le concept husserlien de définitude et le concept hilbertien de « complétude » et sa critique par les commentateurs, nous renvoyons à la mise au point de Vincent Gérard, « *La mathesis universalis* est-elle l'ontologie formelle ? », in *Annales de phénoménologies*, 2002, p. 65-68.

2. *Articles sur la* logique, trad. J. English, p. 495, Hua. XII, p. 431, (je souligne). Suit l'exemple de l'élargissement de la géométrie euclidienne chez Riemann qui avait occupé Husserl dans les années 1889-1893, *Cf.* Hua. XXI, p. 312-348. – Il n'est pas indifférent pour notre propos que cette formalisation, à la fois ontologique et apophantique, soit désignée dans *Logique formelle et transcendantale* comme « réduction à la pureté », p. 125-126, trad. fr. p. 190-192, ni que lui corresponde, sur le volet logico-transcendantal, en contre-partie, une réduction aux jugements et aux vérités ultimes, (§ 82 et 83) une « réduction à ce qui est dernier » (p. 180, trad. fr. p. 274) *généalogiquement* (ou si l'on veut, « génétiquement » ou « historiquement », p. 184, trad. fr. p. 281, et « *téléologiquement* » p. 182, trad. fr. p. 278).

d'une manière déterminée »[1], c'est-à-dire établis univoquement et n'étant plus davantage différenciables spécifiquement »; corrélativement, d'un point de vue apophantique, le système d'axiomes est lui-même dit défini, « si toute proposition pour le domaine, est ou bien vraie sur le fondement des axiomes ou bien fausse sur le fondement de ces mêmes axiomes »[2]. Or toute multiplicité même définie est « susceptible d'élargissement » ou de rétrécissement en l'absence d'un « axiome de fermeture »[3]. Donc la non fermeture signifie la possibilité pour une multiplicité donnée d'être « transformée » c'est-à-dire *réduite (ou élargie) et* donc inversement, impossibilité pour le système d'axiome concerné de prétendre pouvoir, sans réductionnisme, décider de toute possibilité.

D'un point de vue phénoménologique, ou ce qui revient au même, du point de vue de la multiplicité subjective constituante, qui est même, tant du point de vue monadique que du point de vue intersubjectif, une multiplicité infinie de multiplicités infinies, nous retrouvons la double exigence de définitude et d'ouverture. Toute « opération » ou « production » (*Leistung*) de la subjectivité, y compris ces opérations de niveau supérieur que sont des actes méthodiques, renvoie à une multiplicité infinie définie qui peut être ouverte ou close. Prise au niveau de ses prestations méthodologiques les plus essentielles, cette subjectivité constituante peut être appréhendée de multiples façons. L'histoire de la philosophie positive, dans le cadre de l'*a priori* propre à la réduction positiviste, admet certes en un sens une ouverture, mais il s'agit d'une ouverture en trompe-l'œil, secrètement, inconsciemment et tacitement obturée par la certitude naïve d'un monde déjà donné, par cet « archi-réalisme » dont elle ne mesure la prégnance que de façon très imparfaite, incomplète. La pensée moderne se caractérise par la relégation progressive de la subjectivité dans le champ ouvert du non vrai, dans le champ de la relativité pratique et axiologique; en face de quoi se trouve un monde objectif, un monde vrai, dont l'unité est de moins en moins aperçue à mesure que les domaines se multiplient et s'y intègrent. D'où l'incapacité où se trouve l'« humanité de fait » de penser autrement que de façon mythique – qu'elle y adhère ou non – l'unique percée effective

1. *Articles sur la logique*, p. 515-516, Hua. XII, p. 452. – Husserl confronte ici son concept de « définitude » avec le concept hilbertien de complétude, dont il distingue deux formes essentielle et inessentielle (ou inauthentique), p. 518, Hua. XII, p. 456; p. 504, Hua. XII, p. 442.

2. *op. cit.* p. 457, trad. fr. p. 519. Il est remarquable que Husserl présente la définitude en termes de décidabilité, sans distinguer comme il le fera ultérieurement, le niveau du sens et le niveau de la vérité.

3. *op. cit.* p. 471-472, trad. fr. p. 532-533.

qui puisse s'opérer dans le monde, celle de l'*épochè* transcendantale. Cette ouverture s'opère dès la prise de conscience de cette tâche infinie de l'exploration de l'*a priori* corrélationnel, c'est-à-dire dès que les conditions de possibilité radicales de toute vérité sont scrutées dans leur lieu d'origine, dans la subjectivité transcendantale, elle-même soustraite à toutes les mécompréhensions intéressées auxquelles elle n'a pas manqué de donner lieu, et auquel elle continuera encore indéfiniment à donner lieu. Que cette ouverture implique la clôture absolue de la subjectivité transcendantale devrait, dans un tel contexte, moins représenter une objection massive pour un esprit affairé, qu'une énigme dont le déchiffrement appelle une pensée énergique.

Le cadre dans lequel se pose la question chez Husserl et que nous tracent les considérations précédentes n'est donc autre que celui de la *téléologie* historique et dont la *tradition philosophique* est, à son corps défendant, et à travers toutes les variantes de la dénégation, la manifestation de fait. C'est un fait, aux yeux de Husserl, que, historiquement, la philosophie a été animée, hantée par le « motif » transcendantal. C'est un fait – à ses yeux – que jusqu'à la phénoménologie, la philosophie s'est méthodiquement fourvoyée et a corrompu la thématique transcendantale, alors même qu'elle ne vit que de l'entrevoir, ou, pour parler comme Platon, de la rêver. S'il y a, en général, de la naïveté à théoriser dans l'amnésie à l'égard du sol immémorial de présuppositions qui constitue historiquement l'objet de la philosophie, il y a encore de la naïveté dans les tentatives philosophiques visant à dégager ce sol – ou du moins un sol quelconque – sans faire l'épreuve de l'absence de sol, c'est-à-dire de ce moment de *skepsis* absolue, qu'est l'*épochè* et inversement, sans prendre la mesure du degré d'implication dans ce sol. Et l'on aura beau ironiser sans fin, comme Kierkegaard, sur les penseurs abstraits qui se tirent ainsi par les cheveux, l'abstraction est en l'occurrence du côté du réalisme. Ce qui authentifie la philosophie, quel que soit par ailleurs son habillage historique et méthodologique, c'est ce mode monstrueux au regard d'une conception abstraite de la connaissance, selon lequel la question du savoir (la question portant sur ce qui est) embarque et implique thématiquement et affectivement, « existentiellement », éthiquement celui qui la pose.

Husserl ne renonce donc pas à la tâche d'une théorie de la réduction, qui soit à la fois une exposition et un dénombrement des chemins de la réduction, mais cette tâche s'est compliquée singulièrement. Il est significatif de ce point de vue que, tout en énumérant et exposant les différents chemins de la réduction, le chemin cartésien et le chemin psychologique, Husserl croise dans les leçons de *Philosophie première*, une voie qu'il n'avait visiblement pas clairement discernée, qu'il avait même confondue avec celle de la réduction apodictique et universelle, celle qu'il qualifie de cartésienne. Poursuivant la caractérisation de l'épochè universelle, apodictique, radicale par opposition à la réduction progressive propre au chemin « psychologique », Husserl avait tout d'abord écrit :

> Cette *épochè* universelle à l'endroit de toutes les validités s'opère comme soubassement et en vue d'une critique universelle et d'une auto-constitution universelle ou si l'on veut, d'une constitution d'une vie nouvelle et vraie, à produire à partir des sources de la vérité et de l'authenticité.
> Ce qui nous frappe ici et qui explique pourquoi nous avons eu recours à cette possibilité d'universalité éthique qui, en tant qu'hommes éthiques [*als ethischer Menschen*], nous est bien familière [*diese uns wohlvertrauet Möglichkeit ethischer Universalität*], c'est le fait qu'ici une réflexion universelle s'associe à une *épochè*; universelle, qui aboutit ici à une universelle autorégulation de la volonté, mais qui manifeste aussi déjà en elle-même, une régulation universelle de la volonté[1].

Or il note après coup :

> Critique de l'inclusion de l'*épochè* éthique et objection contre l'utilisation du terme de « vie » dans mes propos.

Ce qu'il développe aussitôt :

> L'*épochè* éthique universelle. – J'ai méconnu ici que l'*épochè* éthique a une tout autre universalité que l'*épochè* phénoménologique. Elle concerne toute espèce de validité qui était mise en jeu dans les actes personnels de ma vie passée. Mais cela ne signifie pas : toute validité en général qui prend son origine en moi. Par exemple, la validité existentielle du monde n'est pas touchée. Pas même toute validité établie dans des *actes du moi* en général (…). De façon générale il convient de définir exactement le sens de cette *épochè* éthique – elle concerne primitivement tous les actes se rapportant à un devoir absolu et ce qui à cet égard est d'importance dans le champ universel pratique.
> De façon générale, il faut remarquer partout que parler en un sens naturel de *vie* – c'est-à-dire de ma vie propre et de la vie personnelle en général – présuppose toujours un monde prédonné, le monde environnant comme ce à quoi se rapportent les actions et les passions personnelles. Mais voilà un *fait* que je n'ai nullement négligé par la suite[2].

1. *Philosophie première,* II, *Hua*, VIII, p. 155, p. 215 trad. modifiée.
2. *op. cit.* p. 276-277, trad. p. 319.

Nous comprenons mieux, à la lumière de cette correction, pourquoi et en quel sens la thématique du monde de la vie (en tant que champ universel de la praxis) est le *préalable* nécessaire à toute exposition de la réduction ; pourquoi une exposition « concrète » des chemins de la réduction vient corriger la théorie de la réduction, exposition qui culmine dans l'étrange analytique de l'*épochè* transcendantale du § 35 en tant qu'*épochè* professionnelle ; enfin, ce qui règle l'extension du concept de réduction à toute prise d'attitude (*Einstellung*) et en garantit phénoménologiquement l'univocité phénoménologique : à savoir l'*épochè*.

Le contresens le plus fâcheux et le plus répandu consiste à voir dans la thématique de la *Lebenswelt* une thématique absolument nouvelle, une sorte de *Kehre* husserlienne destinée à supplanter l'exploration de l'a priori corrélationnel – subjectiviste, égologique, transcendantal et, *horribile dictu*, idéaliste – et par suite une renonciation à la réduction transcendantale. Cette thématique d'une « ontologie » du monde de la vie n'a pourtant d'autre visée que de rendre plus sûres la mise en œuvre de la réduction en même temps que son exposition publique. Pourquoi compliquer ainsi le chemin cartésien, celui des *Ideen I*, le seul qui permette d'accéder directement et radicalement à l'*époché* transcendantale ? C'est qu'il est précisément trop court, trop direct, il comporte, comme en témoigne l'avalanche de mécompréhensions auxquelles il a donné lieu, à commencer, *salva reverentia*, chez Descartes lui-même, « ce gros désavantage que, même s'il conduit, comme par un saut, tout de suite à l'ego transcendantal, [il] ne fait voir ce dernier cependant, du fait du manque nécessaire de toute explication préalable, que dans un vide-de-contenu apparent, devant lequel on se demande avec embarras ce que l'on a pu gagner par-là, et comment on doit gagner à partir de là une science fondamentale d'un genre entièrement nouveau, décisive pour une philosophie » ; or il y a une relation de conséquence entre ce défaut méthodologique – dans l'ordre de l'*inventio* – et l'imperfection dans l'ordre de l'exposition et de la communication. « C'est pourquoi aussi, ajoute en effet Husserl, on encourt le risque, comme l'a montré la façon dont mes « *Ideen* » ont été reçues [et continuent de l'être], de retomber trop facilement, et presque dès les premiers commencements, par une tentation immédiate et fort grande, dans l'attitude naïve-naturelle »[1].

À l'inverse, le chemin psychologique, est plus progressif, plus long. Mais précisément, il est trop long et manque de radicalité. Il ne représente

1. *Op. cit.*, p. 17.

par rapport à l'attitude physicaliste qu'une « contre-abstraction »[1], qui reste elle-même affectée d'« abstraction », c'est-à-dire d'unilatéralité. Il serait trop long, et nous le réservons pour une autre circonstance, de faire la description de la lente et patiente élaboration à laquelle Husserl soumet le concept d'abstraction, depuis les premières *Recherches psychologiques* de 1894 *pour la logique élémentaire*, jusqu'à la *Krisis* où son usage semble devenir massivement critique et polémique, tant dans les considérations sur la substruction que celles qui concernent la psychologie proprement descriptive[2]. Le propre de l'abstraction et des réductions abstrayantes constitutives des attitudes physicalistes et psychologistes, c'est à la fois leur unilatéralité et leur manque de radicalité. Le chemin psychologique – brentanien, déjà emprunté cependant par Locke et Hume – vers la réduction a l'immense avantage de déployer dans son extension maximale le champ de la subjectivité, mais du fait de son manque de radicalité il risque de compromettre et de falsifier ce thème. La réduction et l'*épochè* physiciste ainsi que l'*épochè* et la réduction psychologiste sont certes susceptibles d'être généralisées. Mais toujours, pour l'une et l'autre, en cela consiste l'abstraction, le monde de l'expérience commune en tant que monde de l'action et de la passion, se trouve tout à la fois présupposé et « méprisé ». La psychologie se trouve ainsi placée devant une véritable antinomie : l'obligation de conserver un lien avec la « psychologie populaire » avec son « langage » et l'exigence tout aussi impérieuse de rompre avec la naïveté de la réflexion naturelle qui peut se jouer à différents niveaux et est toujours prise affectivement dans son thème. Loin de contourner cette antinomie, Husserl l'aggrave, en déclarant que la psychologie ne pourra conquérir pleinement son thème qu'à s'adosser à une « psychologie phénoménologique »[3]. Seule l'*époché* phénoménologique (donc éidétique) peut rendre possible « la psychologie pure, c'est-à-dire descriptive au sens vrai », c'est-à-dire l'expérience et la thématisation « dans la pureté de leur essentialité propre les sujets qui, dans la vie mondaine naturelle, sont éprouvés et s'éprouvent eux-mêmes comme pris

1. *op. cit.* § 66 *sq.*

2. Nous laissons de côté une autre forme d'abstraction : celle que les *Méditations cartésiennes* nomment « réduction abstrayante » qui est comme une radicalisation au sein de la réduction phénoménologique, par laquelle il devient possible de déployer pleinement la problématique de la constitution dans sa dimension complète, c'est-à-dire monadologique. Ou pour le dire en d'autres termes, une réduction qui marque l'abstraction d'une egologie restreinte – par abstraction – à la sphère propre et dévoile la multiplicité égologique infinie comme l'*implicite* de la constitution.

3. *Krisis*, § 71.

dans des relations intentionnelles réales à des objets mondains réaux »[1]; bref la conquête de son « empirie ».

Ce qui revient à dire que, d'une part, le psychologue ne peut se contenter d'être un « spectateur hors du coup », d'être un *sujet abstrait* (distrait) moderne, au sens du Kierkegaard du *Post-scriptum aux miettes philosophiques*, qu'il doit au contraire se saisir comme, essentiellement et non seulement de façon contingente, impliqué dans son thème; ce que faisaient les penseurs grecs pour qui l'abstraction était une ascèse, et donc un cheminement éthique; et que, d'autre part, il doit, corrélativement, saisir l'horizon le plus large dans lequel et par rapport auquel se déploie la vie de la conscience, à savoir le monde ultime, unique et universel *en vue duquel* se déploie toute activité : le monde de la vie. Le monde de la vie, de la *doxa*, de la *praxis*, est le monde méprisé. Ce mépris est corrélativement une oblitération de la subjectivité constituante, fonctionnante, reléguée dans l'« anonymat » – alors même qu'on ne cesse d'y puiser.

Si, pour « gagner son horizon total », la réduction phénoménologique requiert une « phénoménologie de la réduction phénoménologique », il faut se garder de ne voir en celle-ci qu'une simple complication spéculaire, une complication par itération. La neutralisation phénoménologique n'est pas, en tant que telle, une opération itérable[2]. L'exposition de la réduction phénoménologique doit donc commencer dans le cadre fourni par le monde de la vie, c'est-à-dire en se présentant sous la forme d'une « réduction béhavioriste »[3] parmi d'autres – par quoi il faut entendre non pas ce que le béhavioriste en fait en s'en tenant au « côté le plus extérieur des comportements », mais ces diverses *épochès* que décrit l'« analytique de l'*époché* transcendantale », où ressort le caractère « existentiel » pratique de l'attitude phénoménologique. Si l'*épochè* n'est pas une abstraction[4], c'est qu'elle comporte comme toute *épochè* béhavioriste une dimension pratique, comme toute *épochè* professionnelle (*beruflich*) une dimension technique (*künstlich*) et éthique[5]. Une telle médiation – par laquelle on est obligé de commencer – rend manifeste l'horizon le plus large de la conscience, *élargit* l'intentionnalité, lui redonne son extension maximale,

1. *Krisis*, § 70, p. 274.
2. *Ideen I*, § 111, p. 224, trad. fr. p. 370.
3. *Krisis*, p. 278.
4. *Krisis*, p. 154.
5. Cette analytique est là encore *préparée* dans les pages introductives de *Philosophie première*, où la dimension éthique et professionnelle de la théorie phénoménologique est nettement dégagée. Elle irrigue, en revanche, de façon si massive qu'on oublie de l'y relever, l'ensemble de la conférence de Vienne.

et par ce supplément d'« abstraction », appose au monde – au moyen du détour par le transcendantal qui équivaut aux yeux de l'attitude naturelle à un détour par de l'*imaginaire* – le sceau de la concrétude. Car si la phénoménologie est comme toute science « une sorte particulière d'activité téléologique et de production adaptée à des fins »[1]; elle correspond en même temps à un changement personnel complet dont seule la conversion religieuse fournit un analogon, mais un analogon seulement. La limite intrinsèque et indépassable de l'attitude religieuse tient à ce que, même sous sa forme chrétienne, elle conserve un fond de scepticisme, une réserve à l'endroit de la noétique. Ou du moins, elle se maintient dans ces limites tant qu'elle ne prend pas au sérieux l'Idée en son acception la plus radicale, et ne croit pas que l'amour du savoir soit, *à lui seul*, en mesure de sauver le monde. Non pas : le salut de l'âme à tout prix, le monde dût-il en périr; ni la nature à tout prix, l'esprit dût-il déserter le monde; mais la nature et le monde en tant que monde de l'esprit. Le contenu authentique de la foi est un acte libre, une libre conversion à la liberté et l'authentique de toute religion réside dans l'« irruption de la liberté » (*Durchbruch der Freiheit*). Dans un tel contexte, l'église, c'est-à-dire la communauté des « fonctionnaires liturgiques », fût-ce sous la figure d'une église *à vocation universelle*, ne pourra jamais être autre chose qu'une *figuration de l'Idée et en vue de l'Idée*, elle ne devra être qu'un moyen en vue d'une fin dont la teneur n'est autre que l'Idée-télos d'une humanité infinie[2]. La phénoménologie transcendantale husserlienne, dès les années vingt, voit à l'œuvre dans le phénomène religieux, et plus particulièrement dans le *phénomène religieux* qu'est le christianisme, un motif authentique de nature *pratique*, qui, dès l'origine, entre en conflit avec les exigences de la « raison naturelle » (entendons la raison posant les exigences d'une connaissance rationnelle de la nature), mais dont le sens se perd et s'inverse aussitôt du fait qu'une humanité de fait succombe à la tentation d'arrêter et de s'approprier une tradition qui la dépasse et dont elle n'est que l'illustration contingente et transitoire. La *religion de la liberté*, en son acception husserlienne, est une téléologie absolue qui porte l'humanité en même temps que celle-ci la porte, une téléologie qui se heurte sur son chemin, à d'autres traditions : aux églises constituées; une téléologie ou une tendance dont chaque heurt, chaque « arrêt » devrait-on dire plutôt, donne lieu à cette positivité qu'on appelle une tradition. Or cette foi rationnelle en la liberté, si « elle veut être une religion universelle de l'humanité », doit faire irruption, doit affleurer à la

1. *Krisis*, note p. 157.
2. Hua. XXVII, *Beilage* V, p. 103 *sq*.

conscience « en tant que tendance à une culture librement produite, à une culture renouvelée, authentique » ; comme « entéléchie dans la culture et dans l'humanité productrice de culture, une entéléchie consciemment formée, dirigée sur une humanité [*Menschentum*], une humanité individuelle et communautaire, dirigée sur un système de normes à former universellement à neuf, un système d'organisation communautaire, un système de normes de toute figure individuelle comme de toute figure communautaire ». La crise politique mondiale moderne, qui prend son point de départ dans le vieux continent, prolonge ainsi sur le versant politique une crise plus ancienne, qui apparaît ainsi comme étant d'« essence théologique ». Elle entérine et perpétue, selon Husserl, dans le cadre de l'histoire européenne, l'échec de la Réforme, qui n'a pas su résister à l'« apologétisme », terme qui renvoie visiblement chez Husserl à cette pierre d'achoppement intime, à cette restriction et limitation de l'horizon, à cette captation et fermeture de la puissance délimitante et infinie de l'Idée dans une figure transitoire et finie.

Nous sommes ainsi en mesure de comprendre ce qui motive et règle l'extension de la thématique de la réduction. Nous avons affaire à une réduction *lato sensu* (particulière ou universelle) dès qu'une attitude théorétique en prise sur un champ se trouve instituée, donnant lieu à une activité méthodique. Toute science, en tant que théorie, opère une réduction. Les tenants et les aboutissants d'une telle réduction ne se laissent pas décrire, à supposer, du reste, que la description soit elle-même exacte et non « réductionniste », en termes purement logiques ou « linguistiques », c'est-à-dire en termes de « dérivabilité sémantique »[1]. Il est nécessaire pour ne pas succomber à des confusions d'en ressaisir aussi le sens phénoménologique en termes d'opération (*Leistung*) et d'activité (*Tätigkeit*) subjective ; ce qui suppose qu'on *commence préalablement* par envisager la dimension practico-existentielle de ce changement et de cette prise d'attitude, c'est-à-dire qu'on la saisisse sur le sol de la *Lebenswelt* qui est le

1. *Cf.* E. Nagel, « The reduction of Theories », in *The Structure of Science,* Londres, Routledge & Kegan Paul Ltd, 1961, chapitre XI, p. 336-397, voir plus particulièrement la note p. 355. Pour une critique *phénoménologique* d'inspiration husserlienne d'une telle théorie, il faudrait repartir de ce qui constitue l'opération censée garantir la traductibilité d'une théorie en l'autre, à savoir l'énoncé de principes ponts qui sont autant de « définitions analytiques », au sens frégéen, c'est-à-dire, d'un point de vue husserlien des propositions hybrides, mi-définitions nominales, mi-propositions, issues d'une confusion entre pratique et technologie d'une part, et logique d'autre part, comme Husserl le diagnostiquait déjà dans les *Prolégomènes* et procédant initialement d'un *contresens* sur l'axiomatisation des mathématiques et sur la définitude au sens évoqué plus haut.

« terrain de toute praxis »[1]. D'où la description de toutes les prises d'attitude (ou d'« intérêt ») comme autant de « réductions béhavioristes », de réductions « comportementales », qui doivent-elles mêmes être décrites en un sens phénoménologique, et dont les réductions techniques et scientifiques représentent des formes originales. La science en particulier, Husserl nous le rappelle dans une note, « est, à l'intérieur du monde qui vaut constamment pour nous comme monde-de-la-vie, un type particulier d'activités finalisées [*Zwecktätigkeit*] et de production conforme à un but [*zweckmäßigen Leistungen*], comme tous les métiers humains au sens courant du terme, qui comprend également les intentions pratiques de niveau supérieur englobant des types non-professionnels, en général des contextes et des productions non-finaux, les intérêts plus ou moins singularisés, contingents, plus ou moins fluctuants »[2]. *Dans un tel contexte*, dans le « cadre universel du monde de la vie » *[im universalen Rahmen der Lebenswelt*], une réduction est une prise d'intérêt, c'est-à-dire l'ouverture d'un horizon d'un groupe d'activités et d'opérations subjectives réglées et, corrélativement, l'ouverture d'un champ d'objectités lui-même idéalement exploitable *in infinitum*. À l'intérieur de ce cadre le plus large et le plus universel, chacune de ces réductions – quelle qu'elle soit, théorique, technique ou purement pratique – suppose une certaine *épochè* par quoi se trouvent neutralisées, reléguées, « désactivées », le temps que dure l'activité, ou plutôt par rapport à l'horizon temporel propre à cette activité, dans l'horizon temporel de cet « emploi du temps », toutes les autres activités. Il en va de même de l'intérêt théorétique. Il vise certes le vrai et donc cherche à se soustraire à la relativité des attitudes pratiques, mais la science, en l'absence d'une critique phénoménologique, reste naïve; elle continue de *présupposer* comme allant de soi le monde de la vie et donc n'opère jamais en dernière instance qu'une certaine *époché* professionnelle dans le flux universel des opérations, des *Leistungen* de la subjectivité constituante. Continuant de présupposer le monde de la praxis de façon confuse, ou pire se méprenant sur sa nature, toute tentative de clarification du sens de son activité et de son opération se trouve immanquablement contaminée et obérée (de là les formes tératologiques sans nombre que prennent les réflexions critiques: psychologisme, biologisme, historicisme, etc.). Une clarification réflexive et critique suppose donc la mise en œuvre d'un *épochè* radicale, apodictique, universelle et transcendantale, bref une *épochè* philosophique, qui a) thématise expressément l'horizon

1. *Krisis*, § 37, p. 162.
2. *Krisis*, § 36, p. 140], trad. modifiée, p. 157.

pratique le plus universel, pour b) le neutraliser, c'est-à-dire l'inclure expressément dans l'*épochè*. L'attitude radicalement nouvelle qui en résulte, n'en finit pas d'arriver à la conscience moderne et, pour autant que les hommes « aiment naturellement savoir », porte l'humanité depuis ses âges obscurs vers elle et n'a cessé de se préfigurer, de s'« esquisser » à travers les réductions multiples et multiformes qui sont autant de temporalisations de la subjectivité transcendantale. Ces figures partielles de l'*épochè* sont indissociablement en tant que partielles autant de figures d'une conscience aliénée, et en tant qu'*épochè* autant de manifestations de la liberté. Cette liberté représente le titre général pour une phénoménologie critique de l'éthique (au sens large) et plus spécialement pour une phénoménologie de la volonté qui, sans déroger à sa méthode d'analyse eidétique, dévoile peu à peu l'activité souterraine et anonyme de la subjectivité transcendantale dans son auto-constitution pratique et historique, c'est-à-dire dans sa dimension proprement *créatrice*. Une telle créativité n'a rien de mystique, d'illusoire ou de confus, mais se révèle à une minutieuse et modeste analyse eidétique, comme une implication nécessaire de l'intentionnalité pratique elle-même. Pour nous en tenir, au cadre « méthodologique » de la *Krisis*, telle est bien la dimension que cherche à dégager l'analytique de l'*épochè* transcendantale qui ne propose dans un premier temps une *exposition* (*Darstellung*) de la réduction sur le sol de la vie et ne procède à une « bagatellisation » *(Bagatellisierung),* que pour mieux faire ressortir, dans un second temps, le caractère insigne de l'*époché* transcendantale, qui n'est « pas une abstention habituelle insignifiante », un simple « faire abstraction », mais une *libération totale* du regard, dans la mesure où la conscience y est « avant tout libérée de l'entrave la plus forte et la plus universelle, encore que la plus cachée, son entrave intime : celle de la prédonnée du monde »[1].

1. *Krisis*, § 41, p. 172.

DES SIGNES ET DES PHÉNOMÈNES
HUSSERL, L'INTRIGUE DES DEUX PSYCHOLOGIES
ET LE SUJET TRANSCENDANTAL

Pour les étudiants de Lille III

La confrontation entre la phénoménologie et la psychologie est l'une des constantes majeures de la pensée de Husserl. Au point que l'on pourrait aller jusqu'à dire que la psychologie, science de l'âme, de la conscience ou du psychique, a depuis toujours été une sorte d'*alter ego* de la phénoménologie husserlienne. Car non seulement la psychologie peut apparaître comme une *autre phénoménologie* (l'exemple de Brentano, sur lequel nous allons revenir, qui qualifie sa psychologie empirique de « phénoménologie descriptive », est en ce sens paradigmatique), mais aussi la phénoménologie husserlienne, notamment à partir des années dix, prend de plus en plus la forme d'une *autre psychologie*, eidétique, pure, propédeutique ou identique à la philosophie transcendantale.

Les débuts d'une telle confrontation se confondent avec les débuts de la phénoménologie husserlienne elle-même. Déjà dans les *Recherches logiques*, Husserl s'était efforcé de se démarquer de la psychologie de Brentano, de critiquer le psychologisme logique, tout en gardant la légitimité des problèmes pris en charge par une telle discipline, et dans le but de comprendre la nature de l'erreur psychologiste. Et pourtant, dès la parution du second tome des *Recherches*, plusieurs lecteurs lui ont reproché de retomber dans ce même psychologisme qu'il avait si fortement combattu. À tort, dit-on. Pourquoi alors un tel malentendu ? Et d'ailleurs n'était-ce pas Husserl lui-même qui avait présenté, en 1901, sa créature philosophique en la qualifiant de « psychologie descriptive » ?

Même après le soi-disant tournant transcendantal, Husserl persiste à tenter à la fois de différencier et d'articuler le discours psychologique et le discours phénoménologique. A partir des *Ideen I*, il commence ainsi à doubler la psychologie empirique, science de faits plongée dans l'attitude naturelle, d'une psychologie phénoménologique, puis à explorer l'idée que celle-ci représente une sorte de voie qui mène à la phénoménologie transcendantale. Dès le début des années vingt, Husserl produit ainsi une très longue série de textes où il précise les rapports entre ces deux disciplines. Il y consacre des cours (*Philosophie première*, 1923-4; *Psychologie phénoménologique*, 1925), des articles (l'article « Phénoménologie » pour l'encyclopédie *Britannica*, 1927), des conférences (Amsterdam, 1928) ainsi que de nombreux manuscrits de recherche (voir par exemple les matériaux édités en appendice de *Husserliana IX*)[1].

Dans les pages qui suivent nous voudrions, à la lumière de certaines analyses de la *Krisis*, contribuer à répondre à la question, à la fois simple et incontournable: quel est l'enjeu d'une telle confrontation, massive et différenciée, qui traverse l'ensemble de la production husserlienne? Pourquoi la phénoménologie du premier Husserl ne peut-elle se constituer sans régler ses comptes avec le psychologisme? Pourquoi, après le tournant transcendantal, Husserl ne pense-t-il pas pouvoir avancer dans ses descriptions concrètes (ce que nombre d'interprètes lui reprochent) sans revenir sur des questions de droit, sans avoir disputé le terrain à son double, cette discipline qui semble en redoubler chaque mouvement, chaque invention conceptuelle? C'est encore Husserl, dans les *Conférences d'Amsterdam* de 1928, qui a présenté le rapport entre le sujet de la psychologie et celui de la phénoménologie dans les termes d'un véritable « dédoublement »[2].

Sans prétendre donner, du moins ici, une réponse exhaustive à la question, nous essaierons de lire la *Krisis* en sorte qu'elle permette de mieux comprendre *la nature, l'urgence et la complexité du problème théorique que la psychologie pose à la phénoménologie husserlienne.*

1. Edmund Husserl, *Phänomenologische Psychologie. Vorlesungen Sommersemester* 1925, éd. W. Biemel, Hua. IX, Den Haag, Nijhoff, 1968, *Cf.* notamment les *Beilagen* XXI et XXII.

2. « La subjectivité qui constitue toute objectivité (réelle ou idéale) ne peut pas être la subjectivité psychologique [...]. Mais comment dépasserons-nous maintenant le paradoxe du dédoublement de nous-mêmes et de tous les sujets possibles? Nous devrions être doubles: psychologiquement en tant qu'êtres humains, en tant que sujets psychophysiques ayant une vie psychique dans le monde réel et, tout à la fois, transcendentalement comme sujets d'une vie transcendantale, constituant le monde. » (Conférences d'Amsterdam, *in* Edmund Husserl, *Psychologie phénoménologique* (1925-1928), trad. fr. P. Cabestan, N. Depraz et A. Mazzù, Paris, Vrin, 2001, p. 278).

Problème que celle-ci a cru devoir affronter en empruntant, à un moment précis de son évolution, le chemin d'une philosophie transcendantale.

Pourquoi la *Krisis*, dira-t-on ? Tout d'abord, parce que jamais comme dans ce texte la psychologie n'a été mobilisée, dès le départ et jusqu'à la fin, d'une manière si complexe et différenciée.

a) Le noyau le plus ancien de la *Krisis*, dont le titre complet est *La crise des sciences européennes et la phénoménologie transcendantale*, date de 1935. Il s'agit des conférences de Prague qu'Husserl avait intitulées : *La crise des sciences européennes et la psychologie*. Quand Husserl formule pour la première fois l'idée d'une crise de sens des sciences européennes, il le fait en connexion avec la psychologie. Le détail est d'autant plus important que, au fil des différentes rédactions, alors que le projet husserlien se précise, la place précédemment accordée dans le titre à la psychologie sera occupée par la phénoménologie transcendantale.

b) Dans la version éditée par W. Biemel, le texte de la *Krisis* se divise en trois parties, dont la première (*Krisis* I : *La crise des sciences comme expression de la crise radicale de la vie dans l'humanité européenne*) correspond assez fidèlement au texte des conférences de Prague que nous venons de citer. *Y a-t-il vraiment une crise des sciences ?* se demande Husserl au début de son enquête. Afin de répondre, poursuit-il, il faut d'abord examiner le cas litigieux de la psychologie. Un tel examen de la particularité de la psychologie à l'intérieur du système des sciences occidentales se prolongera jusqu'à la fin du texte. Non seulement il découle immédiatement, depuis les toutes premières pages, du constat des symptômes de crise de la science moderne, il fournit également, dit Husserl, l'angle d'attaque qui permet de gagner une perspective globale et unitaire, capable de tirer au clair le sens et la portée de la crise des sciences européennes en général.

c) Dans la deuxième partie (*Krisis* II : *Élucidation de l'origine de l'opposition moderne entre l'objectivisme physiciste et le subjectivisme transcendantal*) on passe, pour ainsi dire, des symptômes au diagnostic. L'interrogation se poursuit : *comment sommes-nous arrivés à l'état de crise ?* C'est ici, dans le célèbre § 9, que la question centrale de la mathématisation galiléenne de la nature est abordée et analysée en détail. Mais force est de noter que dès le § 13, Husserl multiplie les références à la psychologie. Et cela jusqu'à poser explicitement la question du rapport entre naissance de l'objectivité et apparition du psychique en tant qu'objet de traitement scientifique dans le cadre de la pensée cartésienne. Il en découle ainsi une étrange et féconde analogie de proportion, souvent négligée : Galilée est à la physique, ce que Descartes est à la psychologie. En dépit de l'importance traditionnellement accordée à l'excursus sur Galilée, c'est ce deuxième volet de l'analyse historique de Husserl qui occupe les trois quarts de *Krisis* II.

d) Après les symptômes et le diagnostic, le remède. Husserl se demande enfin : *comment peut-on sortir de la crise ?* La réponse est donnée dans la troisième partie de la *Krisis*. C'est d'abord dans *Krisis* IIIA (*Le chemin qui mène à la phénoménologie transcendantale part d'une question en retour sur le monde de la vie donné d'avance*) que Husserl introduit la notion de monde de la vie, sol primordial duquel les abstractions scientifiques, oublieuses de leur genèse, se sont détachées. Mais, à nouveau, un constat s'impose : la *Lebenswelt* n'est abordée que dans une sous-partie de *Krisis* III, dont le titre complet est : *Clarification du problème transcendantal. La fonction qui dans ce contexte revient à la psychologie*. Autrement dit, c'est dans le cadre d'un questionnement plus vaste, qui touche au rôle de la psychologie pour le dépassement radical de l'objectivisme par un retour à la dimension transcendantale, que l'étude du monde de la vie trouve sa raison d'être (ce qui devient tout à fait évident dans le § 34c). Que par la suite, la fécondité d'un tel concept dépasse le cadre de son contexte d'usage et que l'on puisse en faire l'une des découvertes majeures de la phénoménologie, cela ne change rien au constat que, du moins dans la *Krisis*, c'est à partir de la question de la psychologie que le problème de la *Lebenswelt* semble trouver sa détermination principale.

e) *Krisis* IIIB, finalement, porte clairement le titre : *Le chemin qui mène à la philosophie transcendantale phénoménologique en partant de la psychologie*. Ici la question de la psychologie est expressément liée non seulement à la crise des sciences (I, II) ou à la découverte du monde de la vie (IIIA), mais aussi au thème de la réduction, c'est-à-dire à la nature transcendantale de la phénoménologie elle-même (IIIB). C'est par le biais d'un dépassement de la psychologie en tant que science mondaine de l'âme, « en passant par une psychologie développée concrètement [qu']il est possible de suivre une *voie* qui conduise à la philosophie transcendantale » (*Krisis* IIIB, trad. fr., p. 233). Mais qu'est-ce qu'une « psychologie développée concrètement » et comment peut-elle conduire à la philosophie transcendantale ?

Dans la *Krisis*, abordée à partir de différents points de vue, 1) d'une généalogie des sciences modernes, 2) de la question du caractère en soi ou pour nous du monde, et 3) de la fondation d'une voie qui mène à la phénoménologie transcendantale, la psychologie est appelée, tour à tour, à déterminer sa fonction *épistémologique*, à légitimer son statut *métaphysique*, à préciser ses rapports avec la *phénoménologie*.

Une telle série de reconfigurations formelles et de repositionnements thématiques du problème de la psychologie, opérés dans la *Krisis*, permet ainsi de mieux comprendre ce que l'on pourrait appeler la *dimension métaphysique de la phénoménologie*. De la superposition de ces trois contextes d'interrogation, la *Krisis* fait apparaître, d'une manière qui est sans doute sans précédent, le problème du *statut métaphysique du monde phénoménal*, impliqué par l'existence même d'une discipline comme la psychologie scientifique et qui *motive* nombre de choix husserliens, y compris celui, fort discuté, de remonter aux sources de la valeur d'être du monde en tant que constitué par une subjectivité transcendantale.

Le fait de tirer au clair la configuration métaphysique des problèmes soulevés par la psychologie, s'il ne suffit pas à lui seul à faire que l'on suive Husserl dans son tournant transcendantal, peut néanmoins permettre d'en comprendre autrement les enjeux, du moins d'une manière non caricaturale. Car dans la confrontation entre psychologie et phénoménologie, conformément à ce que nous apprend la tradition littéraire, *aller à la rencontre de son double veut dire rencontrer son propre destin*.

LA CRISE DES SCIENCES ET L'ANOMALIE PSYCHOLOGIQUE : PHÉNOMÉNOLOGIE OU SÉMIOTIQUE ?

Krisis I s'ouvre avec l'affirmation suivante : « Il faut s'attendre – et je m'y attends – qu'en ce lieu consacré aux sciences le titre de la présente conférence (*La crise des sciences européennes et la psychologie*) éveille à lui seul une certaine opposition » (*Krisis I*, trad. fr. p. 7). Husserl s'empresse d'ajouter que, en réalité, si l'on considère les succès des différentes disciplines scientifiques, telles la physique, la biologie, la chimie etc., la thèse d'une crise des sciences européennes paraît insoutenable. Jusque-là, pour autant qu'il est question de sciences positives, c'est d'une crise invisible qu'il s'agit. Et c'est à ce moment précis, *afin de rendre visible la crise des sciences*, que Husserl évoque dans son argumentation l'exemple de la science psychologique, qui à plusieurs égards semble bien plus compliqué.

La psychologie est-elle vraiment une science, au même titre que les autres sciences positives ? Historiquement, il n'a d'ailleurs pas été impossible d'aller jusqu'à lui refuser, à l'image du Kant des *Premiers principes métaphysiques de la science de la nature*, un tel statut : si toute science positive est mathématique, les mathématiques n'étant pas susceptibles, par principe, d'être appliquées aux phénomènes du sens interne et à ses lois, l'idée ambitieuse d'une psychologie en tant que science, « doctrine empirique de l'âme », paraît complètement dépourvue de sens[1].

Or, Husserl a sous les yeux deux contre-exemples importants (qu'il évoquera explicitement et à plusieurs reprises dans la suite du texte, notamment en *Krisis III*), deux manières diverses de contourner l'interdit kantien de faire de la psychologie une science : la psychologie descriptive de Brentano et la psychologie expérimentale de Wundt ou Fechner. Que veut donc dire, au juste, pour une psychologie, être *scientifique* ?

1) *Psychologie descriptive et psychologie objective.* Brentano partage avec Kant l'idée qu'un traitement mathématique des données psychologiques s'avère impossible. La *Psychologie d'un point de vue empirique* sera ainsi, à la fois, scientifique *et* non quantitative. Son point de départ est la thèse suivante : « le monde entier de nos phénomènes se divise en deux grandes classes, la classe des phénomènes *psychiques* et celle des phénomènes *physiques* »[2] (*Psychologie* I, trad. fr. p. 92). Il en découle trois conséquences :

a) La première porte sur l'idée même de science, ou plutôt sur *l'articulation entre science et monde phénoménal.* À chaque classe de phénomènes, dit Brentano, correspond une science propre. La psychologie est la science des phénomènes psychiques, la physique celle des phénomènes physiques. Les différences fondamentales entre les deux disciplines relèvent de différences internes à ce monde que Brentano appelle « *die gesamte Welt unserer Erscheinungen* » ou, plus simplement, « *die Welt unserer Phänomene* » – expressions que l'on retrouvera également sous la plume de Husserl dans la *Krisis*.

b) La deuxième concerne *les rapports entre science du physique et science du psychique.* Si les deux disciplines sont différentes quant à leur objet, la méthode suivie, en revanche, est la même. L'unité de la science procède de l'unité de sa méthode : « comme les sciences de la nature, la psychologie repose sur la perception et sur l'expérience » (*Psychologie* I, trad. fr. p. 48). Quand en 1866, dans la quatrième et la plus célèbre de ses thèses d'habilitation, Brentano affirmait que « *vera philosophiæ methodus nulla alia est nisi scientiae naturalis* », son but était moins de réduire la méthode de la philosophie à celle de la physique, que de ramener la

1. *Cf.* Immanuel Kant, *Premiers principes métaphysiques de la science de la nature*, trad. fr. par F. De Gandt, in *Œuvres philosophiques*, « Bibliothèque de la Pléiade », t. II, Paris, Gallimard, 1985, p. 369-370.

2. Franz Brentano, *Psychologie d'un point de vue empirique* (1872), trad. fr. par Maurice de Gandillac, Paris, Aubier, 1944 ; Paris, Vrin, 2008 (dorénavant *Psychologie* I).

physique, la psychologie, et même la métaphysique, science de l'être en tant qu'être, à la source unique de *tout* savoir scientifique : la perception et l'expérience. « Mon seul maître – dit-il – est l'expérience » (*Psychologie* I, trad. fr., p. 21).

c) D'où la troisième conséquence, qui porte sur *le statut épistémologique de la psychologie*. Grâce à la décision de mise à niveau méthodologique, psychologie et sciences de la nature semblent enfin bénéficier d'une même dignité épistémologique. Ce qui marque déjà un énorme progrès pour la psychologie, finalement mise « au même rang que sa science sœur » (*Psychologie* I, trad. fr., p. 30). Celle-ci prendrait en charge les données de la perception extérieure, celle-là celles de la perception intérieure.

Si l'on se tient à une telle caractérisation préalable, la position de Brentano se laisse résumer de la manière suivante, où tout gravite autour des trois notions-clé de *phénomène*, d'*expérience* (= *perception*) et de *science* : (*a*) tout ce qui apparaît se donne à l'expérience, c'est pourquoi l'on peut en avoir une science, (*b*) les phénomènes physiques et psychiques sont, justement, des phénomènes, d'où (*c*) la légitimité épistémologique de la physique et de la psychologie qui, en s'appuyant respectivement sur la perception extérieure et sur la perception intérieure, accèdent à la connaissance du monde des phénomènes.

La psychologie empirique brentanienne semblerait ainsi fournir un bon exemple de psychologie scientifique, située sur le même plan que les sciences de la nature.

Cependant, ce n'est pas à un tel exemple que Husserl fait allusion dans *Krisis I*. Lorsqu'il parle de psychologie en tant que science européenne, Husserl se réfère plutôt, comme il l'avait fait encore quelques années plus tôt dans les cours *Psychologie phénoménologique* de 1925, à la psychologie expérimentale, psychophysique et physiologique de Wundt, Fechner ou Weber : « la seule psychologie véritable et authentique à titre de science rigoureuse »[1].

1. « Au XIXe siècle, la psychologie prit un nouvel essor important, disons même grandiose. L'impulsion naquit de physiologues et de physiciens allemands éminents, tels J. von Müller, E. H. Weber, Volksmann, Helmholtz, Hering, G. Th. Fechner, stimulés en outre par la puissance d'organisation d'un Wundt. Une psychologie intimement liée à la science de la nature et, en particulier, à la physiologie en naquit, fidèle à celle-ci quant à sa méthode. [...] On a maintenant mis enfin en œuvre la seule psychologie véritable et authentique à titre de science rigoureuse (*die allein Wahre und echte Psychologie als eine strenge Wissenschaft*) » (Husserl, *Psychologie phénoménologique*, trad. fr. cit., p. 12-13).

Mais *comment* une telle discipline a-t-elle su contourner l'interdit kantien, non pas en attribuant à la description du sens interne une valeur épistémologique (comme Brentano), mais en s'emparant de la méthode mathématique des sciences de la nature? L'on connaît déjà une partie de la réponse husserlienne. Pour qu'elle puisse *devenir* scientifique, une telle psychologie doit prendre la forme d'une science de faits – lesquels sont objectifs, réguliers, observables, susceptibles d'être mesurés, traités mathématiquement. *Krisis II* sera consacrée à l'exploration d'une telle condition *positive*. Nous y reviendrons. Mais force est de noter que déjà dans *Krisis I*, Husserl commence par énoncer une première condition, tout aussi essentielle, mais, cette fois-ci, *négative* – condition nécessaire, bien que non suffisante, afin que la psychologie devienne une science en un sens « européen », donc objective et quantitative.

Les attributs scientifiques de la psychologie, dit Husserl, sont suspendus ou révoqués à chaque fois que celle-ci « élève encore des prétentions philosophiques et ne veut pas se contenter de figurer parmi les sciences positives » (*Krisis* I, trad. fr., p. 7). *Sans une telle renonciation préalable, l'appel aux outils mathématiques ne saurait aboutir.*

L'argument de Husserl se précise. La contrainte d'une véritable psychologie *scientifique* est ainsi double : 1) il faut prendre en charge la méthode des sciences de la nature, *et*, par la même occasion, 2) il faut renoncer à toute « prétention philosophique » (*philosophische Anspruch*). Tout le problème maintenant est de comprendre le sens d'une telle *renonciation*. Faut-il y voir une simple consigne méthodologique, qui peut s'appliquer à toute sorte de science, soumise à l'impératif de *n'être que* science, de renoncer à la spéculation pour l'observation ? Ou ne s'agit-il pas plutôt de la marque d'une spécificité, d'une espèce d'*anomalie épistémologique* de la psychologie, qui, de par sa propre nature, rend la séparation du philosophique et du scientifique plus difficile, et donc son statut plus incertain ?

C'est d'ailleurs justement en raison de ses « prétentions philosophiques » que la psychologie descriptive brentanienne ne pourra pas être considérée comme représentative de la *scientificité propre à la science psychologique en tant que science européenne*. Car Brentano est tout aussi bien un psychologue qu'un métaphysicien – ce qui n'est pas sans importance pour l'idée même de phénoménologie. Sous sa plume la simple expression de « phénomène » (*Erscheinung, Phänomen*) n'indique pas seulement ce qui apparaît, mais « ce qui est à la fois *apparaissant et réel* » (*wahrhaft, wirklich*)[1]. En revanche, ce qui n'est pas un phénomène, c'est-à-dire « ce qui apparaît et n'est pas réel, ce qui est réel et n'est pas apparaissant », Brentano l'appelle, ici comme ailleurs, « signe ».

Dans la psychologie descriptive tout se joue ainsi à partir de l'opposition entre *phénomènes et signes* : entre 1) *ce qui est réel et apparent* et 2) *ce qui apparaît sans être réellement* ou *ce dont la réalité n'apparaît pas*. D'une certaine manière, le monde de la perception extérieure n'est pas, à proprement parler, un monde de phénomènes et les objets de la physique, c'est-à-dire les phénomènes physiques ne sont des phénomènes que *de nomine*, car *de facto* il s'agit plutôt de « *Zeichen von Etwas Wirklichen* ». Ainsi, la physique, pour Brentano, ne sera jamais une phénoménologie mais plutôt une espèce de sémiotique, science non pas de choses mais de signes de choses, manifestations indirectes d'étants ou de réalités dérobés à toute phénoménalité.

Il en va tout à fait autrement de la psychologie. Les leçons viennoises de 1888/89 portent d'ailleurs le titre « *Deskriptive Psychologie oder beschreibende Phänomenologie* » (p. 128), puisque la psychologie descriptive, science des phénomènes psychiques, est *eo ipso* une phénoménologie : science des phénomènes en tant que tels, au sens précis de phénomènes qui sont *en réalité* tels qu'ils paraissent. « *Afin d'être phénomène* – écrit Brentano – *quelque chose doit être en soi* »[2].

L'apparence de symétrie donnée à première vue par l'image d'un monde de phénomènes sagement partagé en deux, s'écroule. Les « prétentions philosophiques » de la psychologie brentanienne deviennent

1. « Nous avons vu à quelle sorte de connaissance le physicien peut prétendre. Les phénomènes qu'il étudie et qui concernent la lumière, le son, la chaleur, le lieu, le mouvement local *n'ont pas d'existence véritable et effective*. Ils constituent les signes d'une réalité effective (*Sie sind Zeichen von Etwas Wirklichen*) dont l'action produit leur représentation. Mais l'image qu'ils en donnent ne correspond aucunement à cette réalité, et la connaissance qu'on peut en tirer demeure bien imparfaite. [...] [Pour le physicien] En soi et pour soi, ce qui est réel n'apparaît pas, et ce qui apparaît n'est pas réel (*an und für sich tritt das, was wahrhaft ist, nicht in die Erscheinung, und das was erscheint ist nicht wahrhaft*). La vérité des phénomènes physiques n'est, suivant l'expression consacrée, qu'une vérité relative. Il en va tout autrement pour les phénomènes de la perception intérieure. Ceux-là sont vrais en soi. *Ils sont en réalité tels qu'ils paraissent* (*wie sie erscheinen so sind sie auch in Wirklichkeit*) » (*Psychologie* I, trad. fr. p. 40, modifiée ; nous soulignons).

2. « 1) Par le concept de psychologie descriptive, j'entends une description analytique de nos phénomènes. 2) Un phénomène est dès lors ce qui est perçu par nous, et notamment ce qui est perçu au sens strict du terme. 3) Ce qui par exemple n'est pas le cas du monde extérieur. 4) Afin d'être un phénomène quelque chose doit être en soi. C'est à tort qu'on oppose le phénomène à l'être en soi (*Um Phänomen zu sein, muß etwas in sich sein. Mit Unrecht stellt man Phänomen in Gegensatz zum an sich Seienden*) », (Franz Brentano, *Deskriptive Psychologie*, Hamburg, Meiner, 1982, p. 129).

d'ailleurs de plus en plus manifestes si l'on revient sur les trois concepts-clé que nous avons évoqués plus haut.

a) Nous avons déjà vu en quel sens le concept de *phénomène* ne revient pas à proprement parler aux phénomènes physiques. Les seuls vrais phénomènes selon Brentano sont les phénomènes psychiques. b) Il n'en va pas autrement pour la *perception*. La perception extérieure, dira Brentano, n'est pas une perception véritable. Si percevoir veut dire, étymologiquement, *Wahr-nehmen*, saisir ce qui est véritablement, et si la perception extérieure n'est qu'une perception de signes, celle-ci ne mérite pas son nom[1]. À la rigueur, ajoute-t-il, il s'agit d'un *Falsch-nehmen*. Elle suppose en effet l'existence d'un phénomène, elle parie sur l'être de ce qui apparaît, sans jamais faire l'expérience d'autre chose que des signes qui l'annoncent. c) Finalement, si seuls les phénomènes psychiques sont des phénomènes véritables (les phénomènes physiques étant des signes) et si seule la perception intérieure est une perception véritable, saisie d'un objet réellement existant (la perception extérieure n'étant qu'un espoir de perception, jamais en mesure d'être satisfait), dès lors seule la psychologie est une science véritable, une science dont l'expérience garantit l'existence de son objet. La physique doit se contenter d'inférer du signe l'existence de la chose, des effets les causes, sans jamais pouvoir dépasser le stade de la prétention à la connaissance.

Si l'on admet donc ce partage entre des *phénomènes au sens propre* (apparaître = réalité) c'est-à-dire les *phénomènes psychiques*, et ces *phénomènes par procuration* que sont les corrélats physiques des phénomènes psychiques (apparaître ≠ réalité), signes d'un monde qui s'annonce sans jamais se révéler, la psychologie non seulement est une science à part entière, mais elle est plutôt science en un sens éminent : moins science de l'âme ou du psychique que *science du réel*, de l'*ontos on* – plus proche de la métaphysique que de la physique et qui, comme le disait Husserl dans *Krisis I*, « élève encore des prétentions philosophiques et ne veut pas se contenter de figurer parmi les sciences positives ». Qui plus est, une psychologie que Brentano qualifie de « phénoménologie descriptive ». Une *autre* phénoménologie, donc.

2) *L'anomalie épistémologique de la psychologie*. Il est clair que si la psychologie de Brentano se veut scientifique, elle ne l'est certainement pas au sens de la science européenne. Celle-ci préconise une reprise de la méthode mathématique des sciences de la nature (condition *positive*) *et* un

1. Cf. *Psychologie* I, trad. fr., p. 104.

refoulement de toute dimension philosophique, liée notamment à la question du rapport entre l'apparaître et la réalité du monde (condition *négative*). Conditions que la psychologie brentanienne ne remplit pas.

Il serait tentant d'imaginer que Husserl, élève de Brentano, oppose dans la *Krisis* une mauvaise et une bonne psychologie, l'une naïvement objectiviste, l'autre plus philosophique, anticipant à plusieurs égards la démarche phénoménologique. Mais ce serait sans compter sur un fait important. La mise en forme du problème opérée par *Krisis I* oblige cette fois-ci Husserl à mettre l'accent sur l'idée que le motif philosophique, voire métaphysique, habite *l'idée même de psychologie*, et cela d'une manière tout à fait essentielle. Car la vraie question est maintenant la suivante : une psychologie scientifique quelle qu'elle soit, peut-elle vraiment renoncer à quelque chose qui est nécessairement impliqué par son objet de recherche propre, à savoir *le problème métaphysique du rapport entre la réalité et l'apparence du monde*? Ce n'est pas le moindre mérite de Husserl que d'avoir insisté dans la *Krisis* sur le fait qu'aucune psychologie scientifique, celle expérimentale pas plus que celle descriptive, n'est à l'abri de décisions portant sur l'intrigue des signes et des phénomènes.

D'où la stratégie suivie dans la *Krisis* : traquer l'itinéraire historique et tracer la genèse de cette psychologie scientifique véritablement européenne (mathématisée *et* à teneur philosophique refoulée) s'avère être plus important que de rappeler le rôle crucial joué par la psychologie brentanienne dans la constitution du discours phénoménologique.

Mais que refoule au juste la psychologie dite objective ? Et pourquoi la justification de cette fameuse crise des sciences occidentales que personne ne voit passe-t-elle par une reconstruction du *devenir scientifique* de la psychologie ?

Dans les leçons de *Philosophie première* de 1923/24, Husserl avait déjà explicitement abordé l'idée d'une difficulté structurelle propre à l'idée de psychologie, depuis sa naissance chez Aristote en tant que « science universelle de la subjectivité ». Comme toute science particulière, dit-il, la psychologie possède son objet propre : l'âme humaine et ses fonctions. Mais, en même temps, et cela par principe, rien n'échappe à son regard thématique. Aucun domaine de l'expérience ou du savoir – de la logique à l'éthique, des mathématiques à la physique – ne lui est foncièrement étranger. Elle est donc à la fois particulière et, en quelque sorte, universelle.

Tout peut être envisagé d'un point de vue psychologique, parce que tout nous est donné, à titre de phénomène, par le biais de vécus psychiques[1].

Structurellement la psychologie n'est donc pas comme les autres sciences, ce qui en fait une « *calamité permanente* (*ein beständiges Kreuz*) pour les esprits philosophiques ». Elle possède une tendance compulsive à l'universalité, dictée par la nature même de son objet de recherche[2]. La raison d'être du psychologisme, combattu dans les *Recherches logiques*, est ici. Cependant, elle paraît incapable de se donner les moyens méthodologiques pour en venir à bout, d'où son « impossibilité à maîtriser la problématique universelle »[3].

Cette idée d'un caractère foncièrement aporétique de la psychologie, est destinée à jouer dans la *Krisis* un rôle tout à fait différent. La psychologie, de quoi s'occupe-t-elle au fond? De l'âme, répond-on tout à fait naturellement – ou de la psyché, de la conscience, des phénomènes psychiques, peu importe. Rien n'est moins sûr, rétorque la *Krisis*. La psychologie est la seule discipline scientifique qui semble mener tout droit à la question du caractère phénoménal du monde, « *die gesamte Welt unserer Phänomene* ». Mais la psychologie scientifique « au sens européen », *devient* une science *non pas* en maîtrisant la problématique universelle, mais en la refoulant. Si toute psychologie possède nécessairement une vocation philosophique dans la mesure où, à la fois particulière et universelle, *en s'intéressant à l'âme elle tombe nécessairement sur le monde, sur la totalité du monde tel qu'il apparaît subjectivement, sur le problème de la réalité ou du caractère purement phénoménal de ce qui lui*

1. *Cf.* Edmund Husserl, *Philosophie première (1923-24). Première partie : Histoire critique des idées*, trad. fr. par A. L. Kelkel, Paris, P.U.F., 1990, VIIIe leçon, p. 74.

2. Cette même tendance, qui fait d'ailleurs de la psychologie le concurrent le plus redoutable pour la prise en charge du « domaine universel de l'objet », est signalée par Meinong dans le § 5 de sa *Gegenstandstheorie*. *Cf.* Alexius Meinong, *Théorie de l'objet et présentation personnelle*, trad. fr. J.-Fr. Courtine et M.-B. de Launay, Paris, Vrin, 1999.

3. « Certes, la manière dont la psychologie entre en scène fait qu'elle est à vrai dire une *calamité permanente* (*ein beständiges Kreuz*) pour les esprits philosophiques. Dès le début elle se montrait incapable précisément de maîtriser la problématique telle que nous l'avions dégagée dans nos dernières leçons en partant de la connaissance et des unités de connaissance et en rapport avec les disciplines méthodologiques de la logique et puis aussi de l'éthique. Ce qui faisait défaut, quelque insistance qu'on mit à parler des facultés de la raison théorique et pratique, c'est la *méthode* permettant de *mettre correctement en évidence par description systématique* et d'appréhender sur le plan théorique les *sphères d'actes* auxquelles se rapportent pourtant ces facultés, et par suite de façon générale *la conscience en tant que conscience de quelque chose*. Mais ce fut là un défaut radical qui devait faire obstacle au développement de la psychologie et l'empêcher de prendre la forme sûre d'une science authentique progressant au moyen des descriptions et des explications rationnelles » (*Philosophie première, VIIIe leçon*, trad. fr. p. 74-5).

apparaît, la psychologie scientifique européenne est tout simplement une science particulière, positive, parmi les autres, dont l'objet est le domaine clos du psychique avec ses régularités et ses lois d'organisation. Elle n'a pas à « maîtriser la problématique universelle » ni à se poser la question de la réalité du monde apparaissant. Justement, elle n'a surtout pas à s'occuper de ce *phénomène* qui est le monde, mais uniquement de cette *chose* qui est la psyché. Psychologie sans apories, donc – car psychologie sans phénomènes.

L'on touche du doigt ici l'un des repositionnements thématiques sans doute les plus importants opérés par la *Krisis* et souvent masqué par l'excès d'intérêt traditionnellement accordé à la critique de la mathématisation. Pourquoi Husserl avait-il associé, au sein d'une même interrogation, « crise des sciences européennes » *et* « psychologie » (le titre des conférences de Prague) ? Pourquoi après avoir introduit l'idée d'une crise invisible des sciences occidentales, se pencher sur le cas limite de la psychologie, science sous réserve ? Si la psychologie est une science à part entière, et si elle est en crise, ce qui est intéressant aux yeux de Husserl est d'étudier la forme propre que la crise de sens des sciences a prise dans le cas de cette science psychologique – ce qu'il appelle « *ihre eigentümliche Krisis* ». D'un seul coup, *le problème du caractère phénoménal du monde cesse d'être un problème et la subjectivité devient un objet positif de recherche scientifique*.

Il s'agit donc d'étudier le rôle en quelque sorte *anti-paradigmatique* de la psychologie à l'intérieur des sciences objectives, d'étudier la particularité de sa « maladie » philosophique (*die Fraglichkeit an welcher die Psychologie krankt*). La psychologie rend visible cette crise qui est invisible dans les autres sciences. L'expression « crise de sens des sciences européennes » veut dire tout compte fait quelque chose de très simple : *qu'on ne sait toujours pas ce que c'est que pour un monde d'être réel.* Qu'est-ce que le monde réel ? Celui indiqué par les fonctions et les formules des sciences galiléennes, auxquels on croit presque par défaut, et qui n'apparaît pas ? Ou ce monde vécu, qui apparaît à titre de corrélat de nos vécus psychiques et auquel, naïvement, on fait toujours confiance, en dépit de tout ? C'est justement d'une telle schizophrénie que souffre la modernité. À quoi faut-il accorder le pouvoir de manifester ce qui est « *wahrhaft und wirklich* » ? Aux signes ou aux phénomènes ? Impossible de trancher. L'on croit aux signes (*l'en soi est invisible*) sans pour autant cesser de croire aux phénomènes (*l'en soi apparaît*), et vice-versa. Schizophrénie donc, dont la psychologie scientifique, qui a troqué une

« problématique » pour un « objet de recherche », aurait peut-être pu nous permettre de sortir[1].

LES DEUX PSYCHOLOGIES ET LE MOTIF TRANSCENDANTAL.

Afin de répondre à la question esquissée en *Krisis I* « comment la psychologie vient-elle à la science ? » *Krisis II* entreprend une recherche qui se déroule en deux étapes. 1) Il faut d'abord remonter jusqu'à l'acte de naissance des sciences objectives, et, ensuite, 2) mettre en relief les dispositifs qui conditionnent l'élargissement du paradigme galiléen au domaine psychique. Il s'agira ainsi de voir comment après avoir donné sa science à un *monde de corps*, la modernité a su bâtir une science mondaine de l'âme.

Or, deux événements, étroitement liés mais bien distincts, caractérisent l'avènement de la modernité dans *Krisis II* : la *transformation du sens du monde* et sa *scission*.

1) *Galilée et la transformation de sens du monde.* Husserl lie le premier volet – la transformation – au nom de Galilée, qui fait du monde *naturel* un monde en-soi mathématiquement structuré. Ce monde (mathématique, objectif, vrai), objet exclusif du savoir scientifique, *n'est pas* le monde apparaissant, de l'expérience (perceptif, subjectif, trompeur). Le monde apparaissant *n'est* au fond *que* apparaissant et à la limite il ne s'agit même pas d'un monde, mais d'un *semblant de monde* ou plutôt d'un *signe* du monde réel.

Comme le monde de la physique esquissé par Brentano, celui du Galilée husserlien postule un clivage réalité/apparaître. Dans un monde galiléen transformé, vaut l'axiome brentanien cité plus haut : *ce qui est réel n'apparaît pas, ce qui apparaît n'est pas réel.* Et c'est justement au sens strict de Brentano que nous avons pu utiliser, plus haut, l'expression de *monde sans phénomènes*, car ni l'expérience perceptive ni la physique n'ont accès à ce stade où le réel et le phénoménal se recoupent. On dérobe au monde phénoménal sa réalité, sans pour autant qu'une autre phénoménalité soit reconnue au monde véritablement réel. Monde intégralement sémiotique, donc, où l'expression même de « science du monde des phénomènes » n'exprime qu'une contradiction dans les termes : une science du monde ne saurait pas être une science des phénomènes. La thèse

1. L'on reconnaît ici l'ensemble de la problématique qui sera développée en *Krisis* III A à travers les analyses de la *Lebenswelt*. Cf. *infra* § 3.2.

de la transformation du sens du monde se caractérise ainsi par les traits suivants : a) il y a un monde apparaissant et un monde réel ; b) le monde réel, « *wahrhaft und wirklich* », n'apparaît pas et ce qui apparaît, ce n'est pas le monde réel ; c) le monde réel est structuré mathématiquement ; d) la science du monde réel est une science mathématisée.

Mais si une telle transformation de sens permet de faire du monde des corps un objet unitaire de traitement scientifique, il est manifeste que, telle quelle, elle n'implique pas encore l'idée d'une psychologie scientifique. La migration des formes idéales dans la nature, à elle seule, ne suffit pas pour que la psychologie change de statut, *encore faut-il que le psychique puisse en être touché.* Tant que le seul monde réel est le monde des corps, aucune science autre que la physique n'est concevable. Tant qu'aucune forme de réalité, aucune consistance ontologique n'est reconnue au psychique, rien n'oblige à ce que le traitement de l'immatériel soit qualifié de scientifique.

L'origine de la psychologie scientifique, dont *Krisis I* était à la recherche, n'est pas chez Galilée.

2) *Descartes et la scission du monde.* C'est à ce moment précis que Husserl se tourne vers Descartes « le génie fondateur originel de l'ensemble de la philosophie moderne » (§ 16) ainsi que l'auteur d'une double percée. Descartes aurait en effet, à la fois, 1) opéré une *généralisation* (méthodologique) et un *élargissement* (thématique) de l'idée de monde, et 2) entrepris une *fondation* (métaphysique) de la méthode des sciences de la nature. C'est uniquement à partir de cette double percée cartésienne qu'il est possible de penser la destinée scientifique de la psychologie.

– *La première percée : la psyché comme chose (généralisation de la méthode et élargissement du monde).* Husserl commence par reconnaître quelque chose de tout compte fait banal : Descartes n'a pas simplement adopté ou amélioré en quoi que ce soit le principe de la science de la nature galiléenne – *il en a fait un modèle.* Le discours de la méthode fait de la rationalité mathématique le paradigme de *toute* science[1]. Le dualisme des âmes et des corps vient intégrer l'idée de la généralisation de la méthode mathématique dans la vision d'un « monde scindé » (*gespaltene Welt*)[2] : *deux fragments de monde, une seule méthode.*

1. « La science naturelle mathématique ne devait-elle pas devenir le modèle de toute connaissance scientifique ? Et si pour elle une science authentique qui dépassait la nature devait devenir possible, ne fallait-il pas que cette science suivît le modèle de la mathématique pure ? » (*Krisis* II, trad. fr. p. 70-1).

2. « Du reste dès lors que la nature rationnelle, au sens de la science de la nature, est un monde de corps étant en soi, comme c'est tenu pour "évident" (du moins dans la situation historique donnée), dès ce moment il fallait que le monde en soi, d'une façon très particulière

Cependant, ce qui est loin d'être banal dans la lecture husserlienne est le sens que *Krisis II* finit par attribuer à une telle relation entre *généralisation de la méthode* et *dualisme des substances : le sens d'un élargissement de l'idée de monde transformé héritée de Galilée*. Dorénavant, ce n'est plus simplement le monde de la nature matérielle qui est en-soi et rationnel, vrai, susceptible d'un traitement scientifique – *c'est le monde tout court, y compris tout ce qui relève non pas du corps mais de l'esprit*. Avec Descartes ce qui n'est pas sur le mode d'être d'un corps naturel, insiste Husserl, n'est pas pour autant hors du monde, privé de réalité, donc de science.

C'est ici l'acte de naissance véritable de la psychologie scientifique dite *objective*, « une psychologie d'un style totalement étranger à celui des époques antérieures » (*Krisis* II, trad. fr., p. 72). Le psychique mondanisé et la *mathesis* universalisée, il est finalement possible de faire un pas de plus par rapport à Galilée. Après avoir, par co-mathématisation (*Mit-mathematisierung*), traité mathématiquement la matière, il est maintenant possible de mathématiser l'immatériel. Cette idée de la psychologie – qu'elle soit menée avec des outils rationalistes ou empiristes – aurait été impossible sans la scission du monde en monde des corps et monde du psychique, isomorphes et déterminés d'une manière positive. Tant que le psychique n'avait pas de monde, donc *pas de réalité*, il ne pouvait pas non plus prétendre à avoir une science. Traiter mathématiquement des faux-semblants – ou, comme le dit Galilée dans un passage célèbre de *Il saggiatore*, des « *titillazioni* »[1], des chatouillements évanescents, purement et simplement subjectifs – cela n'aurait eu aucun sens.

C'est donc *a*) de la « généralisation du paradigme objectiviste des sciences naturelles » (objectivisme) et *b*) de l'« élargissement de l'emprise de la réalité du monde sur la psyché » (dualisme) que, dans la longue durée, a pu se constituer cette tradition de la psychologie scientifique, qui, à travers Hobbes et Locke, mène à Fechner, Weber ou Wundt[2]. Cette tradition, évoquée dans *Krisis I*, a renoncé à l'ambiguïté philosophique du

et en un sens jusqu'ici inconnu, soit un monde *scindé*, scindé en une nature en-soi et un mode d'être différent de celle-ci : l'étant qui a pour mode d'être la *psyché* » (*Krisis* II, trad. fr. p. 71).

1. Galileo Galilei, *Il saggiatore*, in *Le Opere di Galileo Galilei*, Edizione Nazionale (Nuova Ristampa), éd. A. Favaro, Firenze, G. Barbèra, 1968, t. VI, p. 347-350.

2. L'idée que, tout compte fait, *toute psychologie scientifique est cartésienne*, est exposée pour la première fois dans la *Krisis*. Dans la *Psychologie Phénoménologique*, Husserl distingue encore la « psychologie du dualisme cartésien » de celle du « matérialisme hobbésien », « du monisme métaphysique de Spinoza » ou de « la psychologie empirique fondée sur l'expérience interne » de Locke (cf. *Psychologie phénoménologique*, trad. fr. p. 12).

psychique pour un modèle explicatif qui a fait ses preuves sur le monde des corps. La psychologie pourra enfin prendre la forme d'une science objective de ce monde « séparé, réellement et théoriquement clos sur lui-même » qui est celui de la *res cogitans*, fragment d'un monde scindé ou monde à lui tout seul, se livrant à un traitement méthodologique rationnel[1].

– *La deuxième percée : la psyché comme phénomène (fondation de la méthode).* L'intitulé du § 16 de *Krisis II* montre cependant que la contribution de Descartes ne saurait se résumer simplement à une telle percée. Descartes, dit Husserl, est un double fondateur : « *fondateur originel aussi bien de l'idée moderne du rationalisme objectiviste que du motif transcendantal qui le fait éclater* ». La « problématique universelle » de *Philosophie première*, la « prétention philosophique » de *Krisis I* reviennent ici sous la forme d'un appel au « motif transcendantal de la philosophie », destiné à restituer à la psychologie sa vocation philosophique, à faire éclater le modèle objectiviste, à re-problématiser l'être du monde et à donner le coup d'envoi à une nouvelle méthode scientifique conforme à la particularité du psychique. Mais que faut-il entendre par là ?

Déjà à un regard superficiel, il apparaît très clairement que le mot « transcendantal » ne saurait pas être pris ici en un sens kantien – ni strict, ni ample. Dans le § 56 Husserl évoque, certes, l'exemples de Kant, mais aussi celui de Berkeley (phénoméniste), de *Hume* (sceptique), de J. S. Mill (empiriste), de Schuppe (néopositiviste, philosophe de l'immanence), d'Avenarius (empiriocriticiste), et finalement même d'un rationaliste comme Descartes. Hétérogénéité qui ne peut que frapper. Et pourtant elle n'a rien de paradoxal, car par une telle expression Husserl n'indique ni une attitude doctrinale, ni une méthode, ni une orientation théorique, caractéristique d'un philosophe ou d'une école, mais plutôt un « motif » (*Motiv*), que l'on peut trouver chez de nombreux philosophes. Il n'est pas sans intérêt d'ailleurs de rappeler les noms des philosophes qui en sont apparemment dépourvus : Hobbes, Locke et, justement, tous les représentants de la

1. « La modernité – dira encore Husserl dans le § 61 – s'était prescrit dès le début le dualisme des substances *et* le parallélisme des méthodes du *mos geometricus*, c'est-à-dire l'idéal méthodologique du physicisme » (nous soulignons, *Krisis* III B, trad. fr. p. 242 à peine modifiée). Les hommes psycho-physiques de la psychologie objective seraient ainsi : « des réalités couplées (*Doppelrealitäten*) » pensées « comme l'association de deux réalités mais à mettre sur le même plan dans leur sens de réalités (*als Verband von je zwei verschiedenartigen, in ihrem Realitätssinn gleichzustellenden Realitäten*) » (*Krisis* III B, trad. fr. p. 249).

« nouvelle psychologie », coupables de n'avoir suivi Descartes que dans sa première percée[1].

Mais si le transcendantal est un *motif*, qui se détache par contraste de l'idée moderne de rationalisme objectiviste, il est important d'éviter un malentendu. L'objectivisme rationaliste issu de la première percée, quant à lui, *n'est pas* un motif, qui s'opposerait au motif transcendantal, en se situant sur le même plan. Comme le dit bien Husserl, chez Descartes, l'objectivisme rationaliste, c'est moins un motif qu'une « *idée* » (*eine Idee*). L'objectivisme n'est pas simplement un trait – bien qu'essentiel – caractéristique de la modernité, c'est plutôt un idéal de configuration des connaissances, une vision de la science et du savoir philosophique en général. C'est précisément une forme de savoir du monde.

En ce sens il faut insister sur le fait que Husserl nous invite à penser le rapport entre *motif* transcendantal et *idée* objectiviste, moins comme un conflit frontal entre deux visions ou deux paradigmes que comme un conflit de tendances, de forces, et qui peut produire des équilibres précaires. Equilibres entre des forces *centripètes* (l'idée objectiviste), qui tendent à cristalliser les objectivités du savoir en mondes ou sous-mondes, réalités d'ordre différent, et des forces *centrifuges* (le motif transcendantal), qui, par leurs répétitions et leurs retours risquent de dé-former et même de « faire sauter » (*ent-sprengen*) de telles formes de l'objectivité. C'est donc l'intentionnalité même de la modernité, avec ses visées théoriques stratifiées, qui est désignée par le champ de tension (*Spannungsfeld*) entre l'objectif et le transcendantal.

Or, selon Husserl, Descartes ne veut pas simplement propager le modèle objectiviste (et le monde scindé qui va avec), il veut aussi le *fonder*, et c'est justement cette dernière exigence qui active le motif transcendantal. Descartes est à la recherche d'un fondement apodictique, évident, qui puisse fonctionner comme le point d'appui assuré et stable de toute connaissance objective. En termes brentaniens, ce dont il est à la recherche, n'est rien de moins qu'un *phénomène*, un en soi qui s'atteste. On connaît la suite. Il a cherché ce fondement dans le monde des corps, il ne l'a pas trouvé. Aucune connaissance mondaine ayant un tel mode d'être n'est à l'abri du doute. Il l'a finalement trouvé dans la subjectivité, dans le *cogito*, dont le mode d'être lui prescrit d'apparaître d'une manière évidente, en sorte que sa réalité se trouve d'ores et déjà assurée, par le fait même

1. « Une telle psychologie est par conséquent entièrement occupée à des recherches intrapsychologiques dans le champ de l'âme, désormais séparée de la corporéité, de même qu'elle est occupée à des explications physiologiques et psycho-physiques. » (*Krisis* II, p. 97).

d'apparaître. Le phénomène est enfin trouvé. L'objectivisme avait restitué sa réalité au psychique, en rendant ainsi possible sa science, mais il ne lui avait pas restitué pour autant sa phénoménalité. Le motif transcendantal *rend apparaissante la réalité psychique*, et en fait le fondement des sciences.

C'est en ce sens que le motif transcendantal (subjectif *et* phénoménal) risque de faire sauter l'idée objectiviste (expulsion du subjectif *et* du phénoménal – qui, dans le cas de la psychologie scientifique, aboutit au refoulement de la « problématique universelle »). Dès lors, tout philosophe transcendantal – Hume comme Descartes, Kant comme Avenarius – est engagé dans une entreprise de *déformation de l'objectivité scientifique par fondation* ou, si l'on veut, *de fondation de l'objectivité par phénoménalisation du subjectif*. Fonder l'objectivité de la science veut dire dissoudre le caractère en-soi du monde qu'elle est censée atteindre, en ronger la réalité, en en montrant le caractère simplement phénoménal, factice, illusoire, fictif, constitué, fondé, construit. En ce sens, fonder l'objectivité veut dire non seulement prendre en charge des activités psychiques et subjectives qui contribuent à la constitution de l'objectivité, cela signifie également indiquer une issue de la crise : toute sémiotique *du monde* serait ainsi fondée sur une phénoménologie *de la conscience*.

Husserl peut ainsi affirmer que, avec Descartes, commence « *une façon totalement nouvelle de philosopher*, qui cherche ses fondements ultimes dans le subjectif » (*Krisis II*, p. 94). La voie est ouverte pour tout un pan de philosophes « transcendantaux » qui, à leur façon, procèdent dans cette entreprise paradoxale de fondation de l'objectivité par dissolution du monde. C'est ce que Husserl appellera « la banqueroute » de la connaissance objective et dont le sommet est représenté par Hume. Pour celui-ci, c'est l'âme, avec ses impressions, ses idées et à l'aide des lois associatives, qui construit le *monde* – entendu : le monde *lui-même*, nullement une *image* du monde. Selon *Krisis II*, Hume est sans doute celui qui a poussé le plus loin le motif transcendantal, allant jusqu'à mettre en cause, non seulement l'objectivisme mathématique mais l'objectivisme tout court. Et, au fond, c'est en ce sens précis qu'il faut comprendre le motif transcendantal[1]. Celui-ci s'attaque à l'objectivisme en s'attaquant au monde qu'il postule. Il ne s'agit donc pas d'une réaction contre l'idée d'un monde *mathématisé*,

1. « Ce n'est donc pas l'être du monde dans son évidence sans question qui est en soi ce qu'il y a de premier, et il ne suffit pas de poser simplement la question de ce qui lui appartient objectivement; *ce qui est premier en soi est au contraire la subjectivité* et ce *en tant* qu'elle pré-donne naïvement l'être du monde, puis qu'elle le rationalise, ce qui revient au même, qu'elle l'objective » (*Krisis* II, p. 80).

mais d'une mise en cause de l'idée d'un monde *en soi*, réel sans être phénoménal.

Conformément à cette deuxième percée, faire de la psychologie ne signifie pas *analyser le monde objectif de la psyché*, mais *dissoudre l'illusion d'objectivité du monde*. Restituer à l'être réel et véritable sa phénoménalité, en restituant par la même occasion à la psychologie sa portée philosophique.

2.3.) *Le double héritage cartésien de la psychologie scientifique*. La voie de la psychologie moderne bifurque donc au moment même de sa naissance. Il y aura ainsi une psychologie *objectiviste*, mathématique, qui naturalisera le psychique – sémiotique de l'âme, sans phénomènes, sans aspirations philosophiques, sans fondation. Elle partira de la première percée cartésienne et, comme nous l'avons vu, à travers Hobbes et Locke elle conduira à la psychophysique du XIXe siècle – à cette psychologie comme science à part entière, intégralement « européenne », donc secrètement malade, dont il était question en *Krisis I*. Mais il y aura également une autre psychologie, *déformatrice d'objectivité*, qui s'alimente à la problématique universelle, au motif transcendantal et fait des activités de la subjectivité le point d'appui de l'objectivité du monde. Celle-ci, issue de la seconde percée cartésienne, sera plutôt phénoménologique et descriptive. À travers Berkeley ou Hume, elle mènera tout droit à la psychologie d'un point de vue empirique de Franz Brentano.

Cependant, un problème demeure. Comment articuler les deux percées cartésiennes ? Comment penser le rapport entre psychologie objective et psychologie descriptive, d'un côté, et phénoménologie husserlienne de l'autre ? Si l'on se tient à une telle caractérisation préalable, la psychologie descriptive brentanienne serait d'ores et déjà une forme, sans doute la plus accomplie, de phénoménologie transcendantale. Si bien que la différence entre les deux phénoménologies, celle brentanienne et celle husserlienne, serait simplement une différence de degré, de développement, d'auto-compréhension. Mais l'idée husserlienne d'une opposition entre les deux âmes cartésiennes de la psychologie avait abouti à une thèse très forte, qu'il s'agit maintenant de préciser, à savoir que *toute psychologie scientifique est au fond cartésienne*, si bien que *toutes les différences entre psychologie objectiviste et psychologie descriptive ne sont que des différences internes à un paradigme, épistémologique et métaphysique, commun*. La phénoménologie husserlienne n'a donc pas à choisir entre l'une des deux psychologies cartésiennes – elle doit plutôt, pour la première fois, imaginer une autre manière de *penser le psychique et sa science, en termes non cartésiens*.

Mais dans quelle mesure l'intrigue des deux psychologies est-elle cartésienne ? La portée de la thèse de Husserl apparaît plus clairement si l'on compare les principes de la psychologie objective à ceux de la psychologie descriptive.

	THÈSES ÉPISTÉMOLOGIQUES 1/ la psychologie est une science 2/ il n'y a qu'une méthode scientifique 3/ la seule méthode scientifique est…	**THÈSES MÉTAPHYSIQUES** 1/ il n'y a de science que du réel 2/ le psychique est une *res* 3/ ce qui est réel…
PSYCHOLOGIE OBJECTIVE (psychophysique, psychophysiologie) Wundt, Fechner Première fondation cartésienne : *la généralisation de la méthode scientifique*	… mathématique 4/ la psychologie scientifique doit être : – *quantitative* (mesurer) – *expérimentale* (observation, induction)	… n'apparaît pas 4/ le psychique est invisible en soi : – *on y parvient par voie sémiotique* (par le physique, la perception extérieure) 5/ le psychique est une *res* au même titre que le physique
PSYCHOLOGIE DESCRIPTIVE (psychognosie, phénoménologie) Brentano Deuxième fondation cartésienne : *la fondation des sciences*	… empirique 4'/ la psychologie scientifique doit être : – *qualitative* (décrire) – *descriptive* (perception évidente, description)	… apparaît en soi 4'/ il y a des *phénomènes* psychiques : – *on y parvient par voie phénoménologique* (directement, par la perception intérieure) 5'/ le psychique est une *res* à plus juste titre que le physique

Aussi bien Brentano que, disons, Fechner, partagent la thèse de l'unité de la méthode scientifique et de la réalité de leur objet. Cependant, conformément à la première percée cartésienne, Fechner identifie une telle méthode avec celle des sciences physiques. Dans la mesure où ce qui fait la scientificité des sciences de la nature est l'observation et la mesure de relations susceptibles d'être exprimées en langage mathématique, la psychologie physiologique doit être une psychologie *quantitative* (elle veut introduire la notion de mesure dans un contexte traditionnellement considéré comme immatériel) et *expérimentale* (elle traite du psychique dans la mesure où celui-ci livre des régularités observables par des expériences de laboratoire). Elle doit donc observer et mesurer les faits de conscience.

Mais, nous l'avons vu, peut-on vraiment mesurer l'immatériel, observer le psychique? Autrement dit, en quel sens le psychique est-il à la fois *visible et mesurable*? Husserl suggère que c'est la thèse du dualisme, toujours liée à la première percée cartésienne, qui permet de répondre à une telle question. C'est le psychique tel qu'il est relié (*in Verbundenheit*) au physique, ou plutôt *tel qu'il se manifeste à travers le physique* qui est susceptible d'être observé et mesuré. Ce n'est que sur la base d'un parallélisme postulé entre les « deux niveaux réaux du monde de l'expérience », tel que qu'à chaque modification d'un côté correspond une et une seule modification dans l'autre, que la psychologie objective peut pousser la co-mathématisation à ses limites.

Ce n'est d'ailleurs pas un hasard si la psychologie physiologique s'est notamment occupée du phénomène de la *sensation*, dans le but de rendre explicites les lois réglant les rapports entre les aspects physiques des stimuli et les contenus de conscience sensoriels qui leur correspondent. Dans la *loi de Fechner*, selon laquelle la grandeur subjective d'une sensation est mesurée par le logarithme de la grandeur physique de son stimulus, ou dans la formule du *seuil absolu* (qui mesure l'intensité minimale d'un stimulus pour qu'il puisse produire une sensation) ou du *seuil différentiel* (l'augmentation d'intensité d'un stimulus pour qu'on puisse percevoir une modification dans la sensation), ce que l'on exprime sous forme de fonctions ce sont les rapports entre *ce qui est effectivement visible et mesurable* (les stimuli physiques) et ce qui, à proprement parler, *se dérobe à l'observation et à la mesure* (les représentations mentales)[1], deux ordres du réel reliés par des rapports de type causal[2].

Mais Husserl fait comprendre aussi qu'une telle vision de la psychologie, bien que d'une manière refoulée, opère toutefois à partir de choix métaphysiques qui portent sur la réalité des phénomènes et leurs modes d'appréhension. Si sur le versant épistémologique, généraliser la *mathesis* veut dire donner à la science psychologique objective une *méthode*, d'un point de vue plus strictement métaphysique, faire de la psyché une *res* (évoluant d'une manière parallèle et consubstantielle à la *res extensa*) veut dire, en revanche, lui donner un *objet* susceptible d'être

1. *Cf.* Gustav Th. Fechner, *Elemente der Psychophysik. Zweite unveränderte Auflage* (première édition : 1860), Druck und Verlag von Breitkopf & Härtel, 1889, notamment le ch. XLIII : *Verhältnis zwischen sinnlichen und Vorstellungsphänomenen*, p. 291.

2. Cf. *Krisis* IIIB, p. 242-243.

traité scientifiquement[1]. L'univers de la première percée cartésienne est ici complètement déployé. Et le choix sémiotique d'étudier les «*innere Vorgänge*» à partir de leurs manifestations sensibles, ne découle pas directement de la condition épistémologique mais de la condition métaphysique. Si pour la science psychologique objective la réalité psychique est invisible, s'il n'y a donc pas, à proprement parler, de *phénomènes* psychiques et si le psychique se manifeste uniquement *par* le physique, qui en est le signe – c'est que le psychique est réel, *et le réel n'apparaît pas. La sémiotique n'est que le pendant méthodologique d'une forme bien déterminée de métaphysique de l'en soi.*

Quant à Brentano, si, tout comme ses adversaires, il préconise une psychologie scientifique, son choix épistémologique porte sur une méthode empirique descriptive. Mais, que peut-on décrire au juste? On ne peut décrire que *ce qui se manifeste, ce qui apparaît.* On ne décrit pas l'invisible. Le premier geste de Brentano sera donc de restituer au psychique son caractère phénoménal. D'une telle manière, Brentano prend au sérieux une notion qui, malgré sa banalité apparente, ne va nullement de soi : celle de *phénomène* psychique. Mais, conformément à la même option métaphysique selon laquelle il n'y a de science que du réel, encore faut-il que ce qui se manifeste soit réel. C'est ainsi que la perception intérieure, instrument privilégié d'une psychologie qualitative, non seulement doit faire apparaître les vécus, mais elle doit aussi témoigner de leur réalité.

Éistémologiquement, Brentano n'a dès lors aucun doute: a) le psychique n'est pas invisible, car il apparaît et se donne en lui-même de façon directe et claire (= la mesure n'est donc pas nécessaire); b) il existe des critères bien précis pour le reconnaître *indépendamment* du physique – la relation intentionnelle, en est un, mais pas le seul[2] (= même si l'on arrive à mesurer les *stimuli* physiques, cela n'implique pas qu'on ait mesuré quoi que ce soit du psychique). Quant aux thèses métaphysiques, conformément à la seconde fondation cartésienne, non seulement le *psychique* est une *res*, mais au sens strict, il s'agit de la seule *res* véritable, dont la réalité est assurée d'une manière évidente. Les phénomènes physiques ne peuvent revendiquer qu'un type d'existence subordonnée, intentionnelle, en tant

1. Cf. *Krisis* III B, trad. fr. p. 243.

2. Brentano en distingue six: 1) l'être une représentation ou l'être fondé sur une représentation, 2) le caractère non étendu, 3) la direction intentionnelle vers un objet, 4) la donation évidente à la perception intérieure, 5) l'existence à la fois réelle et intentionnelle, 6) le fait d'être toujours perçu d'une manière unitaire. *Cf.* notamment *Psychologie I*, livre II, chap. I, § 9.

que contenus immanents ou objets intentionnels d'actes psychiques[1]. L'univers brentanien est finalement toujours cartésien, mais, cette fois-ci, il est clair qu'il s'agit de l'*autre* Descartes. Si Brentano partage avec la psychologie objective les deux principes 1) Il n'y a de science que du réel, et 2) le psychique est une *res*, il s'en démarque *uniquement* dans la mesure où 3) ce qui est réel doit apparaître d'une manière apodictique, en dehors de tout doute possible. C'est ainsi qu'il aboutit à l'idée que 4) le psychique est un phénomène.

L'ÉNIGME DU MONDE – L'ÉNIGME DE LA SUBJECTIVITÉ

L'on comprend sans doute mieux maintenant pourquoi dans la *Krisis*, Husserl y insiste à plusieurs reprises, *aucune* psychologie n'a jamais été à la hauteur de la problématique universelle[2] – y compris la psychologie descriptive. Aucune psychologie ne peut nous aider à *sortir* de la crise de sens des sciences européennes, à la limite elle ne peut que *la montrer*. Car le fait même de se présenter comme science psychologique, implique que la décision vis-à-vis du problème de l'être phénoménal du monde a d'ores et déjà été prise et métaphysiquement assumée. Et même si la psychologie non quantitative de Brentano prend délibérément en charge sa vocation philosophique et pose explicitement le problème du monde phénoménal, en fondant la sémiotique sur la phénoménologie, elle le fait à partir d'un angle d'attaque franchement métaphysique : le psychique en tant que phénomène, donc ce qui est réel au plus haut degré[3].

Conformément au mouvement propre de la science moderne, la réalité *psychique* a gagné son statut d'objet de savoir scientifique, justement, en tant que *réalité* psychique. Pour les deux psychologies, le psychique est une

1. *Cf.* F. Brentano, *Psychologie I*, *op. cit.*, livre II, chap. I, § 1-7.

2. « Aucune science objective, aucune psychologie, dont c'était pourtant la volonté que de s'ériger en science universelle du subjectif, aucune philosophie non plus n'ont jamais fait un thème de ce royaume du subjectif, et par conséquent ne l'ont pas véritablement découvert » (*Krisis* III A, p. 128).

3. Dans le § 68 Husserl reproche vaguement à Brentano d'être resté « prisonnier des préjugés de la tradition naturaliste » et de ne pas s'être débarrassé du dualisme ou de la causalité psycho-physique (*Krisis* III B, trad. fr. p. 263). Mais la critique la plus profonde de l'entreprise descriptive est celle que Husserl adresse à Descartes dans les § 18-20 et qu'il appelle « falsification psychologisante du pur "ego" » et qui lui permet d'affirmer que « les premières *Méditations*, celles qui posent le fondement, étaient donc proprement un morceau de psychologie » (*Krisis* II, trad. fr. p. 95). De la *réalité* relative du monde à la *réalité* absolue de l'ego, du pouvoir révélateur de la perception extérieure à celui de la perception intérieure, c'est toujours dans un milieu métaphysique que Descartes (comme Brentano) évolue.

réalité (sinon comment en faire la science?) : « psyché-chose » ayant des propriétés que la science psychologique est enfin en droit d'étudier (et dans le cas de la psychologie descriptive, l'intentionnalité est justement l'une des propriétés des phénomènes psychiques, à savoir celle d'avoir toujours un contenu voire un objet). Cette subjectivité qui dé-forme l'objectivité du monde et qui en détermine la valeur d'être, n'est pas l'autre de l'être en soi du monde, mais un autre être en soi, celui de la conscience. C'est d'ailleurs cet être « *wahrhaft und wirklich* », disait Brentano, « *das wahre Sein* », l'« *ontos on* », comme s'exprime Husserl en *Krisis* I – qui représente l'obsession, le but idéal et la tâche de toute science[1]. *Aucune crise de sens ne pourra jamais toucher des sciences dont le sens est d'emblée garanti par la réalité, postulée ou attestée, de leur objet.*

La psychologie objective part de la réalité en soi du monde, du postulat de son existence. C'est de l'être du monde qu'il s'agit. À partir de là, elle s'adresse à la réalité psychique, comme à un fragment de ce monde. Pour la psychologie descriptive, l'être phénoménal du monde cesse d'être simplement postulé, il s'agit d'un être intentionnel, c'est-à-dire fondé sur cet « être réel et véritable », dont la réalité première est attestée par la perception intérieure[2]. Il est clair cependant que le différend ne porte pas vraiment *sur le privilège accordé à l'être réel et véritable*, du monde objectif ou de la conscience, mais plutôt sur la question de savoir si une telle réalité, invisible pour les uns, apparaissante pour les autres, se doit d'apparaître ou si la voie sémiotique est la seule en mesure de l'atteindre.

Mais le problème de départ de Husserl était tout à fait différent. Car répondre à la question « que veut dire pour un monde, être réel ? » à travers le recours à l'évidence de la réalité de la conscience psychologique attestée par le témoignage de la perception intérieure (*le monde est cette réalité – présomptive – qui est contenue dans la visée intentionnelle d'une subjecti-*

1. Cf. *Krisis I*, trad. fr., p. 18.

2. D'un tel point de vue aucune différence majeure ne sépare le premier Brentano du Brentano dit réiste. Rappelons finalement que l'autre psychologue descriptif, évoqué à côté de Brentano dans les textes husserliens, est Dilthey, dont nous ne pourrons pas nous occuper ici. Qu'il suffise ici de remarquer que Dilthey, partisan d'une psychologie descriptive qu'il appelle « *Erfahrungsseelenlehre* », partage tous les attributs liés à la seconde fondation cartésienne. 1) La psychologie descriptive doit être considérée comme le « fondement de tous les savoirs » (*Grundlage alles Wissens*) ; 2) sa devise épistémologique est celle du « laisser voir » (*sehen lassen*), 3) son objet le « réseau psychique en tant que réalité vécue » (*seelische Zusammenhang als erlebte Realität*). *Cf.* Wilhelm Dilthey, *Ideen über eine beschreibende und zergliedernde Psychologie* (1894), in *Gesammelte Schriften*, Göttingen/Stuttgart, 1959, t. V, p. 151.

vité psychologique, dont la réalité est attestée d'une manière apodictique)[1] veut dire simplement déplacer le problème, sans pour autant le résoudre vraiment. La psychologie cartésienne, avec son motif transcendantal, était censée résoudre l'« énigme du monde », mais en faisant de la subjectivité, en tant que sol apodictique qui exclut tout doute possible, l'« *ontos on* », elle transforme la subjectivité « en un paradoxe, et même en fait la plus grande de toutes les énigmes » (*Krisis* II, trad. fr. p. 93). D'un cartésianisme à l'autre, de la réalité du monde à la réalité de la conscience, de *l'être en soi* du monde, à l'être *en soi* de la conscience – bref, d'un être véritable à un autre, *l'énigme* n'est pas résolue, elle s'est juste déplacée.

On voit ainsi pourquoi, pour Husserl, se frotter à la question de la psychologie n'a jamais voulu dire, simplement, s'occuper d'*une* discipline scientifique ou de ses présupposés, plus ou moins douteux. Il en va d'une autre idée de la phénoménologie, qui s'écarte de l'idée, psychologique, d'une *science empirique absolument fondée sur les données d'une perception qui donne accès à ce dont la réalité est apodictiquement assurée*. Les pages de *Krisis* III représentent ainsi le dernier volet d'un tel combat, sans doute jamais véritablement terminé, entre la phénoménologie husserlienne et son *alter ego* psychologique. Car, on l'aura compris, la phénoménologie transcendantale de Husserl elle-même n'a pas toujours été immune d'une telle tendance à penser l'ego transcendantal en termes d'être absolu. Bien au contraire. Mais dans ses derniers textes, et notamment dans la *Krisis*, par la mise en relief de la dimension métaphysique impliquée par l'idée de psychologie scientifique, Husserl semble suggérer quelque chose de différent. Il suggère par exemple que la rupture la plus radicale opérée par sa phénoménologie vis-à-vis de celle de Brentano n'est pas (ou du moins, pas seulement) dans les transformations que celle-ci apporte au concept d'intentionnalité, mais plutôt 1) dans le refus de lier science et réalité, 2) dans la désarticulation qu'un tel refus présuppose, du lien entre être véritable et phénomène, et, finalement, 3) dans une nouvelle reconfiguration de la problématique universelle, cette fois-ci dépourvue une fois pour toutes de toute contrainte ontologique.

1) *Une nouvelle idée de la science, de l'expérience, du phénomène.* Tout d'abord l'« *ontos on* » est un *télos* de la raison, pas un mythe de l'origine. Ou plutôt, il s'agit d'un *télos* de la raison qui est devenu un mythe

1. « Il ne convient qu'aux phénomènes psychiques d'avoir, outre une existence intentionnelle aussi une existence réelle (*außer der intentionalen auch wirkliche Existenz*) » (F. Brentano, *Psychologie I*, trad. fr. cit. modifiée, p. 137).

de l'origine[1]. C'est ce à quoi la science tend, et non son fondement. C'est le seul monde avec lequel la science peut négocier, pas celui qui en détermine le sens et le but. Autrement dit, ce n'est pas parce qu'il y a de l'en soi qu'une science est possible, mais, vice-versa, c'est parce qu'il y a de la science que l'on exige de l'en soi. La phénoménologie s'y connaît en donations, elle en fait même son fonds de commerce – et l'être véritable *n'est pas une donnée phénoménologique*, mais une exigence rationnelle et, éventuellement, comme il apparaît clairement de *Krisis* II, le résultat d'une cristallisation et d'une autonomisation des idéalités scientifiques. En revanche, la seule donnée nécessaire pour qu'une pensée scientifique se mette en route, ce n'est pas que *le monde soit réel et véritable, mais qu'il soit phénoménal*. D'où la nécessité de la part de Husserl de ramener une telle tendance, une telle disposition théorique, qui décide de cette proximité ancestrale entre la science et la métaphysique (alliées contre le scepticisme), à un sol où les frontières qui séparent l'*épistèmè de la doxa* sont complétement brouillées : le monde de la vie.

Le monde de la vie avec ses problèmes et ses contraintes, motive la science ; celle-ci déclenche sa téléologie propre et produit et opère avec un en soi qui découle plutôt de sa propre constitution téléologique que d'une prétendue nature « véritable » de son objet de recherche. Le monde, toujours co-donné, toujours impliqué d'une manière non thématique dans tous les commerces intersubjectifs et les pratiques quotidiennes, semblerait le candidat idéal pour donner à la théorie l'illusion d'un fondement, *être véritable et en retrait*. Et voilà qu'une nécessité épistémologique devient une condition métaphysique. Mais *c'est d'une analyse des actes intentionnels supérieurs constituant le discours rationnel, théorique et scientifique, de leurs synthèses propres, modifications secondaires et étagements catégoriaux*, que la science a besoin pour venir au but de sa téléologie – et non d'une métaphysique de l'en soi[2]. C'est ici et nulle part ailleurs que la question du statut de la sémiotique (qui prend maintenant la forme d'une phénoménologie de la connaissance signitive et de son articulation avec des remplissements intuitifs) retrouve sa place à l'intérieur d'un discours phénoménologique qui se veut métaphysiquement épuré.

1. « C'est elle, la raison, qui donne sens de façon ultime à tout ce qui prétend être, à toutes « choses », « valeurs », « buts », en ce qu'elle les rapporte normativement à ce qui, depuis les débuts de la philosophie, est désigné par le terme « vérité » – vérité en soi – et corrélativement par le terme étant – *ontos on* » (*Krisis I*, trad. fr. p. 18).

2. C'est sur ce point précis qu'il faudrait relier la *Krisis* avec les analyses de *Logique formelle et transcendantale*. L'universalité de la *mathesis* ne dépend d'ailleurs plus de l'élargissement d'un domaine ontologique.

Mais une telle distinction entre *problème de la téléologie de la raison* et question de *la phénoménalité du monde*, n'est pas la seule attaque que Husserl porte contre l'idée de science présupposée par l'intrigue des deux psychologies. Dans les tout derniers paragraphes de la *Krisis*, Husserl revient en effet sur la célèbre « percée » des *Recherches logiques*, qui aurait conduit la phénoménologie au-delà des limites de la psychologie scientifique. Il évoque ainsi la « réduction psychologico-phénoménologique »[1] comme étant le geste le plus propre de cette « psychologie pure, c'est-à-dire descriptive au sens vrai » (*reine, d.i. im wahren Sinne deskriptive Psychologie*)[2] destinée à conduire à la véritable philosophie transcendantale. Husserl reprend ainsi une vieille auto-interprétation rétrospective qu'il avait déjà avancée à plusieurs reprises et notamment dans l'article pour l'encyclopédie *Britannica*, où la rupture entre phénoménologie et psychologie était attribuée à une « méthode descriptive inédite qui a accompli sa percée en philosophie au tournant du siècle » (*eine an der Jahrundertwende in der Philosophie zum Durchbruch neuartige deskriptive Methode*) (trad. fr. p. 223). L'idée est claire : c'est le sens à accorder à la *description* qui permet de départager la phénoménologie husserlienne de son double psychologique. Mais que faut-il entendre par là ? Quel est le « vrai » sens, le sens « inédit » que la description acquiert dans la phénoménologie husserlienne ?

La psychologie pure, *véritablement descriptive*, doit, dit Husserl, « rendre éprouvables et thématisables *dans la pureté de leur essentialité propre* les sujets ». Elle doit donc donner accès, rendre « *erfahrbar und thematisierbar* » non pas la réalité du sujet mais son essence. Autrement dit : la description phénoménologique ne décrit pas des *res*, mais des *eidè* – telle est la leçon des *Recherches logiques*. La psychologie pure est donc ce que dans *Ideen I* Husserl appelait une « eidétique descriptive »[3]. Une *autre* idée de la phénoménologie est née, dont il est difficile de sous-estimer

1. « Pour parvenir à dégager dans sa propre pureté et dans son propre le thème de la "psychologie descriptive" que nous réclamons, il faut user en pleine conscience d'une méthode que je nomme – dans ce contexte, en tant que méthode de la psychologie – *la réduction phénoménologico-psychologique* » (*Krisis*, p. 265).

2. « Dans la psychologie pure, c'est-à-dire descriptive au sens vrai, l'épochè est le moyen pour rendre éprouvables et thématisables *dans la pureté de leur essentialité propre* les sujets qui, dans la vie mondaine naturelle, sont éprouvés et s'éprouvent eux-mêmes comme pris dans des relations intentionnelles-réales à des objets mondainement réaux. Ainsi deviennent-ils pour le théoricien psychologue absolument désintéressé des "phénomènes" en un sens nouveau et particulier – et c'est ce changement d'attitude qui s'appelle ici réduction phénoménologico-psychologique » (*Krisis*, p. 274).

3. Cf. *Ideen I*, § 71.

l'importance. À proprement parler, cette nouvelle phénoménologie ne décrit pas l'essence *du* vécu, c'est-à-dire de cette *res* qui est le vécu psychique avec ses propriétés constitutives, mais le vécu *en tant qu'*essence.

Enfin « désintéressée » (*unbeteiligt*), c'est-à-dire indifférente vis-à-vis du statut ontologique de la chose, la description glisse de la réalité à la structure, ou plus généralement, du *Sein* au *Sosein*. La description phénoménologique porte ainsi sur un phénomène, certes, mais cette fois-ci *ce qui se montre ne saurait ni fournir ni réclamer un quelconque ancrage métaphysique*. L'apparaître d'une essence ne fonde rien, ça donne à décrire. Ce qui veut dire que le phénomène n'est plus le témoin de l'être, mais l'apparaître d'une forme, une structure, une morphologie, un *Erscheinungsweise* – les termes employés par Husserl sont nombreux (et peut-être pas toujours heureux) – : mais surtout pas une *res*. Même une illusion ou un faux-semblant ont une configuration phénoménologique, un *eidos* susceptible d'être décrit, et cela en dépit de leur manque de réalité. Les « chatouillements évanescents » de Galilée n'auraient en rien gêné la science eidétique de Husserl.

Un tel changement d'axe, où l'accent est mis sur la vocation *purement* eidétique de la description, fait sauter l'idée de phénomène à la base de la description psychologique. Dans une phénoménologie comme eidétique descriptive, la norme brentanienne du phénomène comme apparaître de ce qui est en soi (« afin d'être un phénomène quelque chose doit être en soi ») perd toute validité.

C'est en ce sens précis que Husserl peut affirmer « qu'une psychologie pure en tant que science positive – une telle psychologie n'existe pas »[1]. Avec les *Recherches logiques* une nouvelle idée de science eidétique se fait jour, et la psychologie regagne ainsi ce qu'elle avait perdu avec ses ambitions scientifiques, et que les philosophies habitées par le motif transcendantal s'étaient efforcées de rétablir. Mais pour cela, il fallait non seulement renoncer à l'idée « européenne » d'une psychologie scientifique mathématisée et objective, mais abandonner aussi l'idée plus généralement cartésienne d'une psychologie en tant qu'étude des propriétés d'une « psyché-chose », pour une phénoménologie de la « psyché-structure ». Il fallait, en un mot, libérer le psychique du cartésianisme. *Penser l'apparaître de la psyché sans l'être*, si l'on veut, ni comme un *étant parmi les autres*, *ni comme l'être fondamental et véritable* (*ni*, faudrait-il sans doute

1. Cf. *Krisis* III B, trad. fr. p. 289. Et Husserl d'ajouter : « il existe seulement une psychologie transcendantale, qui est identique à la philosophie transcendantale ».

ajouter, *comme cet être dont le retrait permet l'apparaître de l'étant*) – cela ne représente que le premier pas vers une phénoménologie qui fait de la prise en charge du motif transcendantal plus qu'un simple renversement idéaliste de la thèse de l'être en soi du monde.

Mais il est clair aussi qu'être fidèle à une telle percée, cela implique un changement de registre crucial, notamment vis-à-vis des *Ideen I* ou des cours de *Philosophie première*, où la conscience transcendantale était encore décrite selon les termes d'un « domaine d'être absolu »[1]. Si la phénoménologie est une eidétique descriptive, et si la description *ne peut pas* par principe s'appuyer sur autre chose que sur un *eidos* ontologiquement neutralisé, la « science eidétique de la conscience » *non seulement n'est pas en mesure, mais, surtout, elle n'a pas à demander que son domaine phénoménologique se présente comme un domaine de l'être, fût-il de l'être absolu.* En ce sens, il est à peine exagéré de dire que le dernier Husserl, le Husserl de la *Krisis*, essaie de revenir et de repenser d'une manière plus radicale la neutralité ontologique de la description, préconisée, d'une façon sans doute encore naïve et paradoxale, dans les *Recherches logiques*.

C'est donc uniquement en « rendant éprouvables et thématisables dans leur essentialité pure les sujets », indépendamment de toute option ontologique, que les sujets « deviennent des phénomènes en un sens nouveau et particulier ». Et c'est à partir d'un tel *phénomène de type nouveau*, que Husserl accompli le « *salto mortale* » qui mène à la philosophie transcendantale.

3.2.) *La subjectivité transcendantale et le monde.* Paradoxalement, dans la dernière étape du parcours de la *Krisis*, la psychologie pure ne s'avère être ni une science de l'âme, ni une science des phénomènes psychiques ou de la conscience intentionnelle avec ses corrélats intentionnels. Conformément à son ambition la plus ancienne, une fois délestée

1. *Cf. Ideen I*, § 76, trad. fr. p. 242. Dans le § 76 des *Ideen I* Husserl affirmait que « La doctrine des catégories doit donc intégralement partir de cette distinction *au sein de l'être* qui est la plus radicale de toutes, entre l'être comme conscience et l'être comme être s'annonçant dans la conscience » (trad. fr. p. 242-243). Il est douteux qu'une telle affirmation puisse être reprise telle quelle dans les recherches du dernier Husserl. Du moins en principe, définir la conscience comme un *être en soi*, apparaissant ou pas, voudrait dire renoncer au sens du descriptif gagné par les *Recherches logiques*. Que Husserl n'ait pas toujours résisté à la tentation de faire du champ transcendantal livré par la réduction un domaine de l'être absolu, cela montre l'effort monumental impliqué par une telle entreprise de dés-ontologisation radicale de la subjectivité, plus qu'une limite métaphysique de sa phénoménologie elle-même. Sur la question, *cf.* la dernière partie de l'essai de Landgrebe, « L'abandon husserlien du cartésianisme », traduit dans ce même volume.

de son poids ontologique, la psychologie pure est une science *du monde en tant que tel,* c'est-à-dire *en tant que phénomène*. Dans l'analyse de la *Lebenswelt*, préparée dans *Krisis* II et développée en *Krisis* IIIA, Husserl avait tracé un itinéraire, marqué par un véritable renversement conceptuel : dans les réflexions de toutes ces philosophies habitées par le motif transcendantal l'on recherche le monde, celui-ci s'écroule dans son illusion d'être en soi, l'on tombe ainsi sur les activités subjectives qui en constituent l'objectivité apparente. Le chemin emprunté par la psychologie en est le reflet spéculaire : à la recherche de l'essence de la conscience, après en avoir réduit la position d'être et en avoir saisi les structures constitutives, on y retrouve le monde, un monde qui a perdu toute prétention à l'en-soi.

Le monde de la *Lebenswelt* implique nécessairement la subjectivité – la psyché de la psychologie pure implique toujours un monde. C'est pour une telle raison d'ailleurs que la voie de la psychologie et celle de la *Lebenswelt*, recueillies dans la section III à titre de sous parties, sont présentées dans la *Krisis* comme étant en quelque sorte complémentaires ou, si l'on veut, spéculaires.

Si en effet la psychologie pure, censée préparer le passage à la phénoménologie transcendantale, n'est pas celle brentanienne mais, justement, celle eidétique des *Recherches logiques*, avant d'atteindre le champ transcendantal, la phénoménologie doit tout aussi bien quitter le monde de la vie et son *être* phénoménal. Après avoir ontologiquement neutralisé l'être du monde pour en faire apparaître l'*essence*, il faut également suspendre la validité idéale du monde-structure, dégagé par la réduction psychologico-phénoménologique. C'est ici que se consomme et s'explique le passage à la phénoménologie transcendantale, que Husserl qualifie d'« épochè radicale » ou simplement de « réduction transcendantale » et qui, du plan psychologico-scientifique de la « conscience-chose » dans ses deux étapes (objectiviste et descriptive), à travers celui psychologico-phénoménologique de la « conscience-structure », conduit ainsi au niveau phénoménologico-transcendantal où la notion même de psychologie n'a plus aucun droit de cité.

Ce qui est dévoilé par cette dernière étape de la réduction est donc bel et bien le monde, mais *non le monde dans son être véritable*, c'est-à-dire le monde comme *étant* indépendamment de la conscience (objectif), ni simplement comme *étant*-contenu ou *visé* dans ou par une conscience (subjectif, phénoménal) – mais le monde, pour ainsi dire, sous sa forme dynamique : sous la forme d'un *devenir-monde*, d'un prendre sens du monde, ou, comme s'exprime Husserl « de l'ensemble des synthèses intentionnelles et de tous leurs degrés de modifications et implications intentionnelles qui font d'un monde un monde ». L'isomorphisme entre *eidos*-monde et *eidos*-

psyché attesté par la réduction psychologico-phénoménologique, une fois envisagé du point de vue transcendantal, semble conduire à la conclusion, aussi frappante que paradoxale, selon laquelle l'*eidos-psyché*, n'est en fin de compte que *l'eidos-monde* « en train de se faire » (*als werdend*). La connaissance de soi, dira encore Husserl dans l'un des tout derniers paragraphes, est une connaissance du monde [1], mais à une différence près : connaître soi-même, au sens précis de la réduction, n'est ni connaître un étant (le moi), ni une structure (la conscience), mais connaître un monde qui prend du sens. Et qui peut aussi le perdre. Ni un monde en soi, donc, ni un monde pour nous – mais, si l'on veut, un monde *in statu nascendi*. C'est sur un tel sens de déroulement qu'il faut insister, si l'on veut comprendre adéquatement et d'une manière féconde la particularité de cette étrange créature qu'Husserl appelle subjectivité transcendantale. *Car cette fois-ci, ce n'est pas l'être du sujet qui donne le sens au monde, puisque le sujet n'est rien d'autre qu'un nom pour indiquer un tel prendre sens du monde.*

Deux conséquences majeures découlent d'un tel geste, et qui nous permettent de revenir aussi bien sur le volet épistémologique que sur celui plus strictement métaphysique de nos analyses.

D'un point de vue épistémologique, l'importance du nouveau sens accordé par la phénoménologie husserlienne à la notion de phénomène apparaît tout aussi bien si l'on revient sur la question du statut de la physique. Nous l'avons vu, l'un des différends épistémologiques les plus importants entre psychologie descriptive et objectiviste porte sur le statut sémiotique de la psychologie. On se demande : une psychologie scienti-

1. « [Le psychologue] dans la mesure où il se voit contraint à élaborer la méthode de la réduction phénoménologique, il découvre qu'à proprement parler personne dans sa connaissance de soi n'atteint véritablement à son soi véritable et effectif, à l'être qui lui est propre en tant que sujet égologique et que sujet de toute sa connaissance du monde avec ses prestations mondaines ; il découvre que ce sujet-là, au contraire, ne se dévoile que par la réduction et que la psychologie pure n'est rien d'autre que le cheminement pénible et infini de la connaissance authentique et pure de soi-même, laquelle d'ailleurs implique la connaissance des hommes, en tant que connaissance de leur véritable être et de leur véritable vie égologique ou psychique, et au-delà non moins la connaissance du monde ; finalement l'être véritable du monde, que toute science positive, si riche soit-elle en résultats, ne peut par principe jamais atteindre » (*Krisis* III B, trad. fr. p. 292-3). Ce passage se prête à une double lecture, selon le sens que l'on veut accorder à l'expression « impliqué » (*beschlossen*). Si l'on choisit une lecture plutôt ontologique, l'implication peut être lue (en termes aristotéliciens) comme une forme de dépendance, voire (selon un registre plus néo-platonisant) d'engendrement, de l'être absolu à l'être relatif. C'est la lecture courante. En revanche, si l'on prend au sérieux le sens de la neutralisation ontologique qui va de pair avec toute réduction, impliquer doit être pris plutôt au sens faible d'une équivalence de type logique $A \Leftrightarrow B$. Ce qui n'introduit aucune teneur métaphysique et permet de rendre compte des tensions propres au discours théorique husserlien.

fique en tant que phénoménologie est-elle possible ? Ce sera, bien entendu, oui pour Brentano ou Dilthey, non pour Fechner ou Weber – conformément à la manière dont on distribue le couple de concepts métaphysiques de l'être véritable et de l'apparaître. Mais force est de noter que ni Fechner ni Brentano n'expriment quelque doute que ce soit *quant à l'idée que la physique doive nécessairement être une sémiotique.* D'un côté et de l'autre, c'est la confiance ontologique (peut-on atteindre le réel ?) accordée aux phénomènes qui change. Pour les uns, aucune science n'est phénoménologique (toute science, la physique comme la psychologie est sémiotique), pour les autres il n'y a que la science psychologique qui peut se dire phénoménologique. Mais que *la physique ne soit pas et ne puisse pas être une phénoménologie*, voilà un verdict qui est largement partagé.

Cette première remarque permet de mesurer immédiatement la nouveauté absolue représentée, à l'intérieur de la tradition dite européenne, par l'idée husserlienne d'une phénoménologie de la nature matérielle ou d'une physique comme phénoménologie, menée depuis les leçons de 1905 *Chose et espace* et reprise, *mutatis mutandis*, à travers l'idée d'une science du monde de la vie, perceptif et apparaissant. Mais pour que le domaine du physique puisse être traité phénoménologiquement, il fallait d'abord une réforme radicale de l'idée de phénoménologie. Ce caractère non problématique accordé, d'un côté comme de l'autre, à la science physique permet ainsi de mieux comprendre le rôle anti-paradigmatique joué par la science psychologique dans *Krisis* I. Nous l'avons vu, si l'on se borne uniquement aux sciences de la nature, la crise des sciences est invisible. Mais la psychologie, par rapport aux sciences de la nature, n'a qu'un avantage que l'on pourrait qualifier d'heuristique. Elle peut juste contribuer à montrer une telle crise, à travers ses conflits internes, mais elle ne peut pas en rendre compte. Car aucune crise de sens n'est possible si le sens est d'ores et déjà garanti par l'être véritable. L'idée d'une *phénoménologie de la chose naturelle* conséquente, retire à la psychologie même un tel privilège heuristique, que l'histoire des sciences occidentales lui a *de facto* accordé. D'où finalement le caractère spéculaire de la voie de la *Lebenswelt* et de celle de la psychologie.

Quant au volet métaphysique, il est difficile d'imaginer une rupture plus grande, opérée par cette phénoménologie husserlienne, qui risque toujours de se faire rattraper par son double psychologique, vis-à-vis de tout ce que l'histoire de la philosophie nous a appris. Tout se passe comme si Husserl était en train de réécrire, encore une fois, l'ensemble du dictionnaire de la *philosophia perennis*, en brisant les couples conceptuels les mieux établis de la tradition métaphysique. Après s'être efforcé, au début de son parcours, dans les *Recherches logiques*, de séparer les destins de l'être et de l'apparaître (à travers l'idée d'un pur phénomène ontologiquement neutre), de détacher le *Sosein* du *Sein* (selon une inspiration qui était dans l'air du temps, mais que, outre Husserl, seul Meinong avait su recueillir), Husserl, à la fin de sa vie, par l'expression « subjectivité transcendantale » nous suggère, sans doute pour la première fois, une manière de briser le couple *être/devenir*.

Le monde naturel dévoilé par les sciences européennes est le monde réel, en-soi, absolu, invisible, objectif, rationnel, non historique, immuable – *sans devenir*. Husserl lui oppose le monde de la vie, à la fois réel et phénoménal, étant et apparaissant : pour-nous, relatif, visible, subjectif, à-peu-près – un monde, dit-il, foncièrement historique, *dont l'être et le devenir se confondent*. Mais malgré l'importance d'une telle découverte, l'on ne pourrait pas se satisfaire d'un tel résultat. Tout le combat contre l'intrigue des deux psychologies montre clairement que la réhabilitation de l'être véritable au rang de phénomène, ne saurait suffire à penser la question du statut métaphysique du monde phénoménal, fût-il avec des outils sémiotiques ou phénoménologiques.

Ce monde, dégagé par tout le caravansérail de réductions et contre-réductions mobilisées au fur et à mesure par un Husserl jamais sûr d'avoir définitivement réglé ses comptes avec son *alter ego* psychologique, – ce monde qui ne demande pas à être le corrélat de l'être de la subjectivité transcendantale mais seulement de l'ensemble ontologiquement neutralisé d'activités de synthèses et de modifications intentionnelles – ce monde-ci n'est qu'un pur et simple *devenir-monde*. C'est d'ailleurs ainsi qu'il faudrait sans doute traduire l'expression husserlienne de « *Verweltlichung* », employée à plusieurs reprises à partir du début des années vingt notamment dans les échanges avec Fink. Un devenir sans être, après l'être sans devenir des sciences et de la métaphysique, et l'être/devenir du monde de la vie. « Devenir-monde » n'est pas non plus une nécessité, une tâche ou une activité de cet être absolu qui est la subjectivité transcendantale, ni une sorte de pendant husserlien de l'esprit hégélien qui est contraint de se rejoindre à soi-même à travers la contingence du monde et de l'histoire. « Sujet transcendantal », n'est finalement, sans doute, qu'un autre nom pour penser la contingence du monde *en faisant l'économie de toute notion de facticité, y compris la facticité du monde lui-même ou celle de la conscience*.

On ne peut pas *être* monde – un monde ne peut que devenir tel à travers la constitution, et ce devenir monde *s'appelle* sujet transcendantal. Mais on ne peut pas non plus *être* sujet transcendantal – on ne peut que *devenir sujet*, en accomplissant des actes constituants et en validant des synthèses, bref : en faisant apparaître un monde. « *Verweltlichung* » est ainsi un terme équivoque, susceptible d'être lu d'une double manière. Il peut, certes, indiquer le fait d'*une subjectivité qui devient monde*, qui se perd dans le monde ou qui *se* mondanise, selon une lecture plutôt finkienne que Husserl semble à plusieurs égards vouloir partager sans réserves. Mais rien n'oblige la phénoménologie à emprunter un tel chemin. Car le concept de « *Verweltlichung* » suggère également l'idée d'*un monde en devenir*, encore métastable, dernière étape de la déformation de l'en soi commencée avec les philosophes transcendantaux, et que l'on désigne par le syntagme « sujet transcendantal ».

Husserl est-il arrivé à se débarrasser de son *alter ego* psychologique? Est-il toujours arrivé à résister à la tentation de penser le champ transcendantal comme un être absolu? À se détacher de Descartes? Rien n'est moins sûr et le débat reste certainement ouvert. *Mais qu'un tel détachement du cartésianisme avorté (et donc d'une certaine métaphysique) soit le seul héritage que la phénoménologie transcendantale a su nous léguer*, voilà ce qui est encore moins sûr. La seule certitude est que, aussi bien la *Krisis* que la phénoménologie du dernier Husserl, s'achèvent sur l'idée d'une telle *cosmo-gonie*. En laissant à la phénoménologie à venir la tâche de continuer à réécrire et préciser le dictionnaire de la philosophie… bien évidemment, si celle-ci en a encore envie.

Vorrei essere Oreste perché ha dato
Alla coscienza (piccola) l'immensità della vita,
E alla vita (immensa) la limitatezza della conscienza.

Pier-Paolo Pasolini, *Pilade*

| PERSPECTIVES HUSSERLIENNES 33
SUR LA PHYSIQUE GALILÉENNE

L'analyse husserlienne de la physique galiléenne est contenue dans son livre *Die Krisis der europäischen Wissenschaften und die transzendantale Phänomenologie.* Une traduction de ce titre, fidèle à l'esprit plutôt qu'à la lettre, pourrait être : *La crise des sciences occidentales et la phénoménologie transcendantale.* Husserl ne voulait pas que le mot « européen » soit compris en un sens géographique ; il lui donnait plutôt un sens historique, désignant par là le monde occidental, entendu comme le théâtre d'un développement intellectuel se déployant d'une manière unitaire. La *Krisis* est le dernier ouvrage de Husserl[1]. Alors que les deux premières parties, dont la pièce maîtresse est représentée par l'analyse de la « mathématisation galiléenne de la nature », parurent en 1936, c'est-à-dire de son vivant, Husserl continua à travailler aux parties suivantes qu'il avait projetées, jusqu'aux premiers symptômes de la maladie qui l'emporta, en août 1937. Nous mentionnons ceci afin de rappeler qu'à l'époque de ses études préparatoires pour ce livre (dont certaines remontent à la fin des années vingt ; quelques-unes des idées directrices sont présentes, du moins en germe, dès 1913) la philosophie phénoménologique était déjà une réalité.

LA PHYSIQUE GALILÉENNE

Cet ouvrage porte le sous-titre *Une introduction à la philosophie phénoménologique.* Certes, le mot « introduction » ne doit pas être pris | au 34
sens d'un exposé élémentaire pour débutants. Cela ne signifie pas non plus,

1. Voir « The Last Work of Edmund Husserl » *in* A. Gurwitsch, *Studies in Phenomenology and Psychology*, Evanston (Ill.), Northwestern U.P., 1966.

en raison de ce que l'on vient de rappeler, que la phénoménologie est ici présentée pour la première fois. Il s'agit plutôt de frayer une nouvelle voie d'accès qui mène à un corps de pensées phénoménologiques déjà existant. *La nouveauté d'un tel accès tient au fait que*, contrairement à ses textes précédents, *Husserl part d'un certain nombre de problèmes fondamentaux qui hantent la science moderne de la nature ou, plus précisément, de l'existence même de cette science de « style moderne »*. Il est possible et parfaitement légitime d'isoler l'analyse husserlienne de la science galiléenne et de se concentrer presque exclusivement sur elle, pourvu que l'on ne perde pas de vue le réseau contextuel qui relie une telle analyse aux toutes dernières parties de la *Krisis* ainsi qu'aux écrits précédents de Husserl, et que l'on soit prêt à la réinsérer, au moment opportun, dans ce contexte. Lu sous un tel angle, le livre de Husserl acquiert une importance de tout premier plan pour la théorie de la science de la nature. Il marque un tournant dans le développement de cette discipline et inaugure une nouvelle phase dans son histoire.

L'expression « physique galiléenne » désigne la science inaugurée par Galilée. Ce nom est employé comme symbole du développement historique de la science moderne depuis, en gros, 1600 jusqu'à 1700 et même au-delà de la période de la constitution de la physique classique. Dans le cadre de cette définition husserlienne, la physique d'Einstein et la physique quantique sont des sciences de style galiléen.

Qu'est-ce qui caractérise ce style ? Qu'il nous soit permis de le décrire d'une simple phrase : le clivage entre le monde tel qu'il se présente dans l'expérience perceptive de la vie quotidienne et le monde de la vérité scientifique, tel qu'il est « en réalité ». Le monde tel qu'il apparaît à l'expérience perceptive directe est le monde du sens commun, que Husserl appelle le monde de la vie. Sa description exigerait un exposé trop détaillé pour pouvoir être entamée ici. Nous en évoquerons plus tard quelques aspects. Il nous faut à présent attirer l'attention, quoique brièvement, sur quelques points. Les choses que l'on rencontre dans le monde de l'expérience commune exhibent des qualités chromatiques à titre de propriétés qui leur appartiennent de droit. Des voix humaines, des notes musicales, ainsi que des bruits en tout genre sont acceptés comme des événements qui
35 sont en réalité | tels qu'ils se donnent à l'expérience auditive. Finalement, il existe des régularités observées et des connexions causales, mais elles ne sont certainement pas d'une nature telle qu'elles puissent être exprimées sous la forme de dépendances fonctionnelles au sens mathématique.

La science moderne de style galiléen commence par refuser de prendre le monde perceptif pour argent comptant. Bien plutôt, la réalité est supposée contenir, incorporer et dissimuler une structure mathématique. Quant à sa condition véritable et réelle, contrairement à ses apparences perceptives, le monde (pour le dire d'une façon plus moderne) est une multiplicité mathématique. Percer le voile des apparences, découvrir la structure mathématique de l'univers, atteindre ainsi la réalité comme une multiplicité mathématique, voilà ce qui constitue précisément la tâche de la science galiléenne. C'est la tâche que Galilée se fixa pour lui-même et qu'il légua à ses successeurs. Comme le souligne Husserl, Galilée, le fondateur de la physique, n'était pas lui-même un physicien au sens où ses successeurs le furent, eux, qui, héritiers d'une tradition scientifique, possédaient déjà les méthodes « correctes » de la physique; et ici il ne faut pas comprendre le mot « méthode » au sens de technique et de protocole technique, mais dans son sens étymologique d'approche et de voie d'accès. Étant le premier à avoir conçu l'idée de la nature comme multiplicité mathématique, Galilée a dû développer les méthodes de la physique, conçue en ce sens, afin d'étayer son idée. C'est cela qui justifie l'usage de son nom comme d'un symbole. Ce point doit être souligné, car l'affirmation que le monde n'est pas en réalité ce qu'il semble être et que sa condition et sa constitution véritables doivent plutôt être déployées et découvertes par le biais d'une construction mathématique, n'est pas formulée rétrospectivement sur la base des résultats obtenus. Bien au contraire, elle est le principe directeur de la science physique encore à venir et elle en entame le véritable développement.

LES TROIS PHASES DE LA THÉORIE MODERNE DES SCIENCES DE LA NATURE

La période de la validation

Nous pouvons distinguer *grosso modo* deux phases de la théorie de la science de la nature avant l'apparition des travaux de Husserl. La première
s'étend de la moitié du | XVIIe à la moitié du XVIIIe siècle environ. L'on 36
pourrait considérer les *Meditationes de prima philosophia* de Descartes comme un document représentatif de cette première période. Descartes fait en sorte de fournir à la fois les bases et une validation de la nouvelle science. Ce qui veut dire s'appuyer sur et être guidé par la thèse que nous avons déjà formulée : l'univers n'est pas tel qu'il apparaît dans l'expérience commune, sa nature et sa structure ne sont pas elles-mêmes accessibles à la perception; bien au contraire, elles doivent être découvertes par le biais de notions mathématiques. Ainsi, en réalité, l'univers n'est pas comme il semble être, mais comme il est conçu et construit par le physicien mathématicien.

Il se peut que nous, enfants du XXe siècle, éprouvions quelque difficulté à nous rendre compte de l'audace d'une telle thèse, car nous sommes les héritiers d'une tradition scientifique qui, pour nous, a fini par aller de soi comme quelque chose d'assuré une fois pour toutes, plutôt que comme quelque chose qui a dû être acquis et justifié.

D'où notre difficulté à reconnaître la moindre nécessité d'une justification de la thèse sur laquelle repose la science moderne. Au XVIIe siècle la question était tout à fait différente. Les hommes de cette époque n'étaient pas des héritiers mais des pionniers, aux yeux desquels la légitimité de leurs efforts représentait un véritable problème. La solution de Descartes à ce problème consista à recourir à la véracité divine afin de garantir la validité du principe selon lequel tout ce qui est perçu clairement et distinctement est vrai. C'était sur la base de ce principe que Descartes pensait justifier la connaissance mathématique et la conception géométrique du monde extérieur. Dans la même ligne, bien que différemment de Descartes à plusieurs égards, Malebranche concevait la vie intellectuelle de l'homme, dans la mesure où celui-ci s'engage dans un effort sincèrement cognitif, comme une sorte de participation à la vie intellectuelle de la divinité. Il y a, chez Galilée, un fameux passage écrit dans la même veine.

La science comme fait

La deuxième période du développement de la théorie de la science commence en 1748 quand Leonhard Euler, le grand mathématicien suisse, soumit à l'Académie Royale Prussienne de Berlin un mémoire intitulé *Réflexions sur l'espace et le temps*. Ce mémoire, qui traite des problèmes du mouvement absolu, de l'espace absolu et du temps absolu, représente la contribution d'Euler au débat autour de la nature de l'espace qui se poursuivait depuis plus d'un siècle et auquel avaient participé Descartes,
37 Malebranche, | les Néo-platoniciens de Cambridge, Newton et ses disciples, Leibniz, Berkeley et bien d'autres. Euler accorde que la philosophie doit s'occuper des concepts fondamentaux des sciences, notamment de ceux de la physique. Cependant, décider si un concept donné doit ou ne doit pas être admis parmi ces derniers, relève de la compétence de la physique plutôt que de la philosophie. S'il apparaît que les lois de la dynamique, en particulier la loi d'inertie, requièrent pour leur formulation les notions d'espace et de temps absolus, la validité de telles notions (tout comme celle de mouvement absolu qu'elles impliquent immédiatement) doit alors être admise. Elles tirent leur droit de cité du rôle qu'elles jouent à l'intérieur du contexte théorique de la physique. Aucun appel n'est possible contre une telle décision, fondée sur les exigences théoriques de la

physique. Par conséquent, la philosophie doit accepter cette décision et aménager ses constructions et théories en conséquence.

Le mémoire d'Euler contient en effet une « déclaration d'indépendance » de la part de la physique à l'égard de la philosophie. Une telle revendication d'autonomie a été possible grâce aux résultats atteints par la science physique durant le siècle et demi précédent, et elle exprime une confiance en soi fondée sur ces résultats. Le mémoire d'Euler a inauguré une deuxième phase de la philosophie de la science – une phase dans laquelle la science n'est plus considérée comme ayant besoin d'une justification et d'une validation mais, au contraire, comme un fait qu'il faut simplement accepter. La locution : « la science en tant que fait » est, en règle générale, associée au nom de Kant. Mais Kant n'a fait que donner une réalisation élaborée du programme qu'Euler avait non seulement anticipé, mais aussi conçu d'une manière tout à fait concrète.

La science comme problème

L'importance historique de l'analyse husserlienne de Galilée tient au fait qu'elle met en question et même abandonne l'acceptation de la science comme un fait ultime et l'envisage comme un problème. Husserl ne questionne pas le moins du monde la validité technique ou, plus précisément, intrinsèque de la science, et rien n'aurait été plus éloigné de son esprit que l'idée de récuser, en quelque sens que ce soit une telle validité. Ce qui est en question ce n'est pas la science elle-même ou une quelconque théorie scientifique, mais plutôt l'interprétation de la science. Husserl s'occupe du problème de l'existence même et du sens même de la science de | style galiléen, c'est-à-dire, de la conception de la nature comme possé- **38**
dant en réalité une structure mathématique. La science galiléenne repose sur des présupposés qui la rendent possible, qui orientent les méthodes et les procédés scientifiques et qui déterminent le sens de l'explication scientifique de l'univers dans le style galiléen. Que le sens de la science eût été obscurci dès les premières phases de son histoire, cela est imputable en partie au fait que les présupposés en question n'avaient pas été rendus explicites, et en partie, au fait qu'ils avaient été considérés comme allant de soi. Expliciter de tels présupposés ne veut pas dire les renier ou les priver de toute valeur. Cela veut dire les élucider et clarifier ce qui a été construit à partir d'eux, une analyse de ce qui fonde la validité de la science, et par là même une délimitation de sa validité légitime, c'est-à-dire une clarification du sens de sa validité et de sa légitimité.

L'analyse de la science galiléenne par Husserl est une critique, mais en un sens radicalement différent de celui de la *Critique de la raison pure* de

Kant. Kant avait confiné les concepts fondamentaux et les principes de la physique newtonienne dans le royaume de l'expérience possible, en barrant ainsi la route à toute application au-delà d'un tel domaine. En ce qui concerne le royaume des phénomènes, Kant, en s'inscrivant dans l'orientation d'Euler, s'efforça de démontrer la validité illimitée et l'applicabilité nécessaire des concepts et des principes mentionnés. Husserl en revanche, en attirant l'attention sur les présupposés de la science galiléenne, souleva le problème de son sens ainsi que du sens et des limites de sa validité, eu égard précisément à ce qu'on appelle dans le jargon kantien le monde des phénomènes.

Deux remarques s'imposent ici. Premièrement, il ne faut pas confondre une telle reconnaissance du statut problématique de la science avec l'expression d'un « esprit antiscientifique ». La prise de conscience de problèmes qui touchent à l'existence même de la science moderne est quelque chose de fort différent d'une hostilité vis-à-vis de la science elle-même. Je me sens obligé de m'excuser pour une telle banalité. Cependant, à en juger par ce qu'on lit trop souvent, il paraît nécessaire d'y insister. Husserl était tout à fait étranger à toute forme d'hostilité à l'égard de la science; son propre cursus universitaire avait commencé par les mathématiques. C'était justement en raison d'une telle fréquentation et d'une connaissance de première main de la science mathématique moderne que Husserl n'était pas prêt à entendre dans une attitude de crainte superstitieuse les slogans au sujet de la « science » ou de la « méthode scientifique ».

Deuxièmement, Husserl n'était pas un historien des sciences et il ne prétendit jamais en être un, même s'il présentait ses vues sur la « science en
39 tant que problème » sous forme d'une analyse de l'œuvre de Galilée. | L'on peut douter qu'il ait accordé aux écrits de Galilée le temps et l'attention qu'un historien de profession leur aurait naturellement consacré. Il se pourrait bien que l'exposé de Cassirer sur Galilée dans *Le problème de la connaissance dans la philosophie et la science de l'époque moderne* ait été l'une des sources d'information principales de Husserl. Il remarque lui-même, d'ailleurs, qu'il ne distingue pas les contributions propres à Galilée de celles apportées par ses prédécesseurs (ou, pourrions-nous ajouter, par certains de ses successeurs). La preuve en est qu'il attribue à Galilée des idées qu'il aurait fallu attribuer à Descartes ou à Huygens. Devant de telles imprécisions historiques factuelles, il ne serait pas déplacé de rappeler le jugement d'une autorité en histoire des sciences, le regretté Alexandre Koyré, qui une fois m'avait fait la remarque suivante : même si Husserl n'était pas un historien de formation, de tempérament ou d'orientation, son analyse apporte la clé pour une compréhension profonde et radicale de

l'œuvre de Galilée. Il soumet sa physique à une critique, non (disons-le encore une fois) à un criticisme.

LE PROBLÈME PHILOSOPHIQUE DE LA PRAXIS SCIENTIFIQUE

Husserl compare l'activité scientifique, telle qu'elle s'est développée pendant les trois derniers siècles, au fonctionnement d'une machine. Ce qu'il a à l'esprit ce sont moins les machines industrielles que les « machineries » du logicien ou du mathématicien, c'est-à-dire les dispositifs symboliques qui se sont révélés d'une si grande importance pour le développement et la formalisation des mathématiques. Les procédés algorithmiques peuvent être appliqués d'une façon purement mécanique, puisque leur usage ne demande rien d'autre que le respect des règles opératoires formelles. Les méthodes de la science, une fois inventées, tendent à être formalisées et à subir un processus de « technicisation » de ce type, au cours duquel leur application devient une question de routine. Nous possédons des méthodes scientifiques; nous opérons et nous manipulons; nous inventons aussi des méthodes nouvelles et meilleures – c'est-à-dire plus efficaces. C'est de cette manière que l'on obtient des résultats de la plus haute importance, aussi bien d'un point de vue théorique que pratique. Si « comprendre » scientifiquement ne veut rien dire d'autre qu'appliquer avec succès des procédés méthodiques, il n'y a là apparemment aucune difficulté. En effet, le « technicien de la science » – expression à ne prendre en aucun cas au sens péjoratif, mais comme | dénotant simplement 40
quelqu'un qui n'a d'autre intérêt que la réalisation « pratique » (théoriser est, selon Husserl, une pratique d'un genre spécial) – pourrait se contenter de confier l'achèvement de son travail à l'efficacité opératoire de la machine scientifique, dans la mesure où celle-ci lui livre les résultats qu'il espérait obtenir.

Il n'en va pas de même pour le philosophe, dont la véritable *raison d'être*[1] est de soulever des questions radicales – « radical » au sens étymologique du terme : aller aux racines. Le philosophe ne saurait se satisfaire du travail factuel de la machine; il doit se demander pourquoi et comment elle fonctionne. De la machine en tant que fait donné ici et maintenant, il remontera jusqu'au mécanisme qui la fait fonctionner, jusqu'aux principes impliqués dans sa construction, jusqu'aux conditions dont dépend une telle construction. Pour le dire d'une façon moins métaphorique, nous devons

1. En français dans le texte. (N.d.T.).

mener une enquête sur les présupposés sous-jacents à l'élaboration d'une science de style galiléen, présupposés dont une telle science tire son sens et qui, par conséquent, en définissent les limites. Ils sont soustraits au regard, et le demeurent tant que l'on adopte ce que j'ai appelé l'attitude du technicien scientifique. Puisqu'ils déterminent le sens de l'activité scientifique, les rendre explicites veut dire élucider le sens de la science en tant que telle. Ce qui est en question ici, ce n'est pas le sens de conceptions ou de théories scientifiques particulières, comme la physique quantique ou la théorie de la relativité, mais, plutôt, le sens de la science moderne dans sa totalité – et notamment le sens de cette *mathématisation progressive de la nature* que Galilée conçut le premier.

Tous ceux qui souhaitent traiter des aspects historiques de la science doivent se poser la question suivante : pourquoi la mathématisation de la nature commence-t-elle autour de 1600 et pourquoi en Italie ? Pourquoi n'a-t-elle pas commencé avant et dans une autre civilisation ? Pourquoi pas en Grèce, ou à Rome, où les ingénieurs avaient atteint un niveau de compétence particulièrement élevé ? Pourquoi pas au Moyen Âge ? Il serait certes stupide d'essayer de l'expliquer en arguant d'une espèce d'infériorité intellectuelle propre à ces périodes. Afin de répondre à la question il faudrait plutôt se tourner vers une sociologie de la connaissance d'orientation historique. Quant à moi, je pose la question uniquement dans le but de mettre l'accent sur le fait qu'il ne faut pas prendre l'existence de la science de style moderne comme allant de soi. Pendant plusieurs siècles une humanité hautement civilisée a vécu en faisant l'économie d'une conception mathématique de la nature. Certes, il y a eu les Pythagoriciens, puis Archimède. Mais de tels penseurs n'ont pas laissé de traces durables sur le
41 développement intellectuel immédiatement | ultérieur. Et puis, que veut dire « mathématiser » la nature ?

Mathématisation

Parmi les présupposés de la science galiléenne et du Galilée historique lui-même, il nous faut mentionner en premier lieu la conception selon laquelle le modèle et l'étalon de la connaissance – la connaissance au sens fort et originel du terme grec *épistèmè* – est la connaissance mathématique, ce qui, dans la situation historique de Galilée, signifiait la géométrie d'Euclide. À cet égard Galilée était lui-même un héritier d'une tradition déjà établie et acceptée. Le dévoilement des présupposés de Galilée exige donc que l'on remonte au-delà de Galilée et que l'on enquête sur l'origine de la géométrie d'Euclide[1].

Dans le monde de la vie où nous sommes plongés, nous rencontrons des choses aux contours circulaires ou, plus précisément, des choses dont les contours présentent une physionomie circulaire. Cependant, de tels contours ne sont pas des cercles au sens strict, géométrique, du terme, pas plus que des arbres ayant une physionomie cylindrique ne sont des cylindres au sens géométrique. Comme l'étymologie de son nom l'indique, la géométrie était à l'origine un art de la mesure, et notamment de la mesure de la terre – démarquer des champs limitrophes et des choses de ce genre. Mesurer demande une technique et admet différents degrés de précision. Le degré de précision à atteindre dans un cas donné dépend à la fois de la technique disponible et du but visé. Des exigences pratiques peuvent requérir, et requièrent de fait, un degré de plus en plus élevé de précision, et cela peut conduire non seulement à un « meilleur » usage des techniques disponibles, mais aussi à une amélioration de la technique elle-même. Toutes les améliorations de ce genre sont et demeurent au service de buts pratiques. Il en va de même pour la pratique de l'artisan qui, par exemple, travaille une planche de bois et essaye de rendre sa surface plus lisse et plus plate. Ici encore, les exigences de la situation pratique pourraient appeler des perfectionnements de la technique disponible, tels que l'invention de
nouveaux outils. Comme précédemment, toutes | les améliorations et les 42
perfectionnements sont motivés et orientés par des fins et des buts pratiques.

Au fil de telles améliorations et de tels perfectionnements, des notions de *limites idéales* peuvent surgir, telle celle du plan dont la surface est « absolument » lisse et ne peut pas être rendue plus lisse, ou celle de la ligne droite qui n'a pas d'épaisseur ou du cercle dont les points sont équidistants du centre – tout cela « absolument » et non plus « à peu près », comme dans le cas des configurations perceptives qui exhibent une circularité physionomique. C'est ainsi que des figures géométriques au sens strict en viennent à être conçues. Dans la géométrie d'Euclide les notions géométriques ont encore un contenu intuitif; les figures peuvent être rendues intuitives, même si elles ne peuvent pas être perçues, car on ne peut pas les rencontrer dans la réalité. L'on peut en parler comme de pôles-limites

1. Le mot « origine » ne doit pas être ici compris en termes historiques ou psychologiques. Selon Husserl il indique une origine ou une genèse du sens (*Sinnesursprung, Sinnesgenese*), *cf.* A. Gurwitsch, « Reflections on Mathematics and Logic » in *Phenomenology and the Theory of Science*, Evanston (Ill.), Northwestern U.P., 1974, p. 66 *sq*.

idéaux situés à l'infini, dans la mesure où elles indiquent une direction pour le processus de perfectionnement progressif, mais elles ne peuvent jamais être effectivement atteintes au cours de ce processus. En ce sens les notions géométriques désignent des modèles de perfection. *Les concepts géométriques surgissent sur la base de l'expérience, entre autres, perceptive à l'intérieur du monde de la vie, par voie d'idéalisation.* Une fois les pôles-limites idéaux conçus, les configurations spatiales rencontrées dans l'expérience perceptive – des arbres de forme cylindrique, des lignes effectivement tracées –, peuvent être vues à leur lumière et de leur point de vue : autrement dit, les configurations prennent le sens d'approximations, plus ou moins rapprochées, des figures idéales qui, en raison de leur idéalité, ne peuvent jamais être réalisées dans les faits. Platon comparait la relation entre les configurations tracées sur le sable et les figures géométriques que le mathématicien a à l'esprit, même quand il regarde ces configurations, aux relations entre les reflets des objets dans l'eau et les objets en tant que tels.

Les figures géométriques idéales se prêtent à une détermination exacte et définitive, valable une fois pour toutes et pour tous. La détermination géométrique est indépendante des circonstances, des conditions et de la contingence de l'observation et de la mesure effectives. Pour la même raison, la référence des configurations perceptives aux figures géométriques idéales dont elles s'approchent plus ou moins, est affranchie de toute prise en compte d'exigences pratiques. Tout aussi importante est la découverte capitale que, sur la base d'un nombre relativement restreint de propositions fondamentales, les axiomes, il est possible de construire toutes les figures géométriques possibles et de démontrer toutes les propriétés de ces figures. Les preuves géométriques sont concluantes, et non
43 matière à opinion. On | peut prouver, en géométrie euclidienne, que la somme des angles intérieurs d'un triangle plan est égale à deux angles droits et que la négation d'une telle proposition contient une contradiction. En revêtant le caractère d'une science démonstrative, la géométrie prouve qu'elle correspond à et réalise l'idée d'*épistémè*. La géométrie se présente comme le modèle et l'étalon de toute connaissance digne de ce nom.

L'idéalisation n'est que le premier pas dans la constitution et le développement de la géométrie. Peu après l'époque de Galilée commence l'algébrisation de la géométrie par la géométrie analytique de Fermat et de Descartes; et plus tard le calcul différentiel est inventé par Leibniz et Newton. La voie est ouverte pour une algébrisation progressive et même une logicisation de la géométrie, qui culmine dans l'axiomatique contemporaine et la géométrie des espaces abstraits. Ce développement n'est pas limité à la seule géométrie. L'ensemble des mathématiques modernes se développe dans le sens d'une formalisation croissante. Dans une discipline formalisée – dont l'algèbre commune et, incidemment, la logique traditionnelle aristotélicienne sont les exemples les plus anciens et les plus élémentaires – les termes sont dépouillés de tout contenu intuitif et sont définis purement et simplement par les relations qui sont valables entre eux et les opérations que l'on peut effectuer sur eux. Ce développement culmine dans la théorie des groupes, où même les relations et les opérations sont laissées indéterminées quant à leur signification intuitive, et ne sont définies que sur la base de leurs propriétés formelles, telles que symétrie et transitivité dans le cas des relations et commutativité et associativité dans celui des opérations. La formalisation coïncide avec le développement d'algorithmes, c'est-à-dire avec l'établissement de systèmes de symboles et de règles pour opérer sur de tels symboles. Les opérations peuvent être accomplies « aveuglément » et mécaniquement, pourvu qu'elles soient conformes aux règles opératoires. En raison de leur nature formelle, les systèmes algorithmiques se prêtent à de multiples interprétations, en sorte que les résultats des opérations aveugles ou mécaniques sur les symboles peuvent recevoir la signification intuitive appropriée, selon leur interprétation dans un cas donné.

Les entités qui surgissent par voie d'idéalisation et de formalisation acquièrent un air d'indépendance, d'autonomie et d'autosuffisance. Une fois établies, les méthodes géométriques et algorithmiques peuvent être enseignées et apprises; elles peuvent être transmises d'une génération à l'autre. En les utilisant et en les perfectionnant, on va d'invention en invention, les conquêtes des dernières générations dépassant celles des précédentes. Un tel | usage et un tel perfectionnement des méthodes, le 44
développement graduel des nombreuses disciplines mathématiques, l'augmentation toujours croissante des connaissances mathématiques lors des trois derniers siècles, tout cela n'exige ni qu'on se réfère aux fondations sur lesquelles repose l'édifice des mathématiques, ni qu'on les dévoile. Les présupposés sous-jacents à la pensée et à la construction mathématiques, c'est-à-dire, d'un côté, l'expérience des choses telles que nous les rencontrons dans le monde de la vie, et, de l'autre, les processus d'idéalisation et formalisation, peuvent tomber et tombent bel et bien dans l'oubli. Coupés des sources dont ils jaillissent, les produits qui résultent de l'idéalisation et de la formalisation – c'est-à-dire toutes les disciplines formelles : la géométrie, l'ensemble des mathématiques et la logique mathématique contemporaine – sont ainsi considérés comme autonomes, ce qui veut dire qu'apparemment ils semblent ne rien présupposer

d'extérieur à eux-mêmes. Cette façon d'avancer sur la base de présupposés voilés et même oubliés, voilà ce que Husserl entend par traditionalité. C'est le droit du scientifique positif, du logicien, du mathématicien et du physicien que de rester à l'intérieur de sa tradition scientifique et de se garder de s'intéresser lui-même à son origine et son institution. C'est le devoir du philosophe de soulever justement cette question afin de clarifier et rendre compte du sens même de la science moderne.

Revenons à Galilée, qui était un héritier de la géométrie d'Euclide et qui se tenait à l'intérieur de sa tradition, ce qui implique l'acceptation dogmatique de la géométrie comme modèle de la connaissance au sens véritable et propre du terme. Par conséquent, s'il doit y avoir une authentique science de la nature, elle doit être façonnée à partir du modèle de la géométrie. Galilée essaie de mathématiser la nature, et il y parvient : la nature se livre à la mathématisation. La mathématisation de la nature peut être considérée – et c'est ainsi qu'elle a été considérée par Husserl – comme une aventure couronnée de succès ; son succès prend la forme d'un processus historique, l'histoire de la physique moderne, la physique de style galiléen, de ses débuts à nos jours. Cela veut dire que l'aventure s'est montrée féconde jusqu'à ce jour et que l'on peut s'attendre à ce qu'elle le reste dans le futur.

L'HYPOSTASE DES CRÉATIONS MENTALES

Du fait de l'occultation des présupposés sous-jacents à l'élaboration de
45 la science physique, et qui en déterminent | le sens, cette élaboration n'est pas vue pour ce qu'elle est vraiment. Elle est la construction d'un univers exact, constitué d'entités définies et définissables exclusivement en termes mathématiques. Cette construction est régie par certains principes et elle est censée remplir la tâche tout à fait spécifique de permettre une rationalisation toujours plus étendue des phénomènes observés, ainsi que leur explication unitaire. Des prévisions et des prédictions à une échelle de précision auparavant inouïe deviennent ainsi possibles, et cela ne pouvait être obtenu tant que l'on se fiait aux régularités telles qu'elles sont expérimentées ou même méthodiquement observées à l'intérieur du monde de la vie. Négligeant l'ensemble des processus d'idéalisation, de formalisation ainsi que toute autre forme de conceptualisation susceptible d'être impliquée – processus qui sont des opérations mentales dans et par lesquelles les entités dont s'occupe le physicien sont conçues et construites – le physicien ou celui qui interprète la physique sont aussitôt absorbés par les produits, au détriment de l'activité productrice dont de tels produits découlent.

L'incapacité à rapporter les produits et les résultats obtenus aux opérations mentales dont ils découlent et dont ils sont les corrélats, fait que l'on devient prisonnier de ces produits et résultats, c'est-à-dire, prisonnier de ses propres créations et c'est là un aspect ultérieur de la traditionnalité. Ainsi, comme le disait Husserl, un manteau ou un vêtement d'idées (*Ideenkleid*), d'idées ou de symboles mathématiques, recouvre le monde de la vie pour le dissimuler au point de s'y substituer. Ce qui, en vérité, n'est qu'une méthode et le résultat de cette méthode est pris à terme pour la réalité. Nous arrivons ainsi à la conception de la nature (dont nous avions parlé au début) comme possédant une structure mathématique ou étant une variété mathématique. Cette conception se trouve exprimée par la fameuse affirmation de Galilée : « Quiconque souhaite lire un livre doit connaître la langue dans laquelle il est écrit. La nature est un livre et les caractères dans lesquels il est écrit sont des triangles, des cercles et des carrés. »

La nature telle qu'elle est réellement, ne se manifeste pas dans l'expérience sensible directe; elle doit être dévoilée par les méthodes spécifiques de la physique mathématique. Un tel dévoilement est interprété comme la découverte de la réalité vraie derrière et par-delà les apparences. Quant aux apparences, c'est-à-dire le monde de la vie tel qu'il se présente dans l'expérience perceptive, elles sont confinées dans le domaine de la simple subjectivité. Et c'est ainsi qu'une nouvelle science devient nécessaire, une science dont la tâche est de rendre compte du surgissement des apparences perceptives sur la base des conditions véritables et réelles de la nature, découvertes par la science physique. Ce n'est pas un accident
historique | – cela est profondément enraciné dans la logique de la situation **46**
historique de la physique naissante de style galiléen et de ses développements ultérieurs – si la psychologie, en son sens moderne spécifique en tant que science de l'erreur, s'est développée parallèlement à cette physique, selon une continuité logico-historique.

Abordons notre problème sous un autre angle. À chaque phase du développement historique, il faut établir une distinction, selon Husserl, entre l'état des sciences de la nature à cette époque, la conception de la nature ou la nature telle qu'elle était pensée à cette époque, et la nature telle qu'elle est réellement. L'expression « la nature telle qu'elle est réellement » ne peut signifier que la conception définitive de la nature, ou la nature telle qu'on croira qu'elle est lorsque le processus de développement historique de la science aura atteint son terme. La nature telle qu'elle est réellement désigne un but que le processus historique de développement de la science est censé poursuivre, dont la suite des conceptions de la nature est censée se rapprocher. Dans l'interprétation que nous discutons ici, on tient ce but comme atteint d'avance, même si ce n'est pas par nous, et par conséquent il est atteint comme nous étant encore inconnu. En outre, le but – si on peut s'exprimer ainsi – est projeté dans la nature comme sa condition réelle et véritable, attendant d'être découverte ; en un mot, elle est hypostasiée. Une autre version, parmi beaucoup d'autres, est la théorie leibnizienne du Dieu omniscient qui, en tant que logicien suprême, possède depuis toujours toutes les connaissances pour lesquelles nous autres humains, devons nous battre, pour autant qu'elles nous soient accessibles.

Le sens de l'analyse de Galilée par Husserl et de sa critique de la science moderne est désormais devenu clair. La « nature telle qu'elle est réellement », la nature du physicien par opposition à la nature telle qu'elle se présente dans l'expérience perceptive commune, est une réalisation mentale, plus précisément, c'est l'Idée d'un but vers lequel converge une suite de réalisations mentales – une Idée au sens kantien du terme. On ne remarque rien des processus mentaux de la mathématisation, de l'idéalisation et de la formalisation, dont ces réalisations découlent en tant que corrélats et résultats. Pour finir, on perd de vue le monde de la vie tel qu'il est donné dans l'expérience perceptive, celui sur lequel les processus évoqués opèrent en le réinterprétant à la lumière d'entités idéalisées et formalisées.

47 | LA PHYSIQUE ET LE MONDE DE LA VIE

La conception mathématique de la nature n'est donc pas essentielle à l'esprit humain. Dans l'expérience directe, la nature ne se présente pas comme un système mathématique. Dès le début il y a eu un hiatus entre l'univers construit pas la science physique et le monde qui nous est donné par l'expérience immédiate (notamment perceptive). Ce dernier est le monde où nous sommes nés, dans lequel nous nous trouvons à chaque moment de nos vies, quelles que soient les activités dans lesquelles nous sommes engagés ou les buts que nous poursuivons. À l'intérieur de ce monde nous rencontrons nos semblables, avec qui nous entretenons les rapports les plus divers. À la fois par l'éducation et par l'expérience personnelle, les voies de ce monde – le « monde de la vie » comme l'appelle Husserl – nous sont devenues familières d'une manière très particulière. Les objets que nous rencontrons dans ce monde ont une signification humaine : ils se présentent comme instruments, outils à manier de façon très précise pour que les résultats désirés soient atteints. Qui plus est, ils exhibent un certain nombre de propriétés intrinsèques qui leur sont propres. Par exemple, il y a une chaise bleue là-bas. Dans le monde de la vie, nos repères sont issus du monde de la perception, c'est pourquoi nous considérons sans hésiter que le bleu est une propriété intrinsèque de la chaise. À moins d'avoir étudié la physique ou d'être indirectement influencé par l'étude de la physique, il ne nous viendrait pas à l'esprit de regarder la couleur comme un phénomène subjectif, un contenu de notre conscience à mettre sur le même plan que, disons, un sentiment de joie, un désir ou des choses semblables. Ce qui est en jeu ici est quelque chose de plus que la simple substitution à la couleur de processus entièrement descriptibles en termes mathématiques, comme longueur d'onde, fréquence ou vitesse de propagation, ou le remplacement qui s'ensuit des différences qualitatives par des différences quantitatives.

Ce qui importe tout autant, c'est le fait que l'univers de la physique devienne de plus en plus étranger au monde de l'expérience perceptive. La physique du XIXe siècle, même dans les théories des champs de Faraday et de Maxwell, utilisait encore des modèles à contenu intuitif et susceptibles d'être visualisés. Les lignes de force étaient conçues par analogie avec des bandes élastiques qui se détendent et se contractent. En revanche, la physique contemporaine s'appuie sur des constructions d'une nature totalement abstraite, qui doivent être traitées uniquement par rapport à des règles algorithmiques d'opération. Elles n'ont plus | de contenu susceptible **48**
d'être visualisé, et elles ne prétendent à aucune signification intuitive. Ce qui au départ ne semblait qu'un hiatus est devenu un gouffre qui s'élargit sans cesse.

Dans une phase antérieure de l'époque moderne, les constructions de la physique mathématique n'étaient pas considérées simplement comme des modèles utiles à la systématisation, à la prévision ou même à l'explication. L'on pensait au contraire qu'ils exprimaient le véritable état des choses, la nature véritable du monde extérieur. Grâce à ses théories exprimées mathématiquement, le physicien était réputé percer le voile des apparences perceptives, et décrire ainsi la nature telle qu'elle est. Cette interprétation réaliste de la physique trouve peu de défenseurs aujourd'hui, et pourtant il n'y a pas si longtemps encore un aussi grand physicien que Max Planck y adhérait.

Nous sommes en quelque sorte confrontés à deux royaumes. L'un est le royaume de la réalité, de la nature mathématiquement construite et conçue. L'autre est le monde des apparences. Malebranche parlait d'« illusions naturelles ». Elles sont naturelles parce qu'elles puisent leurs racines dans la condition réelle des choses, sur la base de laquelle elles se présentent d'une façon régulière. Mais il s'agit tout de même d'illusions, car elles ne correspondent pas aux véritables états de choses. Néanmoins, la persistance de telles illusions est tout à fait remarquable. En dépit du développement rapide de la science, le monde de la perception ne perd pas son identité familière. Pour le physicien aussi bien que pour le profane, les choses continuent d'exhiber des qualités chromatiques comme si elles étaient intrinsèques aux choses elles-mêmes. Nonobstant nos connaissances d'astronomie, un soir d'été, au bord de la mer, nous continuons de voir le soleil plonger dans l'océan. De tels faits indiquent une certaine primauté du monde de la vie. Après tout, les théories scientifiques doivent être vérifiées au moyen d'observations, qui, même réduites à la simple lecture de la position des aiguilles d'un compteur, n'en demeurent pas moins des expériences perceptives.

L'on pourrait objecter qu'une telle primauté ne peut être accordée que *quoad nos* : afin d'arriver à l'univers tel qu'il est réellement, nous devons bien entendu partir du monde tel qu'il nous apparaît. Même si l'on devait concéder ce point, l'argument d'origine reste encore suffisamment fort pour justifier une enquête sur les traits généraux du monde de l'expérience commune, qui fournissent la motivation initiale pour la construction de la conception mathématique de la nature. Aussi faut-il nous demander ce qui, outre cette motivation, est requis pour l'élaboration effective de la physique mathématique.

Heureusement pour nous, il n'est guère nécessaire de présenter une
49 | description analytique complète de la structure générale de la *Lebenswelt*. Il s'agirait en effet d'une tâche très lourde. D'autant plus que jusqu'ici, sur le sujet, aucune analyse exhaustive n'en a été faite, bien que maints auteurs aient, au cours des dernières décennies, apporté des précisions remarquables au travail pionnier de Husserl. En ce qui nous concerne, qu'il nous suffise de mettre en relief quelques points principaux des analyses de Husserl.

En premier lieu, le monde de l'expérience quotidienne s'étend dans l'espace et dans le temps; cela constitue un cadre englobant dans lequel toutes les choses existant dans notre expérience peuvent être mises en relation les unes aux autres en termes spatiaux et temporels. Les choses possèdent en outre une forme spatiale, non pas en un sens strictement géométrique mais plutôt physionomique, non comme une figure déterminée, mais comme un type générique de configuration spatiale – une configuration qui, à l'intérieur de limites non précisément définies, autorise la variation et la déviation. En allant au-delà des analyses de Husserl, nous pouvons relever que nombre de psychologues, notamment ceux issus de l'école gestaltiste, ont longtemps utilisé des termes tels que « circularité » ou « rectangularité » en ce sens physionomique, lorsqu'ils parlaient, par exemple, d'un « mauvais » cercle ou d'un angle droit « meilleur qu'un autre ». D'un point de vue strictement géométrique, de telles expressions sont dénuées de sens. Elles font sens en revanche, lorsqu'elles s'appliquent aux aspects phénoménaux de l'expérience perceptive, toujours entachée de vague et d'indéfinitude; ses déterminations valent uniquement « en gros » (j'évite de parler d'« approximation » pour des raisons qui deviendront claires dans un instant). On peut éventuellement caractériser l'expérience perceptive en disant qu'elle est déterminée quant au type, mais qu'il y aura toujours d'ordinaire une certaine latitude quant à la manière dans laquelle le type se particularise.

Deuxièmement, le monde de la vie présente diverses régularités. Aussi loin que remonte notre souvenir, l'alternance du jour et de la nuit ou le changement des saisons nous sont familiers. Puisque nous vivons dans l'hémisphère nord nous savons depuis toujours qu'en juillet il fait plus chaud qu'en février, et nous agissons en en tenant compte dans le choix de nos vêtements. Les choses, selon les termes employés par Husserl, ont leur manière habituelle de se comporter. Ce n'est pas la science, aristotélicienne ou galiléenne, qui nous apprend que les pierres, lorsqu'elles sont soulevées et lâchées, tombent. Dans le monde de la vie, c'est un fait d'expérience quotidienne que l'eau peut bouillir et que, si on continue à la chauffer, elle s'évapore.

En termes généraux, le monde de la vie présente une causalité universelle d'un certain style. Les événements s'enchaînent les uns aux autres; les occurrences d'un certain type sont régulièrement suivies par des occurrences d'un autre type. La familiarité avec de telles régularités, c'est-à-dire avec | le « style » de la causalité universelle, est d'une importance **50**
capitale pour notre existence et pour la conduite pratique de nos vies. Cela et cela seulement permet des anticipations. En raison de cette familiarité, nous savons fort bien à quoi nous attendre dans un futur proche; nous pouvons souvent influencer le cours des événements pour obtenir l'effet escompté. Comme l'a montré le regretté Alfred Schutz dans ses profondes analyses, toutes les activités à l'intérieur du monde de la vie sont entièrement dominées par des motifs pragmatiques. Étant donné qu'à l'origine les connexions causales frappent notre attention en raison de leur signification pragmatique, il est tout à fait naturel que cette même signification doive déterminer le degré de précision avec lequel établir et décrire de telles connexions. Autrement dit, notre familiarité avec des connexions causales particulières ainsi qu'avec le style universel de la causalité dans le monde de la vie est affectée par le caractère indéfini et vague que nous avons déjà évoqué, qui apparaît ainsi comme une caractéristique générale de l'expérience perceptive.

Finalement, les choses dans le monde de la vie se présentent, comme le dit Husserl, avec une certaine relativité par rapport aux sujets qui en font l'expérience. Nous percevons tous les mêmes objets dans cette pièce, mais chacun de nous les voit à partir de son propre point d'observation. La même chose apparaît sous une multitude d'aspects changeants. Les exigences de la vie sociale rendent absolument nécessaire le réglage de ces différences. Certaines sont considérées comme négligeables, et sont par conséquence ignorées; d'autres sont traitées à partir de ce que Schutz appelle «l'interchangeabilité des points de vue» ou «la réciprocité des perspectives». L'accord intersubjectif s'effectue de plusieurs façons, que nous ne pouvons pas détailler ici. Nous vivons donc tous dans un seul et même monde de la vie. Ici le motif pragmatique demeure toujours prédominant, puisqu'il est lié par essence aux conditions concrètes d'existence d'un certain groupe social. C'est pourquoi même le monde de la vie intersubjectif est sujet à un certain degré de relativité – mais cela non plus à vis-à-vis de cet individu-ci ou de celui-là, mais plutôt à l'égard du groupe social en question, quelle que soit sa taille.

PHYSIQUE GALILÉENNE ET PLATONISME

Galilée n'a pas hérité simplement de la géométrie en tant que corpus de connaissances techniques mais aussi de l'interprétation platonicienne de
51 | la géométrie comme incarnation de l'idéal d'une connaissance véritable. Suivant en cela Cassirer, Koyré et Crombie, je considère Galilée comme un «platonicien» et je vais même plus loin car je soutiens également que l'ensemble de la physique moderne – la physique de style galiléen – est d'inspiration platonicienne. Cela implique certes un usage un peu ample du terme «platonisme», mais il s'agit d'un usage que j'estime acceptable. Galilée, il est vrai, n'a pas fait siennes les spéculations mathématiques du *Timée*. Cependant, le platonisme n'a pas nécessairement besoin de se construire, au sens étroit, à partir d'une prise en charge de toutes les doctrines exposées dans les textes de Platon. J'emploierai ce terme pour désigner la défense d'une théorie des deux mondes, d'une distinction entre deux royaumes de statut ontologique inégal, où un domaine est considéré comme subordonné à l'autre et menant une simple existence par procuration – un domaine qui doit être expliqué selon les termes du domaine d'ordre supérieur. L'on pourrait donc affirmer que l'œuvre de Galilée représente un tournant dans le développement historique du «platonisme», en ce sens du terme; elle l'a complètement transformé et renouvelé.

La philosophie grecque prétendait découvrir une opposition entre les apparences aux multiples facettes exposées à un changement incessant et un royaume immuable d'existence, persistant à jamais dans la plus stricte identité à soi. On avait nommé ce dernier: « l'être tel qu'il est en lui-même », *ontos on.* À cette distinction il en correspondait une autre : celle entre *épistémè* et *doxa.* Le terme *doxa* recouvre nos croyances concernant les apparences et elle est donc révisable. La *doxa* est nécessaire (et aussi suffisante) pour la conduite pratique des choses dans le royaume des apparences. Elle dépend de la situation dans laquelle le sujet se trouve lui-même, de ses intérêts et de ses projets. Le terme grec de *doxa* véhicule quelque chose de la relativité et de l'indétermination qui caractérise, comme nous l'avons vu, notre relation au monde de la vie. L'*épistémè*, en revanche, est une connaissance au sens propre et plein du terme. Puisqu'elle est concernée par l'être tel qu'il est en lui-même, elle n'est nullement relative aux sujets, à leur point de vue ou aux vicissitudes de leur vie. En raison de la constante identité à soi de son être, la connaissance véritable est toujours vraie, en toutes circonstances, pour tout le monde. Alors que le domaine de l'opinion est celui de la persuasion et du vraisemblable (c'est-à-dire de la rhétorique au sens classique du terme), ces qualificatifs n'ont aucune place dans le domaine de l'*épistémè*, où seuls comptent l'argument contraignant ou la démonstration concluante. Soit une thèse peut être pleinement démontrée, en prouvant par exemple que sa négation conduit à des contradictions ou à des absurdités, soit elle n'a pas le droit d'être avancée du tout. Si un désaccord quelconque se manifeste, | il 52
peut être définitivement aplani, du moins en principe. Sinon l'argument n'aurait pas cette force universellement et constamment contraignante qu'on lui attribue.

Les figures géométriques, conçues comme des entités idéales, peuvent facilement passer pour de tels étants en soi. Affranchies de toute ambiguïté, dénouées de tout changement et de toute variation, elles subsistent dans leur identité à soi, indifférentes aux sujets connaissants. Alors que la pratique de la mesure au sein du monde de la vie connaît différents degrés de précision, les déterminations géométriques se font avec exactitude. L'exactitude implique l'absence aussi bien de fluctuation que de restriction à des buts pratiques. Dans l'axiomatisation euclidienne de la géométrie, un petit nombre de propositions fondamentales ainsi que quelques méthodes élémentaires de construction étaient explicitement établies. À partir de celles-ci il est possible de démontrer rigoureusement les différentes propriétés des figures planes. Une infinité de formes spatiales exactes se trouvent situées relativement l'une à l'autre grâce à une seule théorie cohérente – cohérente parce que développée déductivement. La géométrie offre ainsi un exemple parfait de l'idéal de l'*épistémè*. La maîtrise des méthodes du raisonnement géométrique nous permet d'atteindre des résultats constamment et universellement valides. Toute relativité par rapport aux sujets et à leurs situations se trouve dépassée.

L'acceptation de la part de Galilée de la géométrie en tant que modèle de connaissance est, aux yeux de Husserl, son présupposé fondamental. L'on pourrait même parler d'un « préjugé », dans la mesure où Galilée se sert de l'idée platonicienne de connaissance véritable et de la conception d'un Etre vrai qui va avec, sans essayer aucunement de les justifier, et, apparemment, sans même s'apercevoir de la nécessité d'une justification. Une réflexion sur les origines des concepts géométriques à l'image de celle que nous avons esquissée plus haut, était en effet fort éloignée de l'esprit de Galilée. Une fois la géométrie acceptée comme modèle de la connaissance, il en découle tout à fait naturellement que si une science de la nature est en général possible, elle doit, d'une manière ou d'une autre, être conçue sur la base du modèle de la géométrie. Le platonisme de Galilée apparaît dans la distinction entre l'apparence perceptive de la nature et sa structure véritable, c'est-à-dire mathématique. La tâche de dévoiler cette structure revient à la nouvelle science physique qui procède par une mathématisation complète de la nature. Les occurrences spatio-temporelles doivent, par conséquent, être idéalisées, c'est-à-dire ramenées à des relations mathématiques.

Si le mouvement est simplement considéré comme le changement d'une position spatiale dans le temps, un traitement mathématique exhau-
53 stif de la mécanique | devient alors possible, quand bien même cela requerra une redéfinition des concepts de vitesse et d'accélération. Cela est nécessaire, parce que ces concepts jouent déjà un rôle dans la description du monde de la vie, où ils désignent cependant des quantités qui ne sont évaluées qu'à peu près. La mathématisation du mouvement mène à l'étude des différentes formes possibles de mouvement, parmi lesquelles le mouvement uniformément accéléré se montre particulièrement intéressant. Des hypothèses mathématiquement exprimées sont développées et testées en les confrontant à l'observation, afin d'établir quelle hypothèse s'applique à un cas donné, par exemple celui des corps en chute libre.

Tester les conséquences de telles hypothèses en les confrontant aux données expérimentales suppose des mesures, si possible en laboratoire. La précision de la mesure dépend, encore une fois, des techniques disponibles et l'amélioration des techniques engendre des résultats d'une précision croissante. Cela ressemble beaucoup à la situation que nous avons déjà considérée au sujet de la mesure dans le monde de la vie, indépendamment de toute idéalisation géométrique. Cette idéalisation confère, cependant, un sens radicalement nouveau aux résultats de la mesure. Les résultats de plus en plus précis obtenus par des techniques de plus en plus performantes ne sont plus simplement juxtaposés, l'un à côté de l'autre, car chacun n'est pleinement justifié que par le but pratique auquel on le destine. Par leur référence à un pôle-limite idéal, les résultats de la mesure en viennent à être interprétés en tant qu'*approximations*, au sens strict de la formation d'une suite qui converge vers une valeur exacte et véritable. Techniquement parlant, la mesure se fait toujours dans le cadre des conditions propres au monde de la vie; néanmoins son interprétation est placée – comme le dit Husserl – sous un « horizon d'infinité ».

C'est pourquoi la perfectibilité des techniques de mesure commence à présent à prendre la tournure d'une perfectibilité illimitée. Nous avons déjà eu l'occasion de remarquer que l'art de la mesure propre au monde de la vie a préparé la voie à l'idéalisation géométrique. À présent la relation est, en quelque sorte, inversée. L'idéalisation géométrique (et, plus généralement, mathématique) en vient à déterminer l'application des techniques de mesure; en cela l'idée d'exactitude mathématique incite non seulement à obtenir des approximations toujours plus fines, mais aussi à inventer de « meilleures » techniques. L'idéalisation mathématique fournit ainsi une méthode construite sur mesure pour s'améliorer, pour ainsi dire, d'elle-même, sans référence directe au moindre but pratique – d'où le sens d'un progrès possiblement illimité, c'est-à-dire infini.

| MATHÉMATISATION INDIRECTE 54

Jusqu'ici nous n'avons traité que de l'idéalisation et de la mathématisation de l'espace, du temps et du mouvement à l'intérieur du monde de la vie. Mais, outre de tels aspects, les choses que l'on rencontre dans l'expérience sensible présentent également des propriétés qualitatives – couleur, température, etc. – qui remplissent les formes spatiales. Ces propriétés ne se prêtent pas d'elles-mêmes à une quantification. Certes, on a le droit de dire d'un tel rouge qu'il est plus lumineux qu'un autre, mais il n'est guère possible d'aller au-delà d'estimations grossières et demander : « de combien exactement ? », en escomptant une réponse en termes numériques. Il n'y a qu'une seule géométrie et elle se rapporte à l'espace, non aux qualités. Cela devient clair si l'on pense que toute forme spatiale peut être conçue comme une portion limitée d'un seul et unique espace omni-englobant, alors qu'il n'y a pas de forme universelle qualitative, où l'on pourrait insérer, d'une manière analogue, toutes les configurations qualitatives déterminées. C'est pourquoi si une mathématisation des qualités doit jamais être possible, elle ne peut être obtenue, au mieux, qu'indirectement. C'est vers cette mathématisation indirecte que nous devons nous tourner maintenant. Husserl l'associe aussi au nom de Galilée, même si historiquement il serait plus pertinent de mentionner Descartes et, surtout, Huygens. Mais comme on l'a vu, le nom de Galilée n'est pour Husserl qu'un symbole.

Or, la mathématisation indirecte des qualités nécessite qu'on les mette en corrélation avec des occurrences qui, descriptibles en termes spatio-temporels, se prêtent à une mathématisation directe. Prenons, par exemple, la découverte par Pythagore de la dépendance entre la hauteur d'une note musicale et la longueur de sa corde vibrante. La découverte d'une telle dépendance, par elle-même, n'aboutit pas nécessairement à la conclusion que la note écoutée n'est qu'une simple donnée subjective et que tout ce qui existe en réalité ce sont les vibrations de la corde. Nous avons plutôt établi la corrélation régulière d'une occurrence avec une autre, une instance de la « causalité universelle » que nous avons trouvée dans le monde de la vie. Aussi loin qu'aille notre expérience de cette causalité, l'on sait que des événements d'un type dépendent des événements d'un type différent; des changements sous un rapport s'accompagnent de changements sous d'autres rapports. Mais cela ne nous autorise nullement à supposer que les phénomènes qualitatifs dépendent causalement, d'une manière simplement unilatérale, des occurrences spatio-temporelles.

55 Et pourtant c'est justement une telle dépendance qui a été admise | au fil des nombreux progrès de la physique. On en est venu plus ou moins à considérer comme allant de soi le fait que les phénomènes qualitatifs sont produits par des processus qui interagissent avec nos organes de sens et que l'on peut définir uniquement en termes spatio-temporels. Les phénomènes qualitatifs ainsi que leurs changements sont censés, les uns et les autres, révéler et cacher le véritable état des choses. Ils les révèlent parce que, en tant qu'effets de processus quantitatifs, ils indiquent ces processus et peuvent être lus comme leurs symptômes, du moins par le physicien qui a appris à en déchiffrer le langage. Mais ils cachent, dit-on, le véritable état des choses, en raison de l'hétérogénéité totale entre le symptôme lui-même et ce dont il est le symptôme. La nature telle qu'elle est *réellement* (par opposition à son apparence perceptive) est une structure mathématique, peut-être même une pluralité de telles structures; peu importe que ces structures soient relativement simples, comme dans les premières phases

de la science moderne, ou extrêmement complexes et abstraites, comme dans la physique contemporaine.

L'« IDÉE » D'UNE SCIENCE MATHÉMATIQUE DE LA NATURE

Quel statut logique doit-on conférer à la thèse selon laquelle la nature est entièrement mathématique? Il est clair qu'il ne s'agit pas de la formulation de découvertes scientifiques, et on n'y arrive pas non plus par le biais d'une généralisation à partir de l'expérience. En raison de sa généralité, elle ne peut pas passer pour une loi de la nature; de fait, toute loi déterminée de la nature n'est qu'une de ses spécifications particulières. À cause de sa généralité, elle ne peut pas être considérée comme une hypothèse au sens courant du terme. Si, à l'instar de Husserl, on la nomme « hypothèse », on doit, avec lui, en souligner la nature singulière. L'on peut en parler comme de l'« hypothèse sous-jacente à toute hypothèse », comme d'une « idée régulatrice » au sens kantien, comme d'une norme méthodologique qui oriente la formulation d'hypothèses scientifiques et guide toutes les activités scientifiques, aussi bien théoriques qu'expérimentales. Une « hypothèse » de la sorte ne peut pas être défendue par des arguments directs, elle ne peut être justifiée que par le succès continu de la norme méthodologique elle-même. C'est-à-dire par un travail en cours qui n'est jamais fini. La thèse selon laquelle la nature est de part en part mathématique ne peut être confirmée que par le processus historique de développement de la science en son entier, un processus constant où la nature en vient à être progressivement mathématisée. Peu importe le degré d'avancement du processus, peu importe le degré de confirmation que la thèse a déjà reçu,
| elle demeure néanmoins une hypothèse, au sens où elle a besoin d'une 56
justification supplémentaire. N'oublions jamais la distinction entre la nature telle qu'elle est conçue par la science à un moment de son histoire et la nature telle qu'elle est réellement dans la vérité scientifique. Cette dernière expression ne désigne pas une réalité cachée derrière les apparences du monde de la vie et qui attend seulement d'être découverte, mais un objectif à atteindre ou, plus précisément, dont on doit se rapprocher asymptotiquement.

Au lieu d'affirmer que la nature est mathématique, nous devrions dire, de façon plus pertinente, que la nature se prête à la mathématisation. Ce n'est pas qu'une question de mots. Cette dernière formulation met en relief l'idée que mathématiser ne signifie pas nécessairement dévoiler une réalité pré-donnée, bien qu'encore cachée. Bien au contraire, elle suggère l'idée d'une tâche dont l'accomplissement est encore en cours, d'un univers qui est encore à construire. La science assume cette tâche et, guidée par ses propres normes méthodologiques, elle construit son univers par le biais d'un processus complexe et continu d'idéalisation et de mathématisation. L'univers qui en résulte est le produit d'une procédure méthodologique, un « tissu d'idées » qu'il ne faut jamais confondre avec la réalité elle-même. La réalité est et demeure toujours le monde de la vie, quelque vastes que soient les possibilités de systématisation et de prédiction ouvertes par le développement de la science de la nature de style galiléen.

Cette science est certainement l'un des plus grands accomplissements de l'esprit humain. Cette proposition n'a rien d'une pieuse déclamation, elle suggère bien plutôt le titre d'un problème pour les recherches à venir. C'est sur ce point précis que l'analyse de la physique galiléenne débouche sur le cours principal de la phénoménologie. En tant que produit de l'esprit, la science de style galiléen nécessite une clarification phénoménologique. En raison du rôle du monde de la vie en tant que présupposé de toute construction scientifique, les problèmes qui (si l'on veut être systématique) doivent être abordés en priorité sont ceux liés au monde de la vie lui-même et à l'expérience par laquelle il se présente, à savoir l'expérience perceptive. Il faut ensuite rendre compte phénoménologiquement des processus intellectuels supérieurs, tels l'idéalisation, la formalisation, etc., qui sont à la base de la construction de la mathématique pure et de la mathématisation de la nature.

57 |Conclusion

Jusqu'ici nous nous sommes limités à l'analyse husserlienne de Galilée dans la *Krisis* et à ses conséquences immédiates. Il faut maintenant élargir la perspective. La *Krisis* n'est que l'un des trois documents littéraires dont l'ensemble exprime ce que l'on pourrait appeler la dernière phase de la pensée de Husserl, les deux autres étant *Logique formelle et transcendantale* et *Expérience et jugement*. Revenant sur son premier travail, les *Recherches logiques*, et dans le but de le poursuivre, Husserl s'intéresse dans ces deux textes aux fondements de la logique formelle et à la genèse de son sens. *Expérience et jugement* porte le sous-titre très révélateur : *Recherches sur la généalogie de la logique*. Comme dans la *Krisis*, Husserl est mis en présence du monde de la vie et est conduit à mettre en relief les processus mentaux impliqués dans la constitution de la logique. Les trois livres forment un groupe unitaire et doivent être considérés comme mutuellement liés.

Ces trois ouvrages montrent que la logique, tout comme les mathématiques et la physique, doivent être compris comme corrélats et produits d'activités de la conscience et de la vie de l'esprit. L'on pourrait aussi montrer qu'il en va de même pour le monde de la vie lui-même. Il s'agit du monde dans lequel nous nous trouvons et dans lequel nous poursuivons toutes nos activités, du monde qui va de soi dans notre vie de tous les jours. Nous en faisons constamment l'expérience et il nous est toujours présent. C'est un monde dont on fait l'expérience, c'est le monde en tant que donné dans l'expérience directe et immédiate, antérieurement à toute conceptualisation, idéalisation et formalisation. Tout d'abord le terme « monde de la vie » a un sens socio-historique. À proprement parler, il n'y a pas de monde de la vie *per se.* Tout monde de la vie concret se réfère à un certain groupe social à un moment précis de son histoire, tel le monde des anciens Babyloniens, celui des anciens Égyptiens, etc. et, bien évidemment, notre propre monde de la vie, le monde des Occidentaux au XXe siècle. Ce qui veut dire que tout monde de la vie est compris, conçu et interprété d'une façon bien précise par le groupe social dont il est le monde de la vie. Les schémas d'interprétation sont transmis de la génération qui est plus ancienne à celle qui est plus jeune, tout comme les modes de conduite sociale admis ou approuvés et les façons de venir à bout de situations typiques. Mais même si le monde de la vie se réfère à un groupe socio-historique déterminé et, par conséquent, s'il change | d'un groupe à l'autre **58**
ou pour le même groupe au fil de son histoire, la question se pose de savoir s'il existe une structure invariante propre à tout monde de la vie possible. Dans un tel contexte, un rôle tout à fait important est joué par la spatialité, la temporalité, et par un certain style de causalité typique – ce que l'on pourrait appeler les coutumes de la nature, l'*habitus* des choses à se comporter typiquement, avec une plus ou moins grande régularité, dans des circonstances données. Tous les processus d'idéalisation trouvent leur point de départ dans de telles structures invariantes.

L'analyse des fondements de la logique comme de la physique aboutit ainsi à la découverte, ou plutôt à la réhabilitation, du monde de la vie. Réhabilitation, car le monde de la vie ne peut plus être rejeté comme un phénomène purement et simplement « subjectif », à expliquer à partir de la nature telle qu'elle est vraiment. Bien au contraire, le monde de la vie se manifeste en tant que soubassement et présupposé de l'élaboration de la nature « objective ». Toutefois, nous n'avons pas encore atteint le fondement ultime, le présupposé dernier, mais seulement l'avant-dernier. *Le monde de la vie*, à son tour, *se réfère à et, en ce sens, présuppose, la vie de l'esprit, les actes de conscience, notamment la conscience perceptive par laquelle il est expérimenté et se présente tel qu'il est*, c'est-à-dire, *tel que nous l'acceptons*. Lorsqu'on aboutit à la conscience, en tant que milieu universel d'accès (au sens de la *Deuxième Méditation* de Descartes) à tout ce qui existe et est valable, y compris le monde de la vie, alors seulement notre recherche de fondations atteint sa destination finale. Pour ce qui est des processus de conceptualisation, d'idéalisation et de formalisation, ils apparaissent désormais à leur place légitime en tant qu'actes de conscience d'ordre supérieur, supérieurs en ce qu'ils présupposent les actes plus fondamentaux et plus élémentaires dans lesquels le monde de la vie est donné ou, dans la langue de Husserl, ils sont édifiés sur l'expérience anté-prédicative. C'est là une autre façon d'exprimer notre conclusion précédente d'après laquelle l'univers de la physique – la nature objective conçue par les physiciens – est le produit d'une vie de l'esprit construite sur la base de l'expérience anté-prédicative du monde de la vie.

C'est un malentendu très répandu que de dire que Husserl ayant redonné au monde de la vie ses lettres de noblesse pensait avoir trouvé la dernière demeure de la pensée philosophique. Bien au contraire, même dans la *Krisis*, il souligne à nouveau le principe d'une corrélation universelle et complète entre, d'un côté, les objets de toute description possible – objets au sens le plus large et le plus général, de façon à pouvoir y inclure aussi des constructions idéales de toute sorte –, et, de l'autre, les actes de conscience et l'enchevêtrement systématique de tels actes qui en
59 permet la présentation. | Autrement dit, le but de l'analyse de Galilée était de nous conduire sur le seuil de la phénoménologie.

Ce ne sont là rien de plus que des indications rapides en vue d'une théorie phénoménologique des sciences de la nature. Nonobstant la volumineuse littérature récemment parue en philosophie des sciences (dont je ne voudrais pas le moins du monde mettre en question la valeur), une philosophie ou une théorie de la science en un sens vraiment radical nous fait encore défaut. L'analyse husserlienne de la physique galiléenne indique la direction à suivre afin qu'une telle théorie « radicale » (c'est-à-dire : qui va aux racines du problème) de la science de la nature puisse enfin se développer. Je ne peux pour le moment qu'entrevoir ses grandes lignes. Comme toujours lorsqu'il s'agit des textes de Husserl, par-delà le travail accompli, il en reste encore beaucoup plus à faire. Le travail sera long et dur mais – j'en suis persuadé – grande sera la récompense.

Traduit de l'anglais par Claudio Majolino

LE MONDE DE LA VIE COMME PROBLÈME DU FONDEMENT DES SCIENCES OBJECTIVES ET COMME PROBLÈME UNIVERSEL DE LA VÉRITÉ ET DE L'ÊTRE

Husserl employait déjà l'expression « monde de la vie » de manière sporadique avant 1920[1], mais c'est seulement dans les années vingt que celle-ci devient le titre d'une problématique fondamentale dans sa philosophie. Au début, il utilise indifféremment « monde de la vie », « concept naturel de monde », « monde de l'expérience naturelle »[2] ou de l'expérience « pure et simple », mais au cours des années vingt, cette expression gagne une signification bien précise par rapport aux autres. Son importance grandit de manière systématique par le biais de la problématique que ce titre désigne dans les cours « Psychologie phénoménologique » de 1925 et 1928 (*Husserliana IX*), « Introduction à la philosophie phénoménologique » de 1926/27 (actuellement parus dans les volumes *IX* et *XIV* des *Husserliana*), « Nature et esprit » de 1927 (inédits)[3] ainsi que dans ses œuvres : *Logique formelle et logique transcendantale* et *Krisis*.

Ce qui motive dans une large mesure le travail philosophique de Husserl, ce sont des questions qui concernent la fondation des sciences. À l'origine, c'est par des problèmes liés la fondation de la mathématique et de la logique que ce travail a débuté, et de là il s'est étendu à une théorie géné-

1. *Cf.* Hua. IV. *Ideen* II, Beilage XIII, p. 375. *Cf.* également les Mss. D 13 I, p. 173 a (autour de 1918) et A IV 22, p. 70 de la transcription (1920).

2. Ce concept, qu'il a emprunté à Richard Avenarius, était déjà utilisé dans les leçons « Problèmes fondamentaux de la phénoménologie » de 1910/11. *Cf.* Hua. XIII. *Zur Phänomenologie der Intersubjektivität. Texte aus dem Nachlass. Erster Teil. 1905-1920* (éd. par I. Kern), Den Haag, Nijhoff, 1973, p. 125.

3. Les leçons de 1927 *Natur und Geist*, que l'auteur cite à partir du manuscrit F I 32, ont été récemment publiées dans le volume Hua. XXXII. *Natur und Geist: Vorlesungen Sommersemester 1927* (éd. par M. Weiler), Dordrecht, Kluwer, 2001 (N.d.T.).

rale de la connaissance. D'un point de vue méthodique, c'est en dernière instance comme « pure analyse de conscience » qu'il a été conçu, et la clarification de cette auto-compréhension méthodique a fini par aboutir à la question de son rapport à la psychologie et par ce biais également à la question des fondements méthodiques de celle-ci [1]. Malgré tous les écarts qui différencient la philosophie phénoménologique de la psychologie, la phénoménologie de Husserl prétend être en mesure de fournir aussi les fondements conceptuels de la psychologie. Bien avant les *Idées* et notamment dans le deuxième volume de cette œuvre (parue seulement à titre posthume), Husserl essayait d'ores et déjà, incité essentiellement par les analyses de Dilthey, Windelband et Rickert, de clarifier les concepts de fond des sciences en question, par le biais d'analyses constitutives de la nature, c'est-à-dire de l'attitude (naturaliste) des sciences de la nature, et du monde de l'esprit, c'est-à-dire de l'attitude (personnaliste) des sciences de l'esprit. Mais c'est seulement dans les années vingt que la question de *l'unité et* de *l'articulation de principe* de telles sciences devient pour Husserl prioritaire, dans le cadre d'une enquête philosophique orientée au départ vers la multiplicité des sciences empiriques factuelles, et qui gravite autour de la question de l'unité et de la structure interne du monde, à laquelle toutes ces différentes sciences renvoient. C'est seulement par un centrage de principe autour de ce concept que les recherches philosophiques, portant réflexivement sur les sciences empiriques, gagnèrent aussi une unité systématique et s'approchèrent par ce moyen de l'idéal depuis longtemps conducteur pour Husserl, d'*une* science universelle à présent philosophiquement fondée, embrassant toutes les sciences positives : « L'idéal : il n'y a qu'une seule science véritable au sens éminent du terme, qu'on l'appelle maintenant philosophie ou science universelle. Certes il y aura bien sûr toujours des sciences déterminées, avec des domaines déterminés, des méthodes déterminées, une technique théorétique déterminée, présupposant des dons personnels déterminés. La distribution des sciences particulières ne relève pas de l'arbitraire et n'est pas le fruit accidentel de la pratique, encore moins s'il devait s'avérer, comme nous l'avons dit, que le monde de l'expérience a ses structures universelles essentielles en tant que partitions abstractives par domaines, comme le sont sans doute nature et esprit. Mais toutes les sciences deviennent des organes, même si ce ne sont

1. Autour de l'article « La philosophie comme science rigoureuse » de 1911 et dans les *Idées directrices* de 1913.

que des branches vivantes essentiellement unitaires, rapportées à un seul et même arbre, celui de la science universelle. »[1]

Ce qui a poussé d'abord Husserl à développer la problématique du « concept naturel de monde » ou du « monde de la vie », ce fut la question des rapports entre la nature et l'esprit, voire du rapport entre les sciences de la nature et les sciences de l'esprit[2], plus précisément, ce fut la confrontation avec le dualisme de la tradition cartésienne, des corps (nature) et des esprits (âme) conçus comme deux réalités séparées, mais qui se laissent méthodiquement connaître de façon analogue. Très tôt déjà, Husserl était convaincu du fait qu'une psychologie constituée à l'image des sciences de la nature, risquait de manquer l'essence propre du psychique, et au fil des années, l'impression s'est de plus en plus ancrée en lui, qu'on ne pourrait effectuer une véritable clarification des rapports entre la nature et l'esprit qu'en revenant des concepts directeurs scientifiques factuels, en tant que produits artificiels méthodiques, au monde de l'expérience originelle, où la nature et l'esprit sont « dans une intrication originairement intuitive »[3]. Il n'y a que le monde originaire de l'expérience qui peut indiquer quelles sont les directives méthodiques pour des intérêts scientifiques appropriés à leurs objets. « Si l'on était revenu à la pleine concrétion originaire du monde, telle qu'on en fait l'expérience à chaque instant dans une originalité naïve et si, en accomplissant les abstractions méthodiques, on n'avait jamais oublié ce monde concrètement intuitif en tant que champ originaire, les erreurs de la psychologie et de la science de l'esprit naturalistes n'auraient jamais été possibles, on n'aurait jamais pu s'aviser d'interpréter l'esprit comme une annexe simplement causale des corps matériels ou comme une série causale parallèle à celle de la matérialité physique. On n'aurait jamais pu considérer les hommes et les animaux comme des machines psychophysiques ou même comme des machines doubles parallèles »[4].

Ce retour de Husserl au monde de l'expérience naturelle ne fait pas seulement écho (malgré toutes les différences) aux recherches récentes de la philosophie du langage naturel (Wittgenstein, Austin, Ryle), mais surtout à l'idée de Richard Avenarius d'une « restitution du concept naturel

1. Ms. F I 32, p. 41a (Hua. XXXII, cit., *Introduction*, § 3, p. 17 *sq.*). *Cf.* le texte parallèle dans le Ms. A IV 5, p. 10b.

2. *Cf.* Hua. IX. *Phänomenologische Psychologie*, *op. cit.*, p. 54 *sq.* (trad. fr. Ph. Cabestan, N. Depraz et A. Mazzù, *Psychologie phénoménologique (1925-1928)*, p. 54 *sq.*). *Cf.* également Ms. F I 32, p. 40a, 86a, 99a, 117a *sq.* (Hua. XXXII, cit., p. 3-30, 65-73, 224-228 (*Appendice* XVIII), 242-244 (*Appendice* XIX).

3. Hua. IX, p. 55, trad. fr. p. 56) ; Ms. F I 32, p. 42a (Hua. XXXII, *Introduction*, § 3).

4. Hua. IX, p. 55-56, trad. fr. p. 56.

de monde» contre les falsifications de la métaphysique dualiste[1]. Mais Husserl vise moins la restitution de ce concept originaire de monde, que la fondation des sciences qui se réfèrent à lui.

> Si la source originaire de toute science se rapportant au monde se situe ici, toute séparation des sciences, claire dans son origine, doit nécessairement s'accomplir (...) par un retour au monde de l'expérience (...), chaque domaine scientifique particulier doit nous reconduire à un domaine du monde originaire de l'expérience. Nous voyons là le lieu originaire d'une distribution, ou encore d'une division radicalement fondée des sciences possibles du monde[2].

Mais ce qui n'était au départ pour Husserl qu'un problème lié aux fondements théoriques de la science, s'est développé au fil de ses réflexions et est devenu un «problème universel de la vérité et de l'être»: dans son dernier ouvrage, le «monde de la vie» est devenu le titre d'un «problème philosophique universel»[3]. Ce renversement de valeur s'est produit dans le cadre d'une profonde réflexion, occasionnée par des difficultés objectives, sur *ce qu'est* le fondement conforme à l'expérience de la praxis scientifique, et de là par un renversement de la valeur du concept de monde de la vie lui-même.

Dans les années vingt, le retour des sciences à leur fondement d'expérience signifie pour Husserl un retour à l'expérience «simple» ou «pure», ce qui veut dire à cette époque pour lui, à l'expérience *pré-conceptuelle* (prélinguistique, antéprédicative). Le monde de la simple expérience, sur lequel se fondent toutes les sciences du monde, «précède toute pensée de l'expérience»[4]. «Toute activité (...) de prédication, de théorisation, de même que toute activité qui affecte l'objet de l'expérience d'un quelconque sens nouveau, demeure hors-jeu»[5]. «Dans l'unité de l'expérience même, un monde complètement homogène, continu, en soi cohérent, est expérimenté avant toute forme du parler, du penser, du fonder, du théoriser»[6]. C'est le monde de la simple perception pré-conceptuelle et du souvenir[7], le monde de la simple intuition; c'est ce que Husserl appelle dans les *Méditations cartésiennes* le «monde primordial» ou la «sphère

1. Cf. *supra* la note n. 2. Voir également les jugements de Husserl sur Avenarius dans les *Prolégomènes*, p. 192 (trad. fr. p. 213), et dans la *Krisis*, p. 198 (trad. fr. p. 221).
2. Hua. IX, p. 54, trad. fr. p. 55.
3. *Cf.* les § 34 *sq.* de la *Krisis*, p. 126 (trad. fr. cit., p. 140 *sq.*).
4. Hua. IX, p. 69, trad. fr. p. 68-69.
5. Hua. IX, p. 59, trad. fr. p. 59.
6. Ms. F I 32, p. 39b/40a (Hua. XXXII cit., p. 15).
7. Hua. IX, p. 58 *sq.*, trad. fr. p. 58 *sq.*

propre », à savoir le monde lui-même originairement expérimenté et expérimentable, le monde du sujet singulier, abstrait du contexte communicationnel de la tradition et de l'intersubjectivité [1]. Dans cette perspective, la tâche de la recherche des fondements est la suivante : « Mesurer le chemin qui conduit de l'expérience muette et sans concepts, avec ses entrelacs universels, d'abord à une première généralité vague, typique, mais qui suffit au quotidien, et de là aux concepts propres et véritables, tels que ceux qu'une véritable science doit présupposer » [2].

Dans les années vingt, Husserl appelle ce « monde de l'intuition » anhistorique, entre autres, « monde de la vie » [3]. Il semble qu'ici le concept de vie, comme dans certaines orientations de ce qu'on appelle la philosophie de la vie, s'oppose à la pensée intellectuelle et conceptuelle. Mais au fil des années, la détermination husserlienne de cette expérience, qui est fondamentale pour les sciences, change, et par un tel changement, le concept de « monde de la vie » se transforme aussi. Dans le cours de « Psychologie phénoménologique » de 1925, Husserl expliquait : « Partant des concepts de nature et d'esprit qui sont pour nous problématiques en tant que concepts régionaux des sciences, nous revenons au monde situé avant toutes les sciences et avant leurs intentions théoriques », mais il ajoutait ensuite dans son manuscrit de cours : « comme monde de la vie actuelle, qui inclut en elle la vie faisant l'expérience du monde et théorisant le monde » [4]. Et dans le cours « Introduction à la phénoménologie » de 1926/27, après avoir exigé pour la fondation des sciences une « radicale autoréflexion sur tout ce qui est à la source de toutes les sciences comme le sol universel de l'expérience sur lequel elles s'établissent », ainsi qu'une « épochè à l'égard de toute science » [5], il dit :

> D'un autre côté, pour nous, hommes de culture européenne, les sciences sont encore là, élément constitutif de notre monde culturel très façonné, comme notre art, notre technique scientifique, etc. Qu'on ne les valide pas ou qu'on les remette en question, elles sont pour nous des faits avec lesquels nous vivons dans le monde de l'expérience. Qu'elles soient des sciences claires ou obscures, pleinement irrécusables ou non valables, elles font partie de ce qui compose le monde en tant que monde de l'expérience

1. Hua. I. *Cartesianische Meditationen und Pariser Vorträge* § 44, p. 124-130 (trad. fr. par M. de Launay, p. 141-147).

2. Ms. F I 32, p. 39b/40a (Hua. XXXII cit., p. 16).

3. Ms. F I 32, p. 110b (Hua. XXXII cit., *Appendice* XIX, p. 238-241).

4. Hua. IX, p. 56, trad. fr. p. 56.

5. Hua. XIV *Zur Phänomenologie der Intersubjektivität*, *op. cit.*, p. 396 (trad. fr. N. Depraz, *Textes sur l'intersubjectivité (1905-1938)*, Paris, P.U.F., 2001).

pure, comme toutes les bonnes ou les mauvaises œuvres formées par l'humanité[1].

Cette expérience, qui sert de support ultime aux sciences, n'est plus une intuition muette, préconceptuelle, mais l'expérience du monde historique actuel, concret, avec ses formations culturelles, ce qui veut dire aussi avec ses concepts et ses sciences. Cette pensée, exprimée par Husserl de façon encore hésitante dans les années vingt, sera développée clairement dans la *Krisis* : la science objective a son fondement dans le monde de la vie et fait en même temps partie, comme performance humaine, du monde concret de la vie, comme toutes les autres activités humaines[2]. Le problème du fondement de la science objective, formulé d'abord par Husserl comme un problème concernant les rapports de fondation entre concept scientifique et intuition préconceptuelle, se transforme ainsi au fil de ses réflexions en problème de la relation fondamentale entre le monde abstrait de la théorie objective et le monde historique concret de la vie subjective, où la « praxis théorétique » se présente comme *une* praxis humaine *parmi d'autres* (« certes unique en son genre et historiquement tardive »)[3].

D'un côté déjà, c'est une exigence scientifique purement théorique qui a conduit Husserl à un tel renversement de problématique : ce qui fonde les sciences de l'esprit ne peut en tout cas pas être une expérience muette, préconceptuelle, mais seulement une participation vivante au monde culturel. D'un autre côté, le problème de la science objective n'était pas ressenti par Husserl, au cours des années vingt, comme simplement propre à la théorie de la science, mais de plus en plus comme un problème relatif à sa portée, à son sens pour la vie historique concrète. À l'instar également de beaucoup de ses contemporains, il devenait sensible au fait que les sciences objectives étaient de plus en plus « étrangères » à la vie, à savoir au fait qu'elles n'avaient rien à dire au sujet des questions les plus importantes de la vie humaine, celles qui concernent son sens. En cela il a vu la crise la plus profonde de ces sciences au sens littéral du terme, à savoir leur détachement de la vie subjective concrète. C'est pourquoi le problème du rapport entre les sciences objectives et la vie historique concrète, ou plutôt du rapport

1. Hua. XIV, p. 396 *sq.*; *cf.* également le Ms. F I 32, p. 108b : « La science n'est-elle donc pas elle-même une fonction de la vie, non pas d'une vie particulière et d'un présent ponctuel, mais l'un des plus grands produits des intentions historiques et du travail accompli depuis des millénaires ? N'est-elle pas un fragment de l'unité du monde de la vie ? » (Hua. XXXII, p. 240).

2. Hua. VI, p. 107, 127, 132-134, 136, 139, 141, 460, trad. fr. p. 119, 141, 147-150, 150-151, 154-155, 156-157.

3. Hua. VI, p. 113, 135, 145, trad. fr. p. 126, 150, 161-162.

entre la réalité construite de manière scientifico-objective et la réalité subjective de ce monde de la vie, est venu occuper le centre de ses intérêts[1].

Au sujet d'un tel rapport, Husserl a développé les idées directrices suivantes : l'être objectif des sciences, la manière dont celles-ci se sont formées depuis l'Antiquité grecque et la Renaissance (notamment avec Galilée), est le corrélat d'une *idée téléologique* très particulière, à savoir l'idée « d'un monde dont l'être soit fermement déterminé et de vérités qui en donnent l'interprétation prédicative, vérités idéalement scientifiques, "vérités en soi" »[2]. C'est l'idée d'un être véritable, qui est en soi indépendant de tout ce qui est simplement relatif-subjectif. Cette idée platonicienne a été transférée par Galilée à la nature, dans la mesure où il lui supposait un être mathématique idéal. Husserl qualifie cette idée directrice également d'« hypothèse de l'être en soi »[3]. Sous sa conduite, le monde objectivement construit des sciences apparaît comme le produit d'une idéalisation. Le scientifique objectif, dans son activité professionnelle, vit sous cette idée téléologique, elle est l'horizon de ses intérêts, dans lequel il obtient ses résultats (des vérités objectives). Une telle idée téléologique particulière détermine son « monde », c'est-à-dire qu'elle détermine ce qui pour lui est réel (ce qui est correct conformément à cette visée téléologique) et ce qui ne l'est pas (ce qui s'en écarte)[4]. Mais elle est seulement « *une* hypothèse et un projet pratique parmi d'autres », dans le contexte englobant de la vie intersubjective[5] :

> Le monde scientifique (…) "appartient" lui-même, comme c'est le cas pour tous les mondes téléologiques, au monde de la vie, de même que tous les hommes et toutes les communautés humaines en général, avec leurs buts humains (…) et toutes les formations, toutes les œuvres correspondantes, lui appartiennent (…). Chacun de ces "mondes" possède, grâce au *télos* du métier, une universalité particulière déterminée, celle de l'horizon infini d'une certaine "totalité". Mais toutes ces totalités s'insèrent dans le monde, qui englobe tout étant et toutes ces totalités étantes, comme tous leurs *télos* et tous les hommes et toutes les humanités qui les poursuivent. Tous s'insèrent en lui – et tous le présupposent[6].

1. Ms. F I 32, p. 109a *sq.* Hua. XXXII, *Appendice* XIX, p. 238 *sq.*; *Husserliana VI*, p. 3-4 (trad. fr. cit., p. 9-11).
2. Hua. VI, p. 113, *cf.* p. 12 ; trad. fr. p. 126, *cf.* p. 19-20.
3. Hua. VI, p. 133, *cf.* p. 129 ; trad. fr. p. 148, *cf.* p. 143-144.
4. Hua. VI, *Appendice* XVII, trad. fr. p. 508-513.
5. Hua. VI, p. 133, trad. fr. p. 148.
6. Hua. VI, p. 460, trad. fr. p. 509-510.

Le monde scientifique, en tant que « formation téléologique qui se développe à l'infini »[1] se fonde sur un « être qui précède toute intention »[2]. « Le monde de la vie est le monde sans cesse donné d'avance, valant sans cesse et d'avance comme étant, mais qui ne tire pas cette validité d'un projet, ou d'une thématique quels qu'ils soient, ni conformément à un but universel quelconque »[3]. Mais bien que la science objective suppose que le monde de la vie est chaque fois donné d'avance et qu'elle le reçoit toujours après-coup, celui-ci n'est pourtant pas son thème[4].

Le monde de la vie est le « monde-ambiant effectivement concret »[5], la réalité véritable dans laquelle nous vivons, qui nous est toujours déjà donnée d'avance, le sol et l'horizon présents avant toute praxis théorique et extra-théorique[6]. Certes, dans la mesure où il est cet horizon et ce sol, il est toujours présent à la conscience, mais en tant que tel, dans la praxis pré- ou extra-scientifique, il ne fait pas l'objet de notre attention et de notre réflexion. En effet, nous vivons thématiquement bornés dans nos projets respectifs, momentanés ou permanents, qui constituent autant de « mondes » abstraits propres, à l'intérieur du monde de la vie; « il n'y a normalement aucun motif pour nous d'en faire expressément un thème, où il serait pris expressément en tant que monde »[7].

Le monde de la vie est, vis-à-vis du monde objectif de la science, « l'*universum* de l'étant qui constamment, dans l'incessant mouvement de la relativité, est pour nous »[8]. C'est le monde de ce qui est expérimenté intuitivement, de ce qui est relatif à la subjectivité qui expérimente[9] et qui repose également, dans la vie ordinaire, sur notre communauté humaine, communauté d'humains dotés d'une sensibilité et d'une compréhension réciproque normales[10].

> Le présupposé qui guide constamment la vie, selon lequel il y a le monde de l'expérience, où l'être est rattaché, de façon naïve, à une normalité empirique présupposée, est maintenant saisi par la science, de manière

1. Hua. VI, p. 461, trad. fr. p. 510.
2. Hua. VI, p. 462, trad. fr. p. 511.
3. Hua. VI, p. 461, trad. fr. p. 511.
4. Hua. VI, p. 462, trad. fr. p. 511.
5. Ms. F I 32, p. 110a (Hua. XXXII, p. 238); cf également Hua. IX cit., p. 55 (trad. cit., p. 55-56).
6. Hua. VI, p. 141, trad. fr. p. 157.
7. Hua. VI, p. 459, trad. fr. p. 509.
8. Hua. VI, p. 462, trad. fr. p. 511.
9. Hua. VI, p. 127, trad. fr. p. 141.
10. Ms. F I 32, p. 6a, 25b (Hua. XXXII, *Appendice* V, p. 192-194 et *Appendice* VI, p. 195-199).

quasiment involontaire, sans condition, ce qui veut dire qu'on présuppose une vérité et un être vrai, dépassant toute opposition entre normalité et anormalité. Mais comme chaque expérience réelle, de l'individu et de la communauté, est relative, alors la présupposition d'un être vrai et des déterminations correspondantes, en soi vraies, qui vont au-delà du relatif, n'est dès le départ qu'un présupposé idéal, qui transcende toute expérience réelle et possible[1].

La présence d'un contraste entre la subjectivité du monde de la vie et l'objectivité du monde scientifique tient ainsi au fait que

> ce dernier est une substruction théorético-logique, la substruction de ce qui par principe n'est pas perceptible, de ce qui par principe, dans son être soi-même propre, ne peut pas être éprouvé, tandis que le subjectif du monde de la vie est caractérisé de part en part précisément par ceci, qu'il peut être effectivement éprouvé. Le monde de la vie est un domaine d'évidences originelles[2].

Bien que la substruction logique de la science objective transcende le monde de la vie subjectif et intuitif, ce n'est cependant que dans un rapport rétrospectif aux évidences du monde de la vie que cette science objective peut avoir sa vérité. La praxis théorique des scientifiques, praxis expérimentée dans le monde de la vie, et ses instruments, restent un sol constant de validités :

> le subjectif-relatif fonctionne (...) non comme un procès irrelevant, mais comme ce qui fonde en dernière instance pour toute confirmation objective les valeurs d'être théorético-logiques, – fonctionne, donc, comme source d'évidence, comme source de confirmation. Les repères pour la mesure, les traits qui marquent les subdivisions, etc. sont des choses dont on fait usage comme existant vraiment, et non comme si c'étaient vraiment des illusions ; bref, l'effectivement étant du monde de la vie, en tant que valide, est une prémisse[3].

Comme « évidence originelle » pour la science, l'évidence de la vie mondaine subjective a la « plus haute dignité », par rapport aux évidences logico-objectives, dans le cadre de la fondation de la connaissance[4]. Le monde de la vie n'est pourtant pas seulement le sol fondateur du monde scientifiquement vrai, il l'englobe en même temps dans sa propre

1. Ms. F I 32, p. 6b (Hua. XXXII, *Appendice* VI, p. 195).
2. Hua. VI, p. 130, trad. fr. p. 144-145.
3. Hua. VI, p. 129, trad. fr. p. 143.
4. Hua. VI, p. 131, trad. fr. p. 145-146.

concrétion universelle : « Si nous cessons de nous enfoncer dans notre pensée scientifique, si nous devenons conscients que nous autres savants n'en sommes pas moins des hommes, et en tant que tels des composantes du monde de la vie qui continue d'être pour nous, qui nous est toujours donné d'avance, alors avec nous c'est toute la science qui revient se placer dans le monde de la vie – dans le monde simplement "subjectif-relatif" »[1].

Husserl adresse ainsi à l'égard de l'attitude objectiviste des sciences empiriques, une critique analogue à celle de Kant à l'égard de la pensée pure de la métaphysique : alors que Kant n'assignait aucune valeur de connaissance en soi (en tant que métaphysique) à la pensée a priori, mais seulement une fonction à l'intérieur de la connaissance empirique, Husserl renvoie la pensée d'un en-soi objectif à un niveau encore plus profond, dans la mesure où il ne lui attribue aucune valeur en soi comme théorie objective, mais seulement une fonction pratique abstraite à l'intérieur du monde de la vie subjectif-relatif. En d'autres termes, il fait observer que même dans l'en-soi objectif de la théorie empirique, dans son absolutisation, se dissimulait encore une mauvaise métaphysique. Les sciences empiriques que Husserl a à l'esprit dans ces réflexions, étaient naturellement d'abord les sciences de la nature, mais pas uniquement, dans la mesure où, d'après lui, l'« hypothèse de l'en-soi » avait dominé « toute l'universalité des sciences positives de la modernité » et servi la physique galiléenne en tant que paradigme des sciences objectives[2].

Husserl a à présent le projet de faire du monde de la vie relatif-subjectif comme tel le thème d'un nouveau type de science, non seulement pour éclairer les fondements de validité des sciences objectives, mais aussi pour connaître le sens de l'être mondain, et de la vérité en général.

> Ce monde de la vie, dont, tandis que nous vivons, nous avons tous conscience comme de notre monde à tous, sans en faire d'aucune façon un thème universel, et continuant au contraire à nous consacrer aux seules fins (...) de notre métier, jour après jour, moment après moment, individuellement ou universellement -ce monde de la vie, ne pouvons-nous pas, en changeant d'attitude, le prendre en vue universellement, ne pouvons-nous pas vouloir apprendre à le connaître tel qu'il est et comme il est, dans la mobilité, la relativité qui lui est propre, en faire un thème d'une science universelle, mais qui n'a nullement pour but celui de la théorie universelle, au sens où le désirèrent la philosophie historique et les sciences ?[3].

1. Hua. VI, p. 133, trad. fr. modifiée p. 148.
2. Hua. VI, p. 130, trad. fr. p. 144-145.
3. Hua. VI, p. 462, trad. fr. p. 512.

Pour que cette science d'un type nouveau ait pu franchir un premier pas, « une épochè » à l'égard de toutes les sciences objectives a été nécessaire, c'est-à-dire une suspension « de tous les intérêts théoriques objectifs de l'ensemble des visées et des activités qui nous sont propres en tant que nous nous considérons comme des savants objectifs ou même simplement comme des personnes curieuses de savoir »[1]. Les résultats obtenus par les sciences objectives puisent leur validité dans le monde de la vie et s'ajoutent continuellement à son fond en tant que dispositif de validités. L'*épochè* exigée ici par Husserl signifie manifestement qu'il faut se garder d'accomplir en même temps de telles validités, et même de prendre une position intéressée à leur vérité ou à leur fausseté[2]. Mais de cette façon, de telles validités, les sciences objectives et les scientifiques eux-mêmes, n'ont pas disparu aux yeux de celui qui pratique l'*épochè* : « Ils continuent d'être ce qu'ils étaient auparavant; des faits, dans le contexte unitaire du monde de la vie donné d'avance, mais simplement, grâce à l'*épochè*, nous ne fonctionnons plus comme des personnes qui partagent leurs intérêts et leurs travaux »[3]. Ces validités sont pour lui neutralisées, elles ne sont plus accomplies, mais seulement encore présentes en tant qu'opinions des scientifiques. Le traitement thématique du monde de la vie a nécessité l'*épochè* non seulement à l'égard des sciences objectives, mais aussi à l'égard de *tous* les intérêts tendus vers des buts, qui nous enferment toujours dans un horizon particulier[4]. Le monde de la vie est donné avant tous les projets pratiques et ne peut, d'après Husserl, venir au jour d'une manière concrète et universelle que si l'on adopte une attitude désintéressée. Husserl a peut-être vu que l'attitude qu'il réclame ici, est dans une étroite proximité avec la liberté esthétique, libérée de tout but comme de tout intérêt. Elle ne masque pas ces buts, mais étant donné qu'elle ne s'adonne à aucun d'eux en particulier, elle est à même de tout refléter universellement.

Cette attitude exigée pour la science du monde de la vie, science d'un type nouveau, ne semble pas être identique à la soi-disant « attitude personnaliste », celle « dans laquelle nous sommes, à tout moment, quand nous vivons ensemble, quand nous parlons les uns avec les autres, quand nous nous serrons la main pour nous saluer, quand nous sommes en rapport les uns avec les autres dans l'amour et l'aversion, le sentiment et l'action, les

1. Hua. VI, p. 138 *sq.*, trad. fr. p. 154.
2. Hua. VI, p. 138, trad. fr. p. 154.
3. Hua. VI, p. 139, trad. fr. modifiée p. 154.
4. Hua. VI, p. 139, trad. fr. p. 154. *Cf.* aussi l'*Appendice* XVII.

paroles et la discussion; dans laquelle nous sommes, pareillement, quand nous considérons les choses qui nous environnent justement comme notre environnement et non, comme dans les sciences de la nature, en tant qu'une nature "objective" »[1]. L'attitude personnaliste caractérise pour Husserl un rapport au monde plus universel que l'attitude naturaliste ou objectiviste, étant donné que celle-ci, « par une abstraction ou plutôt une sorte d'oubli de soi de l'ego personnel (...) gagne une certaine autonomie dans laquelle, en même temps, son monde, la nature, s'absolutise de façon illégitime »[2]; cependant, même dans la vie quotidienne, au sein de laquelle nous sommes, d'après Husserl, installés dans l'attitude personnaliste, nous sommes dirigés vers des buts singuliers, qui laissent le monde de la vie non thématisé dans sa concrétion et son universalité.

Les mondes-ambiants de la vie sont relatifs aux différents cercles culturels, mais ils ont une *structure générale*, qui certes renferme une relativité subjective, mais qui est commune aux différents cercles factuels de la culture. Ainsi, il y a une temporalité, une spatialité et une causalité du monde de la vie, qui ne sont pas identiques aux idéalisations qui correspondent à la science objective. Husserl a vu dans une telle structure générale ou typique, un « *a priori* du monde de la vie », qui doit être saisi dans une science a priori, dans une « ontologie du monde de la vie »[3]. Une telle ontologie devrait aussi avoir pour tâche de saisir les structures générales de la relativité subjective et de la praxis intersubjective (par exemple la structure « monde proche – monde éloigné »)[4]. Mais Husserl n'a jamais élaboré cette ontologie d'une manière systématique.

Une telle science *a priori* des structures du monde de la vie est, d'après Husserl, encore indépendante des intérêts transcendantaux-subjectifs, c'est-à-dire qu'elle est encore possible sur le sol du monde de la vie, mais pas encore sur celui de l'attitude transcendantale-réflexive[5]. Mais en dernière instance, une telle ontologie « naïve » du monde de la vie n'était d'après lui pas encore capable de comprendre ultimement le sens de l'être du monde de la vie, qui est essentiellement relatif à la subjectivité. C'est seulement dans une réflexion sur la subjectivité transcendantale, sur la « vie opératoire universelle dans laquelle le monde, en tant qu'il est pour nous

1. Hua. IV, p. 183, trad. fr. p. 258.

2. Hua. IV, p. 183 *sq.*, trad. fr. p. 259.

3. Hua. VI, p. 176, trad. fr. p. 196; Hua. IX, p. 64 *sq.*, trad. fr. p. 64.

4. *Cf.* Hua. XV. *Zur Phänomenologie der Intersubjektivität. Texte aus dem Nachlass. Dritter Teil. 1929-35* (éd. par I. Kern), Den Haag, Nijhoff, 1973, *Appendices* XI, XII, XIII, XLVIII, Texte numéro 27, trad. fr. t. II, p. 341 *sq.*

5. Hua. VI, p. 176 *sq.*, trad. fr. p. 196-198.

constamment dans sa fluence et son “à chaque fois”, devient pour nous constamment “donné d’avance” », que la clarification finale devient possible[1]. « Ce n’est qu’ainsi que nous pourrons étudier ce qu’est ce monde en tant qu’il vaut comme terrain pour la vie naturelle, dans tous ses projets et ses comportements, et corrélativement ce qu’est *ultimement* la vie naturelle et sa subjectivité, c’est-à-dire prise purement comme la subjectivité qui fonctionne ici en tant qu’elle accomplit la validation »[2]. L’époché et la réduction transcendantale ont été méthodologiquement nécessaires pour l’étude de cette vie. C’est ainsi que Husserl a vu dans la problématique du monde de la vie, une voie vers la réduction transcendantale.

Traduit de l’allemand par Marion Gex-Fabry

1. Hua. VI, p. 148, trad. fr. p. 165.
2. Hua. VI, p. 151, trad. fr. p. 168.

LA SIGNIFICATION DE LA *DOXA* ET DE L'*ÉPISTÉMÈ* DANS LE CADRE DE LA THÉMATIQUE DE LA *KRISIS*

Y a-t-il un sens à examiner les concepts de *doxa* et d'*épistémè* dans le cadre de la thématique de la *Krisis*? La signification qui est la leur depuis l'antiquité, n'est-elle pas à ce point claire qu'un tel examen ne peut mettre au jour que des évidences? La phénoménologie – qui depuis l'essai de la revue « Logos » [1] se présente avec l'exigence d'être une science rigoureuse – est-elle capable de s'occuper de quelque chose comme la *doxa*? Ne doit-elle pas plutôt refuser radicalement toute apparence de *doxa* comme un manquement à son intention fondamentale?

Et pourtant, curieusement, le concept de *doxa* apparaît à plusieurs reprises dans le cadre de la *Krisis*. La conférence de Vienne « La crise de l'humanité européenne et la philosophie », quant à elle, fournit d'emblée une interprétation du concept d'*épistémè*. Commençons par rappeler ce concept. Il s'agit pour Husserl de montrer ce qu'est la cause de la crise européenne et il commence par une explication du phénomène qui pour lui est le fondement de la démarche spirituelle européenne, de l'humanité européenne.

> « La figure spirituelle de l'Europe » – qu'est-ce que cela? C'est montrer l'idée philosophique immanente à l'histoire de l'Europe (...) ou, ce qui revient au même, la téléologie qui lui est immanente, et qui, du point de vue de l'humanité universelle en général, se fait connaître comme l'irruption et le début du développement d'une nouvelle époque de l'humanité, l'époque de l'humanité comme telle, qui désormais ne veut et ne peut vivre que dans

1. Edmund Husserl, *La philosophie comme science rigoureuse*, trad. fr. M.-B. de Launay.

> la libre formation de son existence, de sa vie historique, par les idées de la raison, par des tâches infinies[1].

Comment en est-on arrivé à cette figure ? Par la naissance de la philosophie chez les Grecs. Ce terme est expliqué ainsi : « Dans une traduction correcte, dans son sens originel, cela ne veut rien dire d'autre que science universelle, science du tout du monde, de l'uni-totalité de tout l'étant. » (p. 355) Cette « science » commence bientôt « à se subdiviser suivant les formes et les régions générales de l'être, et c'est ainsi que la philosophie (...), se ramifie en une diversité de sciences subordonnées » (*ibid.*).

C'est donc par la philosophie que l'Europe devient l'Europe. « C'est dans la percée de la philosophie en un tel sens, dans lequel donc toutes les sciences sont co-incluses, que je vois, si paradoxal que cela puisse sonner, le proto-phénomène de l'Europe spirituelle » (*ibid.*). Si cette thèse doit perdre l'apparence d'une stipulation arbitraire, elle doit être expliquée plus en détail. C'est ce que fait Husserl dans la première partie de la conférence (p. 347-371). C'est à ce moment qu'a lieu la confrontation, que nous pouvons qualifier de mise en contraste, entre *épistémè* et *doxa* – les termes sont d'ailleurs employés *expressis verbis*[2]. *Epistémè* et *doxa* sont deux types d'attitude, on appelle la première attitude théorique, la seconde attitude normale ou naturelle.

> « Attitude », pris en général, cela signifie un style fermement établi par l'habitude dans la vie de la volonté, avec les orientations volontaires ou les intérêts qui s'y trouvent prescrits (...) (p. 360).

Husserl examine, en un mot, la possibilité de transformation de l'attitude naturelle. L'attitude naturelle est déterminée par le fait même qu'elle a un caractère pratique, qu'elle doit servir aux hommes à s'orienter dans le monde, à s'y tirer d'affaire. Ce caractère pratique est susceptible de se rehausser d'une manière spécifique. Nous obtenons alors une attitude pratique d'un plus haut niveau. Il faut clairement démarquer celle-ci de l'attitude théorique. « Elle repose, en effet, sur une épochè arbitraire de toute praxis naturelle, fût-elle du plus haut niveau, servant à la naturalité dans le cadre de sa vie professionnelle propre » (p. 362).

1. *Krisis*, trad. fr. cit., p. 352.

2. « Il faut expliquer la mutation de la *Théoria* originelle, de la vision du monde complètement « désintéressée » (conséquence de l'*épochè* de tout intérêt pratique) de la connaissance du monde, donc par une vision universelle simple, en une *Théoria* scientifique au sens propre, l'une et l'autre étant médiatisée par l'opposition de *doxa* et *épistémè* » (p. 366).

> (…) il y a encore une troisième forme possible de l'attitude universelle (…), je veux dire la synthèse des deux sortes d'intérêts qui s'accomplit dans le passage de l'attitude théorique à l'attitude pratique, de manière que la Théoria qui forme une unité close et qui se déploie dans l'épochè de toute pratique (la science universelle donc) ait pour vocation (…) de servir d'une nouvelle façon l'humanité (…) (p. 363).

Nous reviendrons à la fin de notre étude sur cette troisième forme, car elle renvoie à l'objectif que Husserl s'était fixé d'atteindre par la phénoménologie.

La distinction entre attitude naturelle et théorique (philosophique) est clairement établie par la caractérisation de leur vérité respective. « L'idée de la vérité au sens de la science se détache (…) de la vérité de la vie pré-scientifique. Elle veut être vérité inconditionnelle » (p. 357). La vérité de l'attitude naturelle est en revanche une vérité relative. Si bien que : *épistémè* égale vérité absolue – *doxa* égale vérité relative. Une citation encore à ce sujet :

> Cette mise en contraste (*Kontrast*) étonnante fait apparaître la différence entre représentation du monde et monde effectif, et elle fait naître la question nouvelle de la vérité; non pas de la vérité quotidienne (*Alltagswahrheit*) prise dans les liens de la tradition, mais d'une vérité qui vaille identiquement pour tous ceux que la traditionalité n'aveugle plus, une vérité en soi (p. 366, modifiée).

Avec cette nouvelle démarche de la connaissance – l'*épistémè* – apparaît l'exigence « de soumettre l'ensemble de l'empirie à des normes idéales, à savoir celles de la vérité inconditionnée » (p. 367); cela agit en retour sur la *praxis* : « celle-ci ne doit plus se laisser normer par l'empirie quotidienne et la tradition dans leur naïveté, mais par la vérité objective » (*ibid.*). Par l'*épistémè*, une nouvelle démarche humaine voit le jour, ce qui veut dire, en même temps, une « communauté nouvelle et profonde » c'est-à-dire des hommes dont la détermination relève de ces « intérêts purement idéaux ». Cela éveille aussi une attitude critique à l'égard de tout ce qui traditionnellement nous est donné d'avance et finalement, aboutit à une nouvelle communauté, qui n'est plus déterminée nationalement, mais qui est une communauté culturelle – il s'agit de cette communauté culturelle supranationale qui distingue l'Europe.

Nous avons ici une évaluation tout à fait univoque de l'*épistémè* comme philosophie en tant que vérité absolue par opposition à la vérité quotidienne désignée comme étant influencée, aveuglée par la tradition et, au bout du compte, à dépasser. Au caractère relatif de la vérité quotidienne s'oppose la vérité universelle, universellement valable de l'*épistémè*. On ne doit pas se demander ici dans quelle mesure Husserl introduit des déterminations modernes dans l'interprétation de la distinction grecque entre *épistémè* et *doxa*, car la répartition du poids attribué aux deux notions correspond parfaitement à l'appréciation traditionnelle, plus exactement à la distinction qui continue d'agir dans la tradition, à partir de l'espace grec. Il semble donc que notre tentative d'interroger cette distinction est finalement superflue. Certes Husserl tente de montrer les répercussions historiques de l'attitude théorique, de l'*épistémè* des Grecs, sur la formation de l'esprit européen, mais cela signifie également la dépréciation de la *doxa*. Cela ne semble rien changer au poids respectif des significations des deux concepts.

Cependant, ce qui est captivant dans la conférence de Vienne et dans les manuscrits qui s'y rattachent, accessibles sous le nom d'*Appendice* de la *Krisis*, est quelque chose comme un renversement dans les conceptions courantes de l'*épistémè* et de la *doxa* présentées dans la première partie de la conférence. La vérité relative, la vérité du monde de la vie, la *doxa* acquiert une signification qui ne peut que surprendre. À ce sujet, voici un passage extrait de l'*Appendice* XVIII :

> L'idée de la vérité et de la connaissance objective est déterminée d'avance par son contraste avec l'idée de la vérité et de la connaissance de la vie extra-scientifique, laquelle, dans ses validations ontologiques et dans l'horizon universel ouvert qu'elle comporte constamment, comme en témoigne la conscience, dessine le concept d'un monde de la vie, concept auquel nous nous heurtons d'abord. Dans la vie, dans un tel monde donc, vaut comme « effectivement étant » ce qui est attesté par l'expérience (p. 513-514).

Dans un tel contexte, on renvoie au thème de l'importance de l'intuition. « L'expérience confirme, atteste la visée précisément par le fait qu'elle présente l'objet lui-même et invoque son témoignage » (p. 514). Husserl caractérise cette vie d'expérience, qui est constamment en mouvement et à l'intérieur de laquelle même les expériences négatives n'en suppriment absolument pas l'accord, comme « l'universalité de la norme de l'accord » qui se « restaure » toujours de nouveau.

> Le monde en tant qu'horizon permanent ayant valeur d'être pour la communauté, horizon de choses existantes, possède toujours et d'avance la valeur ontologique de quelque chose qu'il est possible d'expérimenter de façon concordante et de corriger, par des échanges réciproques, jusqu'à ce que, de tous les côtés, il soit ramené à la concordance. Cette description, au reste très grossière, montre que le monde de la vie est toujours dans un mouvement qui est celui d'une constante relativité dans la validation, et où

il se trouve rattaché à des hommes qui vivent ensemble, qui possèdent ensemble le monde. (p. 515).

Immédiatement après, Husserl fait une déclaration qui est pour nous d'une grande importance : « Ce monde de la vie n'est rien d'autre que le monde de la simple *doxa* que la tradition traite avec tant de mépris. » Nous pouvons ajouter : de la *doxa* traitée par Husserl lui-même dans la première partie de la conférence de Vienne de façon si négative. Dans ce passage, nous apprenons également pourquoi Husserl accomplit une nouvelle appréciation, une appréciation revalorisante de la *doxa*, une idée qui jouera ensuite dans la *Krisis* un rôle si important.

Dans la vie extra-scientifique, elle (le monde de la vie, la *doxa*) n'est naturellement nullement dépréciée de cette façon, puisqu'elle dessine au contraire une sphère de confirmations belles et bonnes- celles-là mêmes qui donnent possibilité et sens à l'ensemble des intérêts de l'homme, quels que soient ses buts[1]. (...) le monde de ces choses « évidemment » comprises comme étant et comme pouvant être démontrées vraies et effectives sur le mode de la *doxa*, ce monde est le terrain sur lequel seul toute science objective peut se déployer; en un mot, le monde de la vie, ce monde « purement » subjectif et relatif, est, dans son flot incessant de validations ontologiques, avec leurs modifications et leurs corrections, le terrain- aussi paradoxal que cela puisse paraître- sur lequel la science objective édifie ces formations de vérités « définitivement valables », « éternelles », ces formations de jugement absolument valables une fois pour toutes et pour tout le monde (p. 515).

Et, afin que cette idée soit bien saisie, Husserl ajoute :

Certes elle sait elle-même (la science) que c'est là un simple idéal, et elle accordera peut-être que le but se trouve à l'infini. Mais elle a pourtant son idée directrice, qui appartient à la particularité de son essence, et bien que ces théories soient prises tant qu'on voudra dans un mouvement historique d'achèvement comme dans une relativité propre de leur validité, ce sont des jugements sur le fondement du monde de la vie, c'est-à-dire sur le fondement d'une validation d'être universelle qui se produit dans la mobilité constante de la vie de validation des sujets, avec la certitude correspondante, qui opère des confirmations – à travers l'expérience (et la confirmation de l'expérience) de tous les jours. (p. 515-516).

1. Voir aussi l'*Appendice* II « [...] et il y a donc là une précision et une façon pratiquement parfaites d'apprendre les choses telles qu'elles sont effectivement faites, et telles qu'on peut toujours à nouveau les démontrer dans leur être vrai, c'est-à-dire dans la seule vérité que connaisse la vie pratique normale, la seule dont elle ait besoin » (p. 395).

Nous sommes ici en présence de la nouvelle caractérisation de la *doxa* par opposition à celle, dépréciative, de la première partie de la conférence de Vienne. Ce n'est nullement un hasard si Husserl a mis les mots vérités « définitives » et « éternelles » entre guillemets. Tant qu'il était entièrement concentré sur ces vérités, la vérité relative du monde de la vie ne pouvait qu'être vue comme un antipode. Maintenant, il met en évidence que le monde de la vie, par le fait qu'il est en mouvement, ne doit en aucun cas être jugé négativement. Cette nouvelle caractérisation de la *doxa* est expressément conçue comme riposte à son estimation traditionnelle dans laquelle elle est « traitée avec mépris »[1].

Quelle est la raison de ce changement? Autrement dit: quelle forme d'interrogation et de recherche peut soudain rendre la *doxa* si importante au point d'en faire, non seulement, quelque chose d'incontournable mais aussi une thématique centrale de la recherche elle-même?

Voici la réponse: il s'agit d'un mode de recherche qui ne se contente pas de la constatation de l'idéal scientifique et de sa caractérisation – même si on reconnaît à cet idéal une haute signification, justement pour ce que Husserl nomme l'Europe spirituelle – mais qui vise essentiellement à découvrir de quelle manière on en vient à des institutions de sens déterminées, et quelle fonction doit être ainsi assignée aux différentes sciences. Il s'avère ainsi que la science ne peut être déployée que sur le sol donné d'avance du monde de la vie. Il en va d'une modalité tout à fait particulière de fondation. Fondation ici prise dans le sens de ce qui est nécessairement présupposé, du donné d'avance.

C'est sur ce caractère du donné d'avance qu'insiste Husserl. Voici une citation de l'*Appendice* XVII :

> Le monde de la vie est le monde sans cesse donné d'avance, valant sans cesse et d'avance comme étant, mais qui ne tire pas cette validité d'un projet, ou d'une thématique quels qu'ils soient, ni conformément à un but universel quelconque. Tout but au contraire le présuppose, y compris le but universel de le connaître dans une vérité scientifique: il le présuppose d'avance déjà, et toujours d'avance dans le progrès du travail, comme un monde qui a sa façon d'être, mais qui justement est (p. 511).

Husserl fait remarquer que la différence entre *épistémè* et *doxa* sera prise en charge par la modernité et à cette occasion, l'*épistémè* sera alors assimilée à la *ratio* moderne.

1. Voir « Reflexionen zur Lebenswelt-Thematik » in *Phänomenologie heute, Festschrift für Ludwig Landgrebe*, Den Haag, Nijhoff, 1972, *Phaenomenologica* vol. 51.

> De cette manière, l'antique concept de la connaissance philosophique, de l'*épistémè* opposée à la *doxa* de l'homme antérieur et extérieur à la science, conserve le sens qu'il a reçu à l'époque de Galilée et de Descartes, par implantation à partir de la mathématique universelle, et qui domine cette époque : *le sens d'une connaissance «rationnelle»*. Aussi la modernité traduit-elle *épistémè* par «*ratio*». En conséquence la science mathématique de la nature possède d'emblée la valeur d'une connaissance de la totalité de l'étant naturel au sens de l'étant ultime (p. 464).

Cette orientation du savoir sur le paradigme de l'*épistémè* et, dans la modernité, sur la science objective est un fait, mais un fait dont le philosophe ne doit pas se satisfaire. Aussi Husserl dit : « (...) mais peut-être aussi ce qui est premier pour nous n'est-il pas la première science en soi » (p. 513). Qu'est-ce que cela signifie ? Le type de science qui sous-tend le modèle de la vérité objective, peut certes être considéré comme premier, mais il n'est en aucun cas le savoir premier dans le sens d'un savoir de ce qui est fondamental, principiel, ce dernier serait plutôt un savoir qui thématise le sol même de la science objective, qui demande comment celle-ci en est arrivée sur ce sol, par quelle prestation du sujet, livrée anonymement, ce sol s'est construit au tout début. Ce nouveau savoir, voire sa science correspondante en tant que philosophie, n'a plus le droit de contourner le monde de la vie comme l'avaient fait tous les précédents savoirs.

Partant de cette position selon laquelle la science ne donne un réel savoir que lorsqu'elle a compris ce qui la précède, ce qui lui est donné d'avance ainsi que la manière dont elle prend en charge ce donné d'avance et le transforme, Husserl se livre, dans l'*Appendice* XIV, à une critique de la physique.

> La physique emploie l'ancienne et la nouvelle géométrie, elle emploie la nouvelle et l'ancienne arithmétique, la nouvelle algèbre, l'analyse infinitésimale, dont les concepts commençaient à être établis ; mais, ce faisant elle saute par-dessus un élément fondamental de la méthode et de la donation de sens concernant toute cette mathématique, comme nous l'avons déjà montré chez Galilée, qui reprend la géométrie traditionnelle restaurée (...) : elle saute par-dessus le terrain originaire du monde de la *vie pré-scientifique* avec sa méthodologie quantitative, propre à son essence particulière, et elle saute également par-dessus l'idéalisation qui s'exerce sur cette dernière, et sans laquelle il n'y a aucune science ni aucune logique. Tout cela est présupposé, mais ne devient jamais le thème même de la réflexion scientifique, et même, à cause du phénomène de la traditionalisation est chassé du cercle des recherches qui justifient la méthodologie de l'exactitude (...) (p. 495).

Dans la Conférence de Vienne, cela est formulé de la manière suivante :

> En tant que prestation, elle (la science mathématique de la nature) est un triomphe de l'esprit humain. Mais pour ce qui concerne la rationalité de ses méthodes et de ses théories, cette prestation est, de part en part, relative. Elle présuppose déjà une situation initiale fondamentale, qui la prive par elle-même totalement d'une rationalité effective. Dans la mesure où le monde-ambiant intuitif, ce pur subjectif, est oublié dans la thématique scientifique, dans cette mesure est également oublié le sujet qui travaille lui-même, et le savant ne devient jamais un thème. (De ce point de vue, la rationalité des sciences exactes appartient à la même ligne que la rationalité des pyramides d'Egypte) (p. 378).

La signification du paragraphe de la *Krisis* sur Galilée est à comprendre dans le sens où Husserl veut ici accomplir un travail de recherche qui, d'après son interprétation, n'a été entrepris par personne jusqu'alors. Un tel travail doit montrer la transformation du monde de la vie en nature mathématique. La relation entre le monde de la vie et le monde de la science doit devenir compréhensible. Dans l'*Appendice* XIV, Husserl remarque de façon critique :

> (...) la science plane comme dans un espace vide au-dessus du monde de la vie, au-dessus du monde des simples naïvetés sensibles, cependant qu'elle doit malgré tout être valable apodictiquement pour la vie et pour tout le donné d'expérience (p. 495)

À ce sujet, encore une citation tirée de la Conférence de Vienne :

> Mais où donc cette violente méthode, qui du monde-ambiant intuitif conduit aux idéalisations de la mathématique où ce monde est interprété comme être objectif, où donc est-elle soumise à la critique et reçoit-elle son explication? Les bouleversements introduits par Einstein concernent les formules dans lesquelles la *physis* idéalisée et naïvement objectivée est l'objet d'un traitement théorique. Mais comment les formules, d'une façon générale, comment l'objectivation mathématique en général, reçoivent-elles un sens sur l'arrière-fond de la vie et du monde-ambiant intuitif, c'est ce dont nous n'avons aucunement l'expérience, et c'est pourquoi Einstein ne réforme pas l'espace et le temps dans lesquels se déroule notre vie vivante (p. 378).

C'est aussi en ce sens qu'il faut comprendre le rôle de premier plan attribué par Husserl à l'empirisme – ce qui, tout d'abord, du point de vue de la phénoménologie transcendantale, n'est ni obvie ni évident. On sait que Husserl s'est beaucoup occupé des empiristes anglais, mais cette preuve factuelle ne dit encore rien au sujet de la signification qui peut être, dans ce complexe d'interrogations, reconnue à l'empirisme.

> L'attitude de l'empiriste comporte qu'il prenne comme point de départ et pour thème le monde ambiant effectivement donné dans l'intuition, le monde de l'expérience réel et possible et qu'il pose à partir de là la question de savoir comment la pensée, les *operations of mind* doivent s'élever au-dessus de cette expérience réelle et possible, en particulier comme méthodologie des sciences *more geometrico* (p. 496).

Et plus loin : « considéré de la sorte, l'empirisme contient en lui une tendance à découvrir scientifiquement le monde de la vie qui nous est quotidiennement familier et pourtant scientifiquement inconnu » (*ibid.*).

Dans l'*Appendice* XII, consacrée à Hume, nous lisons que : « Hume avait d'abord entrepris de chercher l'origine de la connaissance objective purement à partir des data de sensation, prises comme les premières et les seules données originelles de la conscience » (p. 479). Certes, il critique l'analyse des mathématiques pures de Hume mais il poursuit en disant :

> (…) ce que venait recouper pourtant *le monde des choses données d'avance,* celui qui, avant le travail scientifique, est constamment pour nous, dont nous expérimentons l'identité, et qui, malgré sa relativité, se confirme suffisamment cependant dans la pratique quant à son contenu et à ses réalités effectives, et donc aussi le monde qui, dans le travail scientifique, à un degré plus élevé, se trouve logifié par une méthode logique, le monde « objectivement vrai », celui des exactitudes (p. 479).

Et Husserl reconnaît à Hume aussi le mérite d'avoir – phénoménologiquement parlant – compris l'acte de la constitution :

> [il était] déjà certain d'avance que les « objets » permanents du monde pré-scientifique, et donc aussi du monde de la science, en tant qu'ils sont donnés à la conscience et prétendent être pour nous immédiatement, devaient être des formations de l'âme dans ses prestations, des formations de l'entendement humain (…) (p. 479-480).

Dans la critique de Kant par Husserl, il en va également du contournement du monde de la vie ; c'est pourquoi il peut, dans cette perspective, juger les empiristes plus positivement que Kant.

> [Kant] A-t-il d'abord systématiquement interprété avec sérieux le monde de la vie, le monde qui, dans la pratique d'ensemble de la vie, pré- et extra-scientifique, vaut tout simplement et sans question dans la certitude ontologique, et a-t-il ensuite sérieusement posé les questions qui sont fournies par ce monde-là, n'a-t-il pas finalement utilisé dans sa problématique – une problématique qui interdit en fait une telle interprétation – des présupposés

qui dépendent de ce monde même et qu'il faudrait au contraire mettre en question ? (p. 500)

Cette critique de l'acceptation du monde de la vie en tant que présupposé jamais questionné et dont on se sert constamment, nous l'avons déjà vu, porte Husserl contre la science elle-même. Certes le scientifique présuppose le monde de la vie, il a pour lui une « fonction fondatrice »,

> mais elles [les présuppositions] ne sont pas elles-mêmes (et par conséquent cette fondation n'est pas non plus) l'objet d'un intérêt théorétique propre, et par conséquent elles ne sont pas davantage théoriquement thématisées dans leur mode d'être. Toutes les présuppositions occasionnelles dont nous traitons ici, dans leur utilisation réelle et possible tenue pour évidente, appartiennent à un horizon universel : le monde sensible, le monde dont l'existence est évidente pré-scientifiquement et pour la science de la nature, le monde dans lequel nous vivons tous constamment et consciemment. Cet universum ne devient finalement pas en tant que tel un thème théorétique, ni non plus les diverses façons dont l'existant singulier évident, le donné sensible disponible, n'est ce qu'il est qu'en tant qu'il tire son être de cet universum » (p. 501).

Nous voyons donc bien que la signification de la *doxa* consiste en ce qu'elle est toujours ce qui est donné d'avance, autrement dit ce qui est présupposé, originel. En conséquence, nous ne devons pas juger la *doxa* d'après le degré d'exactitude et de rigueur qu'elle atteint – elle abrite tout aussi bien quelque chose comme une expérience de l'identité[1] : malgré le caractère de relativité que Husserl souligne toujours, il insiste également sur le fait que le monde des choses dans son expérience « malgré sa relativité, se confirme suffisamment cependant dans la pratique quant à son contenu et à ses réalités effectives » (p. 479).

Il faut donc reconnaître la fonction de sol de la *doxa*. Si nous avons devant les yeux la manière dont une institution se construit par stratification sur d'autres, alors au monde de la vie (*doxa*) revient, en tant qu'institution originelle, la fonction de fondation. Désormais, il n'est plus étrange que la *doxa* puisse être à ce point mise en valeur car sans le monde de la *doxa* absolument aucune institution supérieure n'est possible.

Nous trouvons à ce sujet un passage instructif dans *Expérience et jugement*. Le manuscrit date vraisemblablement de cette période et traite de la question dans le contexte de la thématique logique. La sphère de la *doxa* est mise au même rang que la sphère antéprédicative. Comme chacun le

1. Voir *supra*, p. 238, note 2.

sait, cette thématique a eu, grâce à Merleau-Ponty, ses répercutions dans la philosophie de langue française.

> Et ce retour au monde originaire de la vie n'est pas tel qu'il reprenne simplement le monde de notre expérience tel qu'il nous est donné, mais il poursuit l'historicité toujours déjà déposée en lui, jusqu'à son origine – c'est dans cette historicité que le sens du monde comme étant « en soi » et objectivement déterminable, est échu à ce monde, sur le fondement d'une intuition et d'une expérience originaires. Étant donné que le logicien ne s'interroge pas en deçà de cette implantation des idéalisations sur le monde de l'expérience originaire, mais pense qu'il est toujours possible de restituer le caractère originaire de l'expérience sans autres précautions, il manque également la connaissance de cet idéal d'exactitude qui est celui de la science comme savoir exact, « objectif ». En opposition à cette attitude, le retour à l'expérience antéprédicative et la pénétration dans la couche la plus profonde, la couche originaire ultime de l'expérience antéprédicative, signifie une *légitimation de la doxa*, qui est le domaine des évidences originaires ultimes qui n'ont pas encore accédé à l'exactitude et à l'idéalisation physico-mathématiques. Par là, il apparaît également que ce domaine de la *doxa* n'est pas un domaine d'évidences d'un rang inférieur par rapport à celles de la science, de la connaissance judicative et de ses produits, mais qu'elle est justement le domaine ultime et originel auquel renvoie pour son sens la connaissance exacte, qui a pour caractéristique d'être une simple méthode et non une voie conduisant à la connaissance d'un en-soi (§ 10, p. 44, trad. D. Souche, p. 53-54).

D'après ce passage il est manifeste que le monde de la *doxa* en tant que lieu originel, constitue, tout d'abord, le présupposé à partir duquel se produit l'idéalisation ; le monde « en soi » de l'étant (*die « an sich » seiende Welt)* de la science n'est nullement quelque chose de primitif; le scientifique – dans ce cas le logicien – contourne toujours la *doxa* et pose à sa place son monde idéalisé avec son idéal de vérité.

À cet égard, il faut également attirer l'attention sur un aspect de la critique de Husserl à Descartes qui

> (...) au lieu de transformer en chantier ce qu'il avait déjà devant les yeux avec son *ego cogito*, comme constituant le terrain originel, s'est laissé aussitôt entraîner par son attachement intime à son idéal mathématique de connaissance dans une direction de pensée qui servit à doter cette idée impure de la science rationnelle d'une dignité normative prétendument absolue (p. 482).

Husserl caractérise une telle attitude comme tout à fait néfaste pour l'ensemble de la modernité.

Si nous avons jusqu'ici essayé de montrer que la *doxa*, méprisée, ne fut méprisée que parce qu'un idéal déterminé de connaissance était prédominant, si bien que le domaine qui était, somme toute, présupposé pour réaliser cet idéal de connaissance, ne fut ni vu, ni pris en compte, alors cette légitimation de la *doxa* ne doit pas nous induire en erreur au point de nous limiter à un simple examen de la *doxa*. Le monde de la *doxa* est une sorte d'institution de sens tout à fait particulière, institution anonyme originaire, par laquelle l'expérience intuitive immédiate joue un rôle dominant; c'est pourquoi l'exigence d'évidence, formulée par Husserl, peut être parfaitement satisfaite. Mais la conception du monde de la *doxa* n'est pas quelque chose d'ultime. Cela est indispensable quand, justement, nous voulons comprendre le développement historique de la modernité, qui est le thème de la *Krisis*, quand nous voulons comprendre comment cela a pu aboutir à une crise de la science et à une crise de l'humanité européenne. À cet égard, il faut rappeler la façon dont Husserl a mis en rapport la question de l'historicité avec la présentation de la thématique du monde de la vie. Le monde de la vie est un monde historiquement devenu. Les résultats du monde scientifique ont leurs retombées sur le monde de la vie (comment, cela n'a pas lieu d'être recherché ici).

L'exigence de concevoir le monde de la *doxa* se double de celle de comprendre le processus de transformation de ce monde d'après les idéalisations possibles. Il est nécessaire que nous comprenions

> qu'en s'enfonçant dans le monde ambiant intuitif pré-théorétique, plusieurs directions de l'explication, correspondant à plusieurs niveaux du monde intuitif, peuvent s'ouvrir devant nous, d'où peuvent résulter plusieurs orientations de la problématique théorétique (p. 552).

Encore un passage à ce propos :

> voir, non pas seulement comment il [le monde intuitif] est logifié unilatéralement, mais avant tout quelles sont les orientations universelles du questionnement qu'il cache en soi comme autant de directions pour des logifications, autrement dit pour des recherches scientifiques sur le monde qui est (*ibid.*).

Nous en venons maintenant au dernier point de notre argumentation. Ce savoir qui ne contourne pas le monde de la vie mais qui au contraire l'étudie particulièrement et qui recherche par là comment on atteint par le monde de la vie le monde scientifique, ce qui veut dire en même temps par quelle transformation passe le monde de la vie[1], n'est pas un savoir au sens habituel du terme mais bien plus, le savoir d'une nouvelle science, autrement dit d'une nouvelle *épistémè* – de la phénoménologie. Dans l'*Appendice* XXV, nous trouvons une indication qui permet aussi d'expliquer le rôle qui revient à la psychologie, pourquoi, effectivement, la *Krisis*, dans sa troisième partie, est articulée ainsi par l'indication de deux chemins vers la phénoménologie transcendantale : celui du monde de la vie donné d'avance (partie A) et celui de la psychologie (partie B).

> Si, dans le sens d'une psychologie intentionnelle pure, nous nous enfonçons exclusivement dans la vie psychique (...), alors apparaissent en elle toutes les représentations et toutes les confirmations de validité des autres et des mondialités existantes, alors l'universum de l'être psychique cache en soi, en même temps que toutes les représentations du monde et leur correction, également l'idée du monde lui-même, l'idée générale commune, et aussi bien l'idée individuelle pour chaque monde particulier possible. C'est pourquoi une psychologie pure (en tant qu'ontologie pure de l'âme), bien qu'elle doive être simplement un morceau du monde réal, contient en soi l'ontologie du monde, comme de l'autre côté l'ontologie du monde contient celle de l'âme (p. 555).

La psychologie dont il est question ici est naturellement la science qui a pour tâche de comprendre les phénomènes de la constitution du sens de telle sorte que l'on accède à ce qui est constitué en même temps que la compréhension de ce qui est constitué. L'âme et le monde deviennent alors des concepts corrélatifs.

Dans l'*Appendice* XVIII, Husserl caractérise la progression depuis la découverte et l'examen du monde de la vie jusqu'à la science universelle de la phénoménologie en montrant

> (...) qu'on ne peut pas en rester à la découverte du monde de la vie en tant que thème théorique (à savoir le monde donné d'avance à la science objective comme allant de soi) et que cette science d'un genre nouveau, la science du monde de la vie, englobe finalement inévitablement dans l'universalité des tâches qui constituent sa scientificité propre, tous les problèmes pourvus de sens quant à l'être et à la connaissance de la vérité. Non pas seulement toutes questions épistémologiques qui jouent un rôle dans la vie (dans la vie pré- et extra-scientifique), mais également – et à un niveau supérieur – toutes les questions de la connaissance de la science objective. Mais désormais dans une modalité de la fondation qui conduit à de nouvelles dimensions et, par ces dimensions mêmes, telles qu'elles

1. *Cf.* les analyses du § 9 de la *Krisis*.

> s'ouvrent dans leurs profondeurs infinies, à une science universelle, qui contient en elle toutes les connaissances et tous les problèmes de connaissance imaginables – tous les problèmes de la raison (p. 513).

Conformément à cela, Husserl caractérise ensuite l'agir du philosophe, à savoir sa méditation.

> La méditation radicale du philosophe (...) devra donc prendre pour objectif la justification du sens de sa vocation par son historicité, ce qu'il fait lorsqu'il poursuit les formations de sens les plus grandes et les plus essentielles à travers lesquelles la philosophie, à partir du vague de sa proto-fondation, se déploie en systèmes de tâches toujours différenciés, lesquels se font connaître comme l'évident dépliement du sens originel vague et se procurent dans les systèmes les formes du remplissement de celui-ci (p. 543).

L'historicité est désormais devenue un aspect inéluctable de la nouvelle *épistémè*, de cette nouvelle figure de la philosophie. Dans l'*Appendice* XXVI, dans laquelle Husserl esquisse les degrés de l'historicité, il écrit :

> Le troisième niveau est la mutation de la philosophie en phénoménologie, avec la conscience scientifique de l'humanité dans son historicité et la fonction qui consiste à la changer en une humanité qui se laisse consciemment conduire par la philosophie en tant que phénoménologie (p. 557).

À cette exigence correspond la fin de la *Krisis* où la philosophie est comprise « *c*omme ayant son être dans la vocation à une vie dans l'apodicticité » (p. 304) alors que cette apodicticité est conçue comme auto-responsabilité : « une infinité de la vie et de la tension vers la raison » (*ibid.*).

Un passage tiré des *Appendices* de la *Krisis* est fréquemment cité pour montrer que Husserl a renoncé à sa position d'une philosophie comme science rigoureuse : « *La philosophie comme science*, comme science sérieuse, rigoureuse, et même apodictiquement rigoureuse : *ce rêve est fini* ». Mais cette affirmation ne concerne pas une position qui serait propre à Husserl, car il veut caractériser par là l'atmosphère de son temps. Sans doute, sa propre interprétation de la philosophie a-t-elle changé non pour renoncer à la rigueur scientifique mais pour accéder à une rigueur qui ne peut être atteinte dans le domaine de la scientificité.

Traduit de l'allemand par Cécile Nou

LA SIGNIFICATION DES LEÇONS DE PHILOSOPHIE PREMIÈRE

La seconde partie des leçons de Husserl *Philosophie première* de 1923/1924, publiée dans le volume VIII des *Husserliana*, se démarque complètement par son caractère des ouvrages parus jusqu'à présent. Si les textes publiés jusqu'ici avaient été, en partie, édités par Husserl lui-même et, en partie, établis pour la publication et déjà très proches de la version définitive à imprimer (à l'image de *Ideen II*), il en va tout à fait autrement du texte de *Philosophie première* et notamment de sa seconde partie systématique. Husserl avait en effet assuré ses cours du semestre d'hiver 1923/24 avec l'intention de les retravailler pour la publication, mais un tel projet, auquel il se consacre jusqu'aux environs de 1930, sera par la suite abandonné, pour des raisons encore inconnues. Cependant, la première partie historique[1] se présente avec ses *Appendices* comme une totalité, contenant tout ce que Husserl avait travaillé dans ses cours et ses séminaires d'histoire de la philosophie, dès l'époque de Göttingen, autour de la confrontation avec la tradition historique et la fondation historique de la nécessité de la phénoménologie. Ce projet de cours s'appuyait ainsi sur un vaste travail préalable, étalé sur plusieurs décennies, d'où la grande cohérence interne. Il en va bien autrement de la seconde partie dont nous allons ici discuter; il ne s'agit pas seulement de l'exposé synthétique, rédigé pour des buts didactiques, de réflexions mûries depuis fort longtemps, mais de la première

1. *Cf.* Hua. VII. *Erste Philosophie* (1923/4). *Erste Teil: Kritische Ideengeschichte*, éd. par R. Boehm, Den Haag, Nijhoff, 1956 (*Philosophie première (1923-1924). 1re partie. Histoire critique des idées*, trad. fr. par A. L. Kelkel, Paris, P.U.F., 1970), ainsi que le compte-rendu de D. Heinrich, « Über die Grundlagen von Husserls Kritik der philosophischen Tradition », *Philosophische Rundschau*, 6, 1958, p. 1-26.

ébauche d'un projet qui était en train de se préciser au fur et à mesure, transposé sous forme de cours. Il s'agit du parcours d'une aventure expérimentale de la pensée dont le succès sera constamment mis en danger par les réflexions[1] qui accompagnent les cours et dont l'issue n'était guère tracée à l'avance – parcours qui, dans les faits, conduisit Husserl très loin de ce qu'il avait prévu. Husserl envisageait en effet de présenter dans ces cours la voie qui conduit à la phénoménologie, celle qui aurait dû rendre compte des progrès accomplis par sa pensée depuis la parution des *Ideen* de 1913, et de fonder, une fois pour toutes, la phénoménologie dans sa nécessité historique et systématique. Or, cet essai aboutit à un paradoxe, dont Husserl ne comprendra que progressivement toute la portée, car une telle voie et une telle fondation sont tout à fait inaccessibles. C'est pourquoi d'ailleurs, dans
164 son dernier ouvrage, la | *Krisis*[2], il empruntera une voie complètement différente. Cet ouvrage joue donc, pour la compréhension de l'histoire du développement de la pensée de Husserl, un rôle dont l'importance est comparable à celle de la *Phénoménologie de l'esprit* de Hegel dans le développement de son système, et l'histoire de sa formation, en tant qu'histoire d'une improvisation toujours relancée, peut aussi être comparée à celle de la genèse de la phénoménologie hégélienne. Certes, Hegel lui-même a publié et donc donné son aval à sa *Phénoménologie*, Husserl, au contraire, après de grands efforts durant les années qui ont suivi ces cours, a finalement laissé ce projet inachevé, persuadé qu'au fond il était inachevable. L'histoire de la naissance de ce texte est ainsi l'histoire d'un échec. Or, s'il n'était question que de l'échec d'une nouvelle tentative d'introduction à la phénoménologie, le choix de le publier devrait paraître hautement problématique. Mais cet échec est bien plus que le signe des mésaventures personnelles aléatoires d'un auteur – voilà ce que ni Husserl ni le public de ses cours de l'époque ne pouvaient pas comprendre aussitôt. Ce n'est pas non plus le signe de l'épuisement d'une force créatrice et systématique. D'ailleurs, jamais comme dans ce texte Husserl n'avait manifesté si clairement le radicalisme d'un commencement toujours renouvelé, « sans présupposés », dans la remise en cause constante de tous les acquis. Nulle part Husserl ne s'était livré si profondément à ce que Hegel appelait le « pouvoir de l'absolu » et c'est ainsi que le trait fondamental de sa pensée

1. *Cf.* par exemple Hua. VIII. *Erste Philosophie (1923/4). Zweiter Teil: Theorie der phänomenologischen Reduktion*, éd. par R. Boehm, Den Haag, Nijhoff, 1959 p. 354 *sq.* (*Philosophie première*, trad. fr. par A. L. Kelkel, Paris, P.U.F.. 1972). L'appendice cité par Landgrebe ne fait pas partie des textes inclus dans la traduction française (N.d.T.).

2. Hua. VI, trad. fr. par G. Granel.

devient ici particulièrement explicite, une pensée qui n'est pas animée par une volonté de maîtrise dont le but est la construction d'un système, mais procédant dans un abandon sans réserves à la « chose » elle-même. Ce n'est que grâce à un regard en arrière jeté à partir d'une distance historique désormais acquise que l'on peut comprendre dans quelle mesure ce texte représente un détachement par rapport aux traditions dominantes de la pensée moderne ainsi que la conquête d'un nouveau sol de la pensée philosophique. C'est un détachement qui se fait à contre-cœur, puisqu'au départ Husserl voulait accomplir et achever cette tradition, sans se rendre compte immédiatement que sa propre tentative était plutôt en train de la faire voler en éclats. Ce texte représente ainsi le témoignage vivant d'un effort surhumain : exprimer par les outils linguistiques et terminologiques de la tradition moderne, avec ses alternatives et ses perspectives, un contenu de pensée qui s'en écarte.

Le risque de la publication de ce texte problématique est donc parfaitement justifié. Non seulement il nous livre la clé pour la compréhension du développement même de la phénoménologie husserlienne, dans la mesure où c'est à partir des apories qu'il tire au grand jour qu'il est possible d'insérer convenablement les dernières œuvres de Husserl à l'intérieur d'une démarche unitaire et les relier ainsi avec les premières. C'est ainsi qu'il est enfin possible de comprendre pourquoi Husserl dans son dernier ouvrage, la *Krisis*, sent le besoin de frayer une nouvelle voie, dont la nouveauté est finalement à nouveau occultée, du moins en partie, par l'auto-
interprétation qu'il | en donne. Mais par-delà une telle signification pour 165
l'interprétation de la phénoménologie elle-même, ce texte se révèle d'autre part très important parce qu'il accomplit, pour ainsi dire sous les yeux du lecteur, l'échec du subjectivisme transcendantal comme apriorisme anhistorique et comme accomplissement du rationalisme moderne. Si aujourd'hui, notamment en raison de l'influence de l'œuvre de Heidegger, l'on parle de « fin de la métaphysique » comme d'une chose allant de soi, nous pouvons comprendre véritablement le sens d'une telle expression en suivant dans les détails le parcours qui mène Husserl dans cet ouvrage à prendre congé de la métaphysique, pour ainsi dire, à son insu. L'on pourrait même dire que cette œuvre *est* la fin de la métaphysique, dans la mesure où, après elle, avancer sur les rails de la pensée et des concepts métaphysiques, dont *Philosophie première* essaye de dégager les possibilités extrêmes, est tout à fait impossible. Certes, ni Husserl ni ses auditeurs de l'époque n'en étaient conscients d'une manière explicite et des efforts herméneutiques longs et intenses ainsi que des réflexions philosophiques ultérieures seront encore nécessaires avant que la portée de tout ce qui a été réalisé ici ne soit

perçue. Cela permettra également de voir sous un nouveau jour le rapport entre Heidegger et la phénoménologie. Lors de ses premières années fribourgeoises et grâce aux nombreuses conversations qu'il avait avec lui, Heidegger était tout à fait au courant des réflexions qui absorbaient Husserl à l'époque et il a été ainsi le témoin direct de l'échec d'une telle tentative, et il a pu ainsi en dresser le bilan, dans la mesure où, à partir de là, il avait lui-même tenté de se débarrasser du langage de la métaphysique dont Husserl se servait encore.

L'effort pour s'introduire dans le réseau quasi inextricable de réflexions de cette œuvre, interrompu sans cesse par des digressions et des interprétations rétrospectives des résultats atteints, caractérisé par un recommencement épuisant, est donc largement récompensé. L'étude de ce texte demande certainement beaucoup d'effort de la part du lecteur, celui-ci ne pouvant pas compter sur le fil conducteur d'un itinéraire de pensée clairement balisé. Seul le détour par les appendices au texte principal, qui constituent les trois cinquièmes du volume total, ainsi que le va-et-vient entre l'œuvre du dernier Husserl et celle de ses débuts, permettent d'accéder au sens de cet ouvrage.

Dans son introduction, très importante et instructive, l'éditeur du volume avait déjà attiré l'attention sur le caractère tout à fait particulier de cette œuvre, qui justifie d'ailleurs le protocole éditorial suivi dans la publication. Le texte principal des cours a été fort justement restitué sans les tentatives d'aplanissement que les remarques critiques ultérieures de Husserl au texte auraient pu y apporter. Toutes les réflexions autocritiques de Husserl ne paraissent ainsi qu'en note ou en appendice. Elles ont été choisies si soigneusement dans l'immense pléthore de manuscrits appartenant au domaine problématique du texte, qu'il est impossible de renoncer ne serait-ce qu'à une seule d'entre elles, si l'on veut brosser un tableau exact de l'ensemble de la problématique. Dans l'apparat critique au texte
166 règne le même soin exemplaire que dans les | autres volumes de l'édition parus. L'éditeur se trouve néanmoins ici face à des difficultés incomparablement plus grandes que celles rencontrées pour les volumes précédents, et sa façon de les surmonter mérite la plus grande reconnaissance.

À partir de ces remarques introductives il est clair que, dans un tel contexte, une évaluation de l'œuvre doit se limiter à la mise en relief des concepts fondamentaux et de leurs connexions, cela afin d'y rattacher des remarques interprétatives et critiques à même de confirmer, du moins d'une manière tout à fait provisoire, l'importance de cette œuvre à laquelle nous avons déjà fait vaguement allusion. En ce qui concerne l'analyse plus précise de la démarche de la réflexion, de ses tournants, de ses fractures et de ses corrections ultérieures nous renvoyons une fois pour toutes à l'*Introduction de l'éditeur*[1]. Si l'on avait voulu lui ajouter quelque chose, il aurait fallu un commentaire critique de l'intégralité du texte. Même au sujet de l'intitulé *Philosophie première* et du sens qui lui est propre au sein du développement de la pensée de Husserl, il nous faut renvoyer à cette *Introduction*. Qu'il suffise ici de remarquer qu'après la rédaction de ces cours, une telle expression tend progressivement à disparaître : dans les *Méditations cartésiennes* elle n'apparaît qu'en passant[2]; dans la *Krisis* rien qu'une fois, et encore entre guillemets. Si l'éditeur remarque qu'elle est remplacée par l'expression plus générale « philosophie transcendantale », il faudrait cependant préciser qu'il ne s'agit pas d'un simple changement de nom pour indiquer toujours la même chose. Husserl se voit plutôt contraint à renoncer à cela même dont il était à la recherche : l'idée directrice d'une phénoménologie en tant que discipline fondamentale désignée par le titre de *Philosophie première*.

L'IDÉE DIRECTRICE DE PHILOSOPHIE PREMIÈRE ET SA PROBLÉMATIQUE

Il faudrait tout d'abord commencer par interroger l'idée directrice de l'ouvrage, désignée par son titre. Dans un essai rédigé peu avant[3], Husserl parle de la *philosophie première* comme de « la science de la méthode en général, de la connaissance en général et des fins possibles de la connaissance en général, c'est-à-dire de connaissances possibles en général, au sein de laquelle toutes les sciences a priori qui ont exclu toute sorte de contingence (même celle de l'a priori matériel et contingent) se donnent comme des branches dérivées. Au-dessus de toutes sciences il y a une *mathesis universalissima* (…) une espèce de mathématique des opérations de connaissance (…). Cette logique suprême est éclairée par une intelligibilité absolue (…), se déploie dans les formes parfaites de la pure subjectivité et exige l'étude de la pleine | subjectivité pure (…) ». Il ne 167
s'agit de rien d'autre que de l'idée de la philosophie phénoménologique transcendantale, déjà invoquée dans les *Ideen* comme « la première des philosophies »[4], ayant la configuration d'une science fondamentale de la

1. Rudolf Boehm, « Einleitung des Herausgebers », dans Hua. VIII, p. XI-XLIII (N.d.T.).

2. Hua. I. *Cartesianische Meditationen und Pariser Vorträge*, éd. par S. Strasser, Den Haag, Nijhoff, 1973, p. 47 (*Méditations cartésiennes et les conférences de Paris*, trad. fr. cit. par M. de Launay, Paris, P.U.F., 1999, p. 48).

3. Autour de 1921, *cf.* Hua. VIII, p. 249 (Appendice qui n'a pas été incluse dans la traduction française, N.d.T.).

4. Hua. III, p. 8, trad. fr. p. 8.

subjectivité transcendantale et de ses opérations constituantes. Contrairement à tout être constitué elle est une « région » d'être absolu, car tout ce dont nous pouvons parler en général à titre d'étant, ne l'est que pour la conscience et il faut lui reconnaître le statut positionnel d'étant dans la conscience.

Après les cours de 1923-24, en revanche, la philosophie première n'épuise plus sa tâche dans l'exposé systématique d'une telle idée. Conformément à sa teneur systématique elle doit comprendre[1] également les méditations et les réflexions préliminaires sur la voie d'accès qui y conduit et sur le commencement absolu d'une telle voie. La *Philosophie première* est ainsi une science universelle qui se fonde elle-même de façon absolue à partir d'un commencement absolu. Elle est « celle qui “en soi”, c'est-à-dire en vertu de raisons intrinsèques essentielles, est la première »[2]. « Le nom de “Philosophie première” renverrait dès lors à une discipline scientifique du commencement (…), le commencement de la *Philosophie première* elle-même serait dès lors le commencement de toute philosophie en général »[3]. En tant que telle, la philosophie première se justifie, de façon absolue, dans chacune des étapes de la pensée. Husserl insiste ici toujours encore sur la recherche exemplaire menée par Descartes d'un *fundamentum absolutum et inconcussum* à trouver dans l'inébranlable évidence de l'*ego cogito*. C'est donc l'idée d'une science première qui surgit d'une évidence stable, inébranlable et en ce sens apodictique, qui établit de la même manière chaque étape ultérieure en la déduisant et justifiant à partir de celle-ci. Par la réduction phénoménologique à l'ego transcendantal en tant que dimension d'une fondation ultime et absolue, elle est censée réussir là où les tentatives de Descartes avaient échoué.

L'introduction de cette idée directrice dans les trois premières leçons[4] permet déjà de reconnaître le long chemin parcouru par Husserl après avoir exposé et introduit la réduction phénoménologique dans les *Ideen*. Celle-ci avait été introduite après la présentation de la « thèse générale de l'attitude naturelle », de cette foi mondaine qui soutient constamment l'ensemble de nos pensées et de nos actions, comme étant « l'affaire de notre pleine liberté (*Sache unserer vollkommenen Freiheit*) »[5], le résultat d'une décision libre dont la nécessité n'est pas ultérieurement fondée. Le passage à la

1. Hua. VIII, p. 5, trad. fr. p. 5.
2. Hua. VII, p. 4, trad. fr. p. 4.
3. Hua. VII, p. 5, trad. fr. p. 5, 6.
4. Hua. VIII, p. 3-25, trad. fr. p. 3-35.
5. Hua. III, p. 65, trad. fr. modifiée p. 99.

réduction est introduit après l'exposé de l'attitude naturelle simplement par les mots suivants : « Au lieu de demeurer dans cette attitude, nous allons lui faire subir une altération radicale »[1]. | Cependant, cette « naïveté » doit à présent être dépassée par des méditations portant sur la situation motivationnelle du « philosophe qui commence ». C'est de celles-ci que doit suivre la fondation de la nécessité d'un tel geste. Le principe cartésien du commencement à partir du « Je suis » se concrétise ainsi dans le « Je comme philosophe qui commence ». **168**

Le philosophe « a de toute nécessité besoin d'une *résolution* personnelle qui seule est capable de faire de lui un philosophe, originairement ; il a besoin pour ainsi dire d'une instauration originaire (*Urstiftung*) qui est une autocréation originaire »[2]. Cette décision en faveur de la réduction phénoménologique à une dimension de la fondation ultime et absolue signifie un « renoncement radical au monde (*radikale Weltentsagung*) » en tant que voie nécessaire afin de « saisir dans l'intuition la *réalité vraie en dernière instance* et ainsi de vivre une *vie vraie en dernière instance* »[3]. D'une telle décision n'existe évidemment aucun exemple issu de la vie menée sur le plan de l'« attitude naturelle », « de l'état naturel d'enfant du monde (*Weltkindschaft*) »[4]. Celle-ci n'est qu'une vie qui se contente d'atteindre des buts immédiats et circonscrits, de se tirer d'affaire au fur et à mesure dans des situations données et délimités. Il n'en va pas autrement là où les sciences particulières se heurtent à des problèmes-limites philosophiques, qui ne sont donc traités que dans la mesure où cela paraît nécessaire pour la solution de difficultés méthodiques et de paradoxes au sein d'un cadre problématique déterminé.

> Il s'agit dès lors d'une attitude tout à fait « non naturelle » et d'une manière tout à fait non naturelle de considérer le monde en soi-même. La vie naturelle s'accomplit comme un originaire abandon au monde (*Welthingabe*), comme un état d'égarement dans ce monde (*Weltverlorenheit*), état au début absolument inéluctable. Le non naturel, c'est la prise de conscience de soi radicale et pure, la réflexion sur le pur « je suis », sur la

1. Hua. VIII (*sic*), p. 63 (une erreur a dû se glisser dans l'édition allemande. Le texte cité n'est pas issu de Hua. VIII mais de Hua. III/1. *Ideen zu einer reinen Phänomenologie und phänomenologischen Philosophie. Erstes Buch : Allgemeine Einführungin die reine Phänomenologie* 1. Halbband : Text der 1.-3. Auflage – Nachdruck, éd. par K. Schuhmann, Den Haag, Martinus Nijhoff, 1977 (*Idées directrices pour une phénoménologie*, trad. fr. cit., p. 96, N.d.T.).

2. Hua. VIII, p. 19, trad. fr. p. 26.

3. Hua. VIII, p. 166, trad. fr. p. 231.

4. Hua. VIII, p. 123, trad. fr. p. 172.

vie égologique pure, et sur les modes selon lesquels ce qui en quelque sens que ce soit se donne dans cette vie comme objectif prend précisément ce sens et ce mode de validité d'un être objectif : purement dans la fonction immanente et propre à cette vie elle-même[1].

Si la vie naturelle mondaine n'offre aucun exemple à même d'illustrer la décision du « philosophe qui commence », sa possibilité lui est cependant immanente, même si elle n'est nullement saisie comme telle, notamment dans « la motivation du scientifique en général », c'est-à-dire dans le fait même de la tendance à la connaissance. Celle-ci vise en effet, conformément à sa nature, une vérité stable. Il en va moins de la connaissance tout court que de la connaissance fondée[2], en sorte qu'une telle tendance renferme déjà la disposition au dépassement de la « naïveté dans la
169 production des connaissances (*Naivität der Erkenntnissschöpfung*) »[3]. | Or, ce n'est pas la seule tendance à la connaissance à exiger une justification et une prise en charge responsable (*Verantwortung*)[4], mais toute tension en général qui relève déjà de l'attitude naturelle. La tendance à la vérité scientifique est dès lors traitée au sein de la question de la responsabilité propre à toute tendance, c'est-à-dire au sein d'une « signification qui s'étend au-delà de toute culture pure »[5]. D'ailleurs cette tension humaine vers le bien, le vrai ou le beau est, en dernière instance, justifiée dans sa vérité par la connaissance de la justesse des normes qui la guident, en sorte que « dans les formes de connaissance propres à la vérité théorique toute autre forme de vérité, telles toute espèce de vérité axiologique (ce que nous appelons des valeurs vraies et authentiques) et la vérité pratique, s'exprime et se détermine dans des formes prédicatives tout en adoptant aussi des formes de fondation qui sont propres à la connaissance (…) ce qui en dernière instance garantit l'authenticité de la valeur et la vérité du but

1. Hua. VIII, p. 121, trad. fr. p. 170.

2. *Cf.* l'appendice à « Das Prinzip vom zureichenden Grunde für jede wissenschaftliche Erkenntnis », Hua. VIII, p. 329 *sq*.

3. *Ibidem* p. 19, trad. fr. modifiée p. 26.

4. A l'instar de Husserl, Landgrebe fait ici un usage délibérément équivoque d'expressions telles que *verantwortlich sein*, *Verantwortung*, *verantworten*, etc. Il aurait fallu, à chaque occurrence, reconnaître *à la fois* un sens théorique (prendre en charge, justifier, rendre compte) et un sens plus proprement éthique (répondre de, être responsable de). Afin de ne pas alourdir le texte dans le seul but de se tenir à tout prix à une seule famille de syntagmes, nous avons fait le choix de traduire au fur et à mesure avec les termes français les plus adhérents au contexte. Lorsqu'il était nécessaire nous avons signalé entre parenthèses l'équivalent allemand (N.d.T).

5. *Ibid*. p. 23 (trad. fr. 31, modifiée).

atteint »[1]. C'est pourquoi la tendance à la connaissance vise, selon son essence, l'universalité, l'« omniscience (*Allwissenheit*) »[2], et en ce sens la « science universelle ». Il est clair que de telles expressions ne sont pas à prendre en un sens quantitatif. Elles suggèrent seulement l'idée qu'aucune connaissance isolée ne peut avoir le caractère de la fondation absolue, une telle connaissance ne peut être atteinte que dans l'univers de toute connaissance possible en général. Car la raison connaissante est unique et, dès lors, l'expression « universalité » (*Universalität*) ne désigne pas la totalité de toute connaissance susceptible d'être atteinte *de facto*, mais simplement l'idée de l'entrelacement de toutes les connaissances possibles en général et de l'ordre qui leur revient à l'intérieur de l'unité de la raison. En ce qui concerne l'universalité quantitative, la philosophie comme science absolue n'est qu'une « idée infinie ».

La décision du philosophe qui commence est donc la décision de réaliser cette tendance qui anime la vie humaine, à savoir la décision d'une « critique universelle de la vie »[3]. C'est pourquoi d'ailleurs « l'idée même de la philosophie implique une sorte de validité ultime »[4], ce qui présuppose rien de moins qu'une « sorte d'effondrement de toutes les valeurs de la connaissance et de la science naïves (...) elle implique la reconnaissance (...) qu'un commencement absolu nouveau et une science d'un genre totalement nouveau s'avèrent nécessaires »[5].

Mais l'importance d'une telle tendance à répondre de la connaissance à titre définitif (*Streben auf letzte Erkenntnisverantwortung*) n'est pas simplement l'affaire d'un individu singulier, celui-ci étant toujours le membre d'une communauté. « La responsabilité vis-à-vis de soi-même (*Selbstverantwortung*) de l'individu singulier qui se sait membre et fonctionnaire de la communauté, inclut également la responsabilité à l'égard d'un tel genre de vie pratique et s'achève ainsi dans la responsabilité à l'égard de la communauté »[6]. « D'un autre côté, à l'intérieur d'un tel entrelacement, réel et possible, c'est à ma responsabilité personnelle (*Selbstverantwortung*) que revient la tâche d'entraîner les autres à la responsabilité »[7]. | C'est ainsi que fait son chemin l'idée d'une « configura- **170**
tion axiologique supérieure propre à une communauté (...) à même

1. *Ibid.* p. 25 (trad. fr. p. 34).
2. *Ibid.* p. 196, 344.
3. *Ibid.* p. 154 (trad. fr. p. 214).
4. *Ibid.* p. 21 (trad. fr. p. 28, modifiée).
5. *Ibid.* (trad. fr. p. 28-29).
6. *Ibid.* p. 197 *sq.*
7. *Ibid.* p. 198.

d'accomplir en soi une telle évaluation absolue [en tant que] idée téléologique qui guide consciemment le progrès de l'humanité »[1].

Il s'agit donc de l'idée d'une responsabilité humaine du philosophe à l'égard non seulement de soi-même mais aussi de l'humanité tout entière, lorsque grandit en elle l'aspiration à une fondation de son existence qui n'est plus réalisée par la tradition mais par la pensée –, idée que Husserl avait déjà traité sporadiquement[2] quelques années auparavant et qu'il reprend ici au fil des méditations sur le commencement absolu de la philosophie. Ici, tout se passe comme si, une fois un tel commencement atteint par un philosophe, ce commencement était assuré une fois pour toutes par une évidence contraignante et pouvait être réemprunté de la même manière, avec la même évidence, par chacun. Mais puisque déjà dans la partie historique des leçons, la phénoménologie avait été présentée comme le désir (*Sehnsucht*) secret de l'ensemble de la pensée occidentale européenne, et devait ainsi être fondée historiquement dans sa nécessité, le commencement absolu ici recherché devient problématique – chose dont Husserl ne prendra conscience que peu à peu, avant, finalement, d'être obligé de renoncer à toute tentative, inspirée par le cartésianisme, de fondation à partir d'un *fondamentum absolutum et inconcussum*. Dans ce qui suit nous allons montrer comment tout cela est déjà annoncé dans la suite des *Leçons* ainsi que dans les réflexions qui les accompagnent et finalement comment cela conduit à la nouvelle voie empruntée par Husserl dans son œuvre ultérieure.

Cette idée téléologique de l'auto-responsabilité (*Selbstverantwortung*) philosophique absolue et de l'auto-justification de la vie est guidée par une considération des vécus d'évidence comme « possession de la chose "elle-même" », comme conscience de l'être-là en soi-même de ce qui est visé : « le sujet connaissant, dans l'œuvre qu'il poursuit, est conscient d'être dès lors près du but lui-même ; en connaissant il appréhende la "vérité", c'est-à-dire précisément ce qui est visé, l'*objet* "lui-même" de l'intention judicative »[3] qui s'oppose à la « simple » intention « vide ». L'exigence d'une justification absolue a ainsi deux aspects : la connaissance doit être « définitive », la position du but étant régie par l'idée d'une vérité stable, définitive et qui plus est atteinte d'une manière irrévocable ; d'un autre

1. *Ibid.* p. 200.

2. « Die Idee einer philosophischen Kultur », in *Deutsch-Japanische Zeitschrift*, 1923 ; « Sur le renouveau », in *The Kaizo*, Tokio 1923 (trad. fr. L. Joumier, Paris, Vrin 2005). La partie du premier article qui est décisive pour ce problème a été insérée par Husserl dans le texte de la *Leçon 7*, p. 8-17.

3. *Ibid.* (trad. fr. p. 10) ; *cf.* aussi p. 9, 48, 366 *sq*.

côté, il doit s'agir également d'une connaissance évidente « à tous égards »[1].

« L'objet connu ne doit pas comporter des déterminations qui lui appartiennent par essence tout en se situant en dehors de l'horizon de mon évidence par ailleurs parfaite et comportant, en raison de ces éléments inconnus, des obscurités, des aspects énigmatiques, ou donnant lieu à des doutes captieux »[2]. | Une telle évidence : « nous l'appelons aussi *évidence* 171
adéquate »[3]. « *Qu'*elle le soit, cela en tout cas nous ne le reconnaissons que dans une seconde évidence, justement l'*évidence réflexive* qui doit à son tour être elle-même une évidence adéquate »[4]. Ce trait caractéristique d'une évidence adéquate « surgit à l'épreuve de la négation ou du doute »[5]. Cela inclut également l'intuition évidente de l'impossibilité aussi bien du non être que du non être-ainsi et c'est en ce sens qu'il s'agit d'une évidence apodictique[6]. Sur ces bases[7] Husserl démontre ainsi qu'il ne s'agit de rien d'autre que de la maxime cartésienne de l'absence de doute en tant que principe de la justification parfaite. Aucune différence n'est faite ainsi entre « apodictique » et « adéquat », en dépit du fait que plus tard Husserl en établira une[8]. Déjà dans la suite du texte[9] il n'est question que d'une recherche d'évidences adéquates, la tâche d'une critique des évidences adéquates du point de vue de leur apodicticité sera désignée comme une tâche ultérieure, que les *Leçons* ne sont pas encore censées aborder[10].

Demandons-nous maintenant, de façon plus détaillée, quel est le noyau problématique rencontré par Husserl lors de cette explication de la phénoménologie à partir de l'idée directrice d'une science absolument fondée. Seule une telle élucidation nous permettra d'y voir clair dans le développement ultérieur de sa pensée. L'explication de l'idée directrice de *Philosophie première* correspond principalement à la réflexion menée dans les quatre premières leçons (*Leçons 38-41*)[11]. Or, afin d'en comprendre la

1. *Ibid.*, trad. fr. p. 42.
2. *Ibid.*
3. *Ibid.* p. 33, trad. fr. p. 45.
4. *Ibid.*
5. *Ibid.*, p. 35, trad. fr. p. 48.
6. *Ibid.*, p. 380.
7. *Ibid.* p. 125, trad. fr. p. 175.
8. *Ibid.* p. 310 ; Hua. I, p. 55, trad. fr. p. 57-58.
9. *Ibid.* p. 36, trad. fr. p. 49 *sq.*
10. *Ibid.* p. 169, trad. fr. p. 234-235 ainsi que p. 380.
11. Landgrebe cite à cet endroit les § 38-41 qui ne correspondent ni aux « quatre premières leçons » de la deuxième partie de *Philosophie Première*, ni à la section qui traite de « l'idée directrice d'une science absolument fondée ». Il est donc probable qu'il s'agit ici

problématique nous devons également garder à l'esprit les réflexions ultérieures de Husserl, dont les germes se trouvent déjà en partie dans la suite de ces leçons, notamment dans les incessantes réinterprétations rétrospectives des résultats obtenus. Cette problématique peut être brièvement retracée de la façon suivante. Ce que l'on cherche, c'est un domaine d'évidences apodictiques, pour servir de sol de justification absolue et de responsabilité, impliquant la compréhension évidente de l'impossibilité de leur être-autrement. S'il n'y avait que des visées subjectives « dont la stabilité n'est qu'approximative et temporaire », s'il n'y avait aucune « norme absolue de toutes les visées mutuellement reliées, dès lors aucun discours autour d'une vérité valable en soi, aucune tension vers la vérité n'aurait plus de sens »[1]. L'apodicticité recherchée doit donc avoir le caractère, déjà abordé dans les *Ideen*, d'une intuition eidétique, une intuition pourvue d'universalité inconditionnée et de nécessité. Or, l'apodicticité au sens de l'évidence apodictique est également caractérisée par la possession de la « chose elle-même » en tant que conscience de l'être-là en soi-
172 même de l'objet visé, | et en ce sens, par l'immédiateté, l'être immédiatement vis-à-vis de la chose.

Le résultat des méditations préliminaires était donc le suivant : « au commencement il y aurait nécessairement une connaissance immédiate, éventuellement un champ, indiqué en même temps par une connaissance immédiate, de connaissances tout à fait immédiatement accessibles, donc elles-mêmes immédiates ; et ces connaissances immédiates seraient nécessairement données dans une certitude apodictique »[2].

Mais une telle certitude immédiate ne peut être rien d'autre que celle de l'expérience. À la suite de cela l'on peut donc affirmer que l'examen conduit « à la subjectivité transcendantale comme l'unique fond (*Bestand*) de données immédiates apodictiques, de données absolument indubitables de l'expérience »[3]. Cette pensée sera développée, presque au même moment, par l'idée que toute expérience au bout du compte remonte à l'intuition, si bien que la conscience de cette immédiateté recherchée ne peut qu'être intuitive : « La justification absolue présuppose ainsi l'intuition absolue »[4]. La réduction phénoménologique à l'ego transcendantal dégage ainsi « la possibilité d'une expérience absolue et d'une science de

d'une erreur. Il paraît vraisemblable en revanche que Langrebe se réfère aux § 28-31. (N.d.T.).

1. *Ibid.*, p. 366.
2. *Ibid.*, p. 40 (trad. fr. p. 55).
3. *Ibid.*, p. 41 (trad. fr. p. 56).
4. *Ibid.*, p. 367.

l'expérience »[1]. Il s'agit de la question de savoir où il faut chercher « de telles intuitions immédiates, c'est-à-dire des expériences absolues ».

> S'il y a des intuitions absolues, elles doivent être faites de la sorte que, lorsqu'elles me sont données originairement ou retentionnellement dans l'accomplissement d'un acte, je « ne puisse absolument pas envisager » que ce dont je fais l'expérience n'est pas, est douteux ou simplement possible[2].

Dans un tel contexte le mot « expérience » doit être pris en un sens strictement littéral. Il ne faut surtout pas le prendre au sens du vieux concept d'une vision des idées ou d'une intuition intellectuelle (ce qui montre déjà la rupture radicale opérée ici à l'égard des propos de la métaphysique traditionnelle). En effet, il faut ici tenir compte d'un présupposé fondamental : l'idée que la claire connaissance du nécessaire inconditionné et de l'universel, des vérités « éternelles » et « nécessaires », ne peut jamais être atteinte par l'expérience, celle-ci n'ayant à faire qu'au factuel et, en ce sens, au contingent. À la lumière de cette tradition une expérience absolue, garantie d'apodicticité, serait une contradiction dans les termes. Les nombreuses réflexions qui accompagnent le cours, où l'on soulève toujours et à nouveau le problème de savoir si le but même de la fondation apodictique est susceptible d'être atteint ou s'il ne doit pas plutôt être abandonné, montrent que Husserl était pleinement conscient de telles difficultés. Ce fait devient particulièrement clair dans le passage où il parle de la « force normative de la présence en personne originaire »[3]. Si donc toute présence
en personne renvoie en dernière instance | à l'expérience absolue, par cela 173
l'on ne formule rien d'autre que le principe positiviste de la « force normative du factuel », qui élimine toute possibilité de subordonner la donnée factuelle à l'apodicticité des vérités éternelles. Le sens caché du positivisme comme révolte contre l'étouffement de la facticité par la pensée métaphysique est ici clairement exprimé. L'on touche ainsi du doigt le point exact où Husserl tente de dépasser l'alternative entre positivisme (ou empirisme) et rationalisme, opposition qui n'a de sens que sur le plan de la pensée métaphysique.

Il est clair qu'une telle rupture avec la tradition ne se produit pas ici pour la première fois. Elle est déjà en place dès 1908, lorsque Husserl caractérise pour la première fois la métaphysique comme la doctrine du factuel – une

1. *Ibid.*, p. 362.
2. *Ibid.*, p. 368.
3. *Ibid.*, p. 452.

caractérisation qui se maintiendra par la suite –, et dans les argumentations de la première partie des *Leçons*[1].

De facto Husserl a sur le fond déjà quitté la voie cartésienne de la fondation, dans la mesure où il a compris l'évidence « apodictique » cartésienne du « je suis », avec tous les contenus qu'elle renferme, comme expérience absolue, c'est-à-dire comme champ global de l'expérience elle-même. Avec ce point de départ Descartes ne pouvait atteindre d'autres résultats ayant la même garantie qu'en passant par une théorie des idées innées dont la cohésion est garantie par l'existence de Dieu. Une telle voie est d'emblée exclue par Husserl, car tout ce qu'elle nous apprend sur l'origine des idées innées ne découle que d'une argumentation métaphysique et non du retour aux expériences absolues. Et même dans ce cas, si l'on veut pouvoir en fonder l'exigence de vérité, il faudrait montrer que de telles expériences sont les opérations constitutives du sujet transcendantal. Pour la même raison Husserl s'interdit également le retour « régressif » de Kant à la dimension de la fondation dernière du « *Faktum* » du Je pense et de son expérience à ses « conditions de possibilité », qui ne peuvent pas à leur tour faire l'objet d'une expérience, étant justement ce par quoi toute expérience est possible. Ces deux voies ne sont pas conformes à l'exigence du « rendre évident », du « porter à l'intuition immédiate ».

Il n'y a pas non plus de vision simple des « vérités éternelles » comme de quelque chose de subsistant en-soi (aspect platonisant qui entache d'ailleurs encore le concept d'intuition catégoriale des *Recherches logiques*). Aucun *thigèin* platonicien des idées et des relations d'idées n'est donc admis, car, dans ce cas, l'en-soi d'une transcendance se dresserait face à l'évidence de la subjectivité. L'on a certes le droit de parler d'un tel en-soi, à condition que son sens soit légitimé par le retour à son origine dans les opérations constituantes de l'expérience de la subjectivité. Le fait même de parler de vérités qui subsistent en-soi n'a de sens qu'au sein de la corréla-
174 tion | à la subjectivité pouvant en faire l'expérience. Une corrélation qui ne s'établit pas avec une conscience possible en général qui en ferait l'expérience, mais avec l'expérience originaire factuelle de la subjectivité. Le possible n'a plus aucune priorité sur le réel. Au contraire, tous les traitements du possible ne servent qu'à mettre en lumière la facticité de l'expérience transcendantale[2], si bien que « un être réel et idéal, transcendant par rapport à la totalité de la subjectivité transcendantale, cela est tout à

1. Hua. VII, p. 258.
2. Hua. VII, p. 258, trad. fr. p. 326-327.

fait un contresens et c'est ainsi qu'il doit être traité »[1]. D'où la critique de Kant par Husserl, pour avoir admis et présupposé dogmatiquement la logique et les évidences logiques; d'où également la tentative ultérieure, dans *Logique formelle et transcendantale*, de donner une réponse définitive à la question de leur origine à partir des opérations de la subjectivité. Ce qui explique également pourquoi, dans ses analyses historiques, Husserl place Hume et son questionnement de l'origine plus haut que Kant, en tant que précurseur de la phénoménologie.

Cela dépasserait le cadre de ce travail que d'aborder, à la lumière de ce que l'on vient de dire, les difficultés soulevées par Wagner et Heinrich autour de l'idée d'une dimension de fondation ultime[2], qui n'est pas la dimension d'un a priori préalable de validité mais qui doit être identique à une telle expérience absolue. Qu'il nous suffise ici de remarquer que, d'une telle manière, la question du sens de l'a priorité de l'a priori (*des « vor » des Apriori*) prend une nouvelle forme[3].

Ayant tout cela à l'esprit, il est enfin possible de comprendre dans quelle mesure ces apories de l'apodicticité barrent la route non seulement à la voie cartésienne mais aussi à toute autre reconfiguration du problème des principes d'une fondation ultime (de la problématique des « idées innées » jusqu'aux « jugements synthétiques a priori »), en permettant ainsi de quitter l'espace de jeu d'une telle problématique, propre à la philosophie moderne. À partir de ces *Leçons*, le problème de la voie ou plutôt des voies qui mènent à la dimension de la fondation ultime, reçoit ainsi cette importance stratégique qui motivera Husserl, dans les années suivantes, à y consacrer des réflexions toujours nouvelles, dont celles imprimées dans les *Appendices* ne sont qu'une petite partie. Ce problème de la voie n'est pas simplement un problème de mise en forme ou d'introduction didactique correcte à la phénoménologie, il concerne plutôt, comme nous l'avons remarqué, sa « teneur systématique » elle-même. Evidemment le problème n'apparaît que si l'on maintient le présupposé d'un commencement absolu, susceptible d'être fondé apodictiquement, | et qui, une fois atteint à titre de 175
vérité immuable, est assuré « une fois pour toutes ». Même si dans ces cours et dans la série de réflexions qu'y sont rattachées, un tel présupposé commence déjà à devenir problématique aux yeux de Husserl, il ne cessera pas pour autant d'agir comme mobile encore dans les années suivantes. Il

1. Hua. VIII, p. 482.

2. *Cf.* D. Heinrich, *op. cit.*, et H. Wagner, « Kritische Betrachtungen zu Husserls Nachlaß », *Philosophische Rundschau*, 1953-54, p. 1-22 *sq.* et 93-123 et *sq.*

3. Hua. VII, p. 358 et 363.

ne sera définitivement mis à l'écart qu'avec l'estompage de l'idée directrice d'une philosophie première, par quoi même la question du nombre de voies et de leur rapport réciproque perd d'importance.

La subjectivité transcendantale comme champ d'expérience absolue et le problème de ses voies d'accès

Nous ne pouvons pas traiter ici en détail, texte édité à l'appui, le problème des différentes voies qui mènent à la phénoménologie et de leurs rapports réciproques[1]. Nous allons plutôt nous limiter à tirer au clair le problème qui, tel un moment propulseur, se cache derrière la question des voies. C'est à travers ces voies que l'on peut accéder à la subjectivité transcendantale en tant que « champ » de l'expérience transcendantale absolue et répondre à la triple question suivante :

1) En quel sens peut-on parler ici d'expérience ?

2) Comment détermine-t-on le sujet d'une telle expérience ?

3) Quel est le domaine, le « champ » de cette expérience ?

Évidemment il s'agit ici de trois aspects d'une seule et même question, qui ne peuvent être séparés. Mais selon que l'on met l'accent d'un côté ou d'un autre, l'on distinguera du même coup les différentes voies qui permettent de répondre à la question. Si nous avons essayé de distinguer ces trois aspects, il est nécessaire de faire remarquer qu'une telle distinction ne recoupe entièrement aucune des tentatives de Husserl de distinguer ces voies. Le lecteur attentif des *Appendices* trouvera d'ailleurs que de telles tentatives de Husserl se contredisent à plusieurs endroits et, en partie, s'excluent mutuellement. Il est donc tout à fait impossible d'établir définitivement, sur la base du texte présenté dans ce volume, le nombre de voies effectivement distinguées par Husserl – car Husserl lui-même n'est pas non plus parvenu d'une façon définitive à établir une telle différenciation. En ce qui nous concerne, il s'agit plutôt de trouver un fil conducteur qui permette d'indiquer et découvrir la logique interne de ces tentatives ratées de différenciation, ainsi que la raison de cet échec ; il s'agit de montrer également qu'en dépit de cet échec, en réalité, nous sommes ici en présence d'un problème fondamental de la phénoménologie qui ne doit pas être négligé, car c'est justement cet échec qui fait problème. Ce n'est que par une telle
176 voie que l'on peut parvenir à éclairer | le parcours de la réflexion husser-

1. *Cf.* l'« Introduction de l'éditeur » à Hua. VIII.

lienne suivi dans ces *Leçons* qui, à cet égard notamment, se montre particulièrement ardu et fragmenté.

1. La question de savoir en quel sens on doit parler ici d'« expérience » est abordée par Husserl dès la fin des « Premières méditations » (Section I), puis notamment dans les deux premiers chapitres de la Section II des *Leçons*[1], où un tel concept d'expérience est distingué de son homologue ordinaire et habituel. Conformément à ce dernier, par « expérience » on entend toujours l'expérience de l'étant dans le monde, ainsi que du monde lui-même comme totalité des objets d'expérience. Cette expérience, cependant, ne peut pas se mesurer à l'apodicticité. Elle est toujours présomptive, susceptible de corrections en cours de route ; elle démasque et renie comme apparence ce qui avait préalablement fait l'objet d'une expérience présomptive ; aucune certitude apodictique ne garantit qu'en tant qu'expérience du monde elle se poursuit sans interruption, et qu'au lieu d'une telle progression continue, l'expérience continue de conscience, avec ses présomptions, corrections et négations, ne se disperse en un « "chaos" (*Gewühl*) de sensations »[2]. Si une telle expérience s'appuie sur la « thèse générale de l'attitude naturelle »[3], c'est-à-dire sur la croyance en l'être constant du monde de l'expérience, cette forme de croyance, de par sa nature, n'est pas susceptible de produire une justification et une fondation apodictique. La croyance selon laquelle le monde de l'expérience *est*, n'abrite en soi aucune certitude apodictique qui puisse servir de point de départ d'une voie de fondation absolue. L'expérience du monde n'est pas le sol recherché de l'expérience absolue. C'est pourquoi la croyance en l'être du monde ne peut pas être retenue, elle doit plutôt être incluse dans le renversement absolu de toutes les convictions jusque-là tenues pour vraies[4]. Son être véritable n'est rien d'autre que l'idée d'un flux de la perception, harmonieux, s'écoulant toujours sans se dissoudre[5]. Contingent, l'être du monde ne peut pas être fondé quant à sa nécessité. La croyance au monde est ainsi le « préjugé universel de la positivité »[6] et « monde » n'est rien d'autre que le nom d'une telle facticité, dont le questionnement appartient moins à la science qui commence en mode absolu qu'à la métaphysique.

1. Hua. VIII, p. 37-64, trad. fr. p. 50-88.
2. *Ibid.*, p. 49, trad. fr. p. 67.
3. Hua. III/1, p. 62, trad. fr. p. 94.
4. Hua. VIII, p. 68, trad. fr. p. 94-95.
5. *Ibid.*, p. 52, trad. fr. p. 72.
6. *Ibid.*, p. 461.

Dès lors, comment est faite une expérience conforme à l'exigence d'absolu? Il ne peut s'agir que de l'expérience de soi réflexive du « Je suis ». La proposition « Je suis » est « le véritable principe de tous les principes »[1]. C'est pourquoi cette « première » voie vers la dimension recherchée de l'expérience absolue passe, comme le dit le titre de la Section II, par une *Critique de l'expérience mondaine*. Elle désigne la tentative de repenser la problématique cartésienne en faisant l'économie des substructions métaphysiques de Descartes. C'est pourquoi d'ailleurs on l'appelle aussi « la voie cartésienne ».

177 | 2. Comment peut-on déterminer plus précisément le sujet de cette expérience? Il ne s'agit pas d'un moi quelconque, tel celui qui est propre à tout sujet pensant, car déjà parler d'autres sujets pensants présuppose cet être du monde, qui, en revanche, doit être inclus dans le renversement absolu. Cela explique d'ailleurs pourquoi la méditation de la philosophie première ne peut être formulée qu'à la première personne[2]. Les autres se donnent à moi uniquement en tant que sujets dans le monde, c'est-à-dire donnés en sorte que je perçoive leur corps propre parmi les choses du monde et que j'y « glisse » une conscience. La perception de l'être des autres est une perception par « interprétation »[3], et l'être qui leur revient, en tant que fondé sur la perception de leurs corps propres est aussi peu apodictiquement certain que celui de tout autre être mondain ou du monde lui-même et il doit donc être inclus dans le renversement. La seule sphère apodictiquement certaine de l'expérience est celle de mon « Je suis »[4] pensé en tant que *solus ipse*. La phénoménologie transcendantale ne peut donc commencer qu'en tant qu'égologie : ma propre vie a la qualité de donnée première et originaire[5].

Au sein de la critique de l'expérience mondaine cette critique de l'expérience d'autrui n'est en réalité qu'une simple esquisse. Elle ne sera développée en détail que dans la partie finale des *Leçons*[6], sous forme de regard rétrospectif sur les résultats obtenus[7].

1. *Ibid.*, p. 42, trad. fr. p. 57.
2. *Ibid.*, p. 59.
3. *Ibid.*, p. 63, trad. fr. p. 87.
4. *Ibid.*, p. 66, trad. fr. p. 91.
5. *Ibid.*, p. 174, trad. fr. p. 240.
6. *Ibid.*, p. 174 *sq.*, trad. fr. p. 240 *sq.*
7. Husserl avait déjà brossé un premier tableau de la réduction à la « sphère intersubjective » dans les cours de 1910; dans les *Ideen* il n'en est pas question, alors que le premier traitement complet se trouve dans les *Méditations cartésiennes* de 1930.

Suite à une telle réduction à l'égologie la question se pose cependant de savoir si on n'aboutit pas ainsi à une sorte de circularité gnoséologique. D'une manière très simplifiée, voici comment l'on pourrait comprendre la question[1]. N'ayant pas résisté à la critique de son apodicticité, la validité de l'expérience mondaine a été suspendue[2]. En revanche, le savoir réflexif que j'ai de moi-même et de mon « Je suis », je l'ai obtenu par la seule réflexion sur moi-même, ce moi précisément qui fait l'expérience réelle ou présomptive du monde, preuve que du moins cette certitude est apodictiquement assurée. Cependant si j'ai pu accéder à une telle certitude, c'est uniquement par le biais du préalable de l'expérience réelle ou présomptive du monde et des étants mondains. Que par une telle voie je puisse atteindre un sol apodictiquement assuré, n'est-ce pas une « assomption naïve » ? Le monde n'est-il pas ici subrepticement présupposé, ne pouvant revenir sur moi-même et sur ma conscience qu'en tant que je suis un moi dans le monde[3] ?

Le dépassement de cette circularité apparente réussit grâce à la distinction entre deux | significations différentes du registre du « Je » : le **178**
« moi humain » et le « moi transcendantal ».

> Pris dans ma réalité pleinement concrète, je suis un corps animé, une réalité psychophysique appartenant au monde, à l'univers des réalités naturelles. Je suis un *objet* (*Objekt*) parmi d'autres de mon expérience mondaine. Ne dois-je pas *distinguer* de ce moi cet autre moi qui en l'occurrence est le *sujet* de l'expérience, bref distinguer le *moi-sujet* du moi-objet ? Précisons notre pensée : moi qui vis en faisant continuellement l'expérience du monde, je découvre ce monde donné dans sa diversité et son unité et ainsi, en tant que je suis ce sujet qui découvre tout donné, je suis précisément sujet pour tous les objets, pour l'univers entier. Intégré à celui-ci je me découvre aussi donné moi-même, c'est-à-dire moi en tant qu'objet, ce moi humain avec toute sa vie psychique[4].

Il est clair qu'une telle équivocité du registre du moi n'est pas le fruit du hasard mais elle est motivée par le fait que « moi, le sujet de l'expérience, je suis identique au moi objectivé dans l'homme »[5]. Je peux donc, à tout moment « revenir de cette expérience réflexive du moi-sujet à l'expérience

1. *Cf.* Hua. VIII, p. 70 *sq.*, trad. fr. p. 98 *sq.*
2. *Ibid.*, p. 69, trad. fr. p. 95-96.
3. *Ibid.*, p. 70, trad. fr. p. 98.
4. *Ibid.*, p. 71, trad. fr. p. 100.
5. *Ibid.*

mondaine objective du moi-homme »[1]. Dans la mesure où j'exige à l'égard d'un tel Je-sujet un niveau de certitude plus élevé, et même apodictique, cela prouve que je n'ai subrepticement présupposé d'aucune façon l'être du monde, et donc je ne suis pas tombé dans aucune circularité. Au contraire, « si le monde créé, le monde objectif de mon expérience est anéanti, je n'en suis pas pour autant anéanti moi-même, moi, le moi pur l'accomplissant, pas plus que n'est anéantie cette expérience elle-même »[2]. « La contingence dont est frappée la connaissance du monde en raison de l'essence de mon expérience mondaine, et tout ce qui résulte de cette contingence n'affecte pas mon moi dans sa pureté ni ma vie égologique dans sa pureté »[3]. La critique de l'expérience mondaine a ainsi la fonction de « mettre en lumière au moyen de ses résultats la subjectivité transcendantale, qui m'était cachée auparavant, ainsi que sa vie transcendantale (…) comme une sphère d'être pure séparable du monde et qui pourtant n'en est pas séparée au sens naturel du mot, comme s'il s'agissait de sphères d'être existant à part l'une de l'autre – ou même seulement pouvant éventuellement exister ainsi – et existant l'une à part de l'autre en quelque sens que ce soit. L'être transcendantal est en soi parfaitement clos sur lui-même, et néanmoins, conformément au sens propre de l'expérience mondaine, donc d'une fonction s'accomplissant dans le moi transcendantal, il peut être appréhendé par l'expérience comme animant un corps vivant »[4]. Cette méthode conduit donc « à la connaissance du fait que dans ma réalité ultime et véritable je vis une vie absolument close qui m'est propre, une vie s'accomplissant dans une constante opération d'objectivation ; c'est une vie qui en même temps que des expériences forme en soi un monde objectif comme son phénomène, autrement dit comme phénomène donné à cette subjectivité première »[5].

C'est ainsi que l'on détermine préalablement le sujet recherché de l'expérience absolue et que l'on avance dans la compréhension évidente du caractère tout à fait spécifique de cette expérience : une expérience réflexive qui cependant, en tant que telle, est foncièrement différente de
179 l'« expérience | intérieure » de la tradition. Celle-ci aurait en effet, comme le souligne Husserl à plusieurs reprises, identifié le sujet de l'expérience avec le moi humain, le moi de l'homme dans le monde, engendrant ainsi

1. *Ibid.*, p. 72, trad. fr. p. 100.
2. *Ibid.*, p. 73, trad. fr. p. 102.
3. *Ibid.*, p. 74, trad. fr. p. 103-104.
4. *Ibid.*, p. 76 *sq.*, trad. fr. p. 106-107.
5. *Ibid.*, p. 78, trad. fr. p. 109.

toutes les apories gnoséologiques qui dominent la pensée moderne. En revanche cette expérience réflexive de soi du moi transcendantal, du « moi originaire », doit être soigneusement distinguée de l'expérience réflexive psychologique qui, elle, ne perd jamais son caractère d'expérience mondaine[1]. Une telle objection n'a pas comme seule cible un type particulier de théorie et d'analyse psychologique de la conscience, notamment cette psychologie qui s'est consolidée au XIXe siècle et s'est affranchie de la philosophie. Elle s'étend également à l'ensemble de la problématique moderne de la conscience : non seulement à la théorie de l'âme et de la conscience, mais aussi à tous ces questionnements qui portent sur l'essence de l'homme et qui veulent hausser l'homme voire l'« humanité » au rang de principe de fondation ultime[2]. Si on la comprend adéquatement, elle vise l'ensemble de ce mouvement anthropologiste qui commence avec Feuerbach et qui est largement dominant encore à la fin de l'époque moderne et qui pendant longtemps n'a pas été pleinement reconnu. Même Kant ne serait pas arrivé à se débarrasser d'un tel « anthropologisme »[3], sa philosophie transcendantale n'étant rien d'autre qu'une psychologie transcendantale[4]. En revanche, Husserl n'accorde aucun traitement aux différences, à première vue négligeables, propres aux systèmes de l'idéalisme allemand[5]. Quoi qu'il en soit, ces remarques montrent clairement que la différence entre réflexion et analyse de la conscience de type psychologique et de type phénoménologique (considérée par plusieurs phénoménologues comme étrange et même inutile), joue un rôle tout à fait central pour la compréhension de la phénoménologie husserlienne. Ce qui explique d'ailleurs pourquoi Husserl ne cesse pas de lui consacrer de grands efforts, et cela même dans les années suivant ces *Leçons*.

Il faudrait rappeler d'abord que les difficultés d'une telle différenciation apparaissent déjà dans le fait, constamment souligné par Husserl, que l'analyse et la description purement psychologiques – pourvu qu'elles ne postulent aucune théorie des connexions psychophysiques, en se

1. *Ibidem*, p. 79, trad. fr. p. 110-111.

2. Cfr. La Postface aux *Ideen* in Hua. V. *Ideen zur einer reinen Phänomenologie und phänomenologischen Philosophie*. Drittes Buch : *Die Phänomenologie und die Fundamente der Wissenschaften*, éd. par M. Biemel, Den Haag, Nijhoff, 1971, p. 140 (*Idées directrices pour une phénoménologie et une philosophie phénoménologique pures*. 3e tome. *La phénoménologie et les fondements des sciences*, suivi de Postface à mes *Idées directrices pour une phénoménologie pure*, trad. fr. par D. Tiffeneau, Paris, P.U.F., 1993, p. 181-182).

3. *Cf.* Hua. VII, p. 354 *sq.*, 357 *sq.*

4. *Ibidem*, p. 401.

5. *Cf.* Heinrich, *op. cit.*, p. 17.

limitant au donné de conscience tel qu'il est effectivement vécu – lors de l'analyse des différentes modalités spécifiques de la conscience ou des différents types d'actes, doivent conduire aux mêmes résultats que l'analyse phénoménologique. Il en découle que les analyses psychologiques peuvent, par un simple « changement de signe » (*Vorzeichenänderung*),
180 être « lues » phénoménologiquement. | Un tel rapport avait déjà été remarqué dans les *Ideen I*[1], bien que dans ce texte la différence entre psychologie et phénoménologie ait été vue[2] comme une différence entre science de faits inductive, d'un côté, et science eidétique de la conscience de l'autre (même si dans les *Ideen III* la possibilité d'une « psychologie rationnelle » correctement interprétée en tant science eidétique du psychique reste ouverte)[3]. Le problème d'une science fondée sur les « expériences absolues » se complique dès lors que la subjectivité phénoménologiquement réduite est présentée comme un champ d'expérience transcendantal et l'eidétique de la conscience caractérisée[4] comme un instrument au service de la science de fait transcendantale. En revanche, dans les *Ideen* la possibilité d'une telle science de l'expérience transcendantale phénoménologique est explicitement exclue[5]. Cela nous obligera, dorénavant, à ne plus opposer psychologie et phénoménologie simplement sur la base de la distinction entre science inductive et science eidétique. Il faudra plutôt distinguer psychologie et phénoménologie comme sciences de faits et psychologie et phénoménologie comme sciences eidétiques, puis préciser les rapports réciproques propres à ces orientations. Nous ne pouvons pas discuter ici des complications ultérieures engendrées par une telle problématique au sein de la question des voies qui mènent à la phénoménologie[6].

Cela nous permet en revanche de toucher du doigt un problème qui concerne aussi la plupart des projets contemporains d'anthropologie philosophique. Dans leurs affirmations sur l'homme, sa différence avec l'animal, son domaine de l'intériorité et la genèse de celui-ci etc., de tels projets avancent des prétentions de validité universelle, alors que, d'un autre côté, ils fondent, et à bon droit, leurs affirmations sur les résultats de la recherche empirique, en partie expérimentale. Dans la mesure où cette validité universelle n'est pas fondée par la référence métaphysique à une

1. Hua. III/1, p. 175, trad. fr. p. 292-293.
2. *Ibid.*, p. 193 *sq.*, 220 *sq.*, trad. fr. p. 322 *sq.* et 363 *sq.*.
3. Hua. V, p. 73 *sq.*, trad. fr. p. 86 *sq.*
4. Hua. VII, p. 258, trad. fr. p. 326-327.
5. Hua. III/1, p. 149 note, trad. fr. p. 254.
6. *Cf.* les appendices de Hua. VII, p. 443 *sq.*

théorie des valeurs et donc à un domaine objectif des valeurs, son caractère demeure en suspens : on ne sait pas s'il s'agit d'une généralité empirique ou présomptive ou d'une universalité inconditionnée, donc a priori. Cela apparaît clairement d'une façon exemplaire dans l'anthropologie de Gehlen avec sa masse imposante de matériaux d'une grande importance. Mais il n'y a que la compréhension de la dimension de la fondation dernière en tant qu'« expérience absolue », qui est à même de lever, par un dépassement de l'alternative entre « empirique » et « a priori », une telle difficulté.

| L'ÉTENDUE DU CHAMP DE L'EXPÉRIENCE TRANSCENDANTALE 181
LA CONSCIENCE D'HORIZON ET SA SIGNIFICATION

Dans le cadre du développement de la « première voie » qui mène à la subjectivité transcendantale que nous venons de discuter, la différence entre subjectivité transcendantale et psychologique est juste effleurée, pas encore traitée en détail. Pour cela, il faut d'une part établir une distinction plus précise entre description phénoménologique et psychologique, et de l'autre, élaborer une théorie de la réflexion. Avant d'y venir, cependant, Husserl enchaîne avec une réflexion[1] qui devrait offrir un « aperçu général » du domaine de l'expérience transcendantale. Il s'agit du noyau central de ces leçons, désigné rétrospectivement[2] sous le titre de phénoménologie de la réduction phénoménologique. Les deux autres problèmes y sont incidemment traités : le traitement de la différence entre analyse psychologique et phénoménologique (lors d'un résumé rétrospectif et programmatique de la démarche d'ensemble du cours[3]) et la théorie de la réflexion phénoménologique (dans un chapitre[4] qualifié plus tard par Husserl d'excursus).

Avant d'aborder ces deux problèmes il faudrait cependant évoquer la suite des réflexions de ces cours, telle qu'elle est exposée dans l'« aperçu général » du domaine de l'expérience transcendantale. Les analyses qui y sont menées concernent ce que nous avons appelé la troisième question : dans quelle mesure la sphère absolue d'être du Je suis peut-elle être considérée comme un champ clos d'expérience transcendantale ? La première voie qui mène à la phénoménologie, la voie « cartésienne », ne suffit pas à y répondre. Elle se limite à pointer, d'une façon encore tout à fait vide, vers la

1. *Ibid.*, p. 81-163, trad. fr. p. 117-182.
2. *Ibid.*, p. 164, trad. fr. p. 225.
3. *Ibid.*, p. 120-130, 139-146, trad. fr. p. 168-182, 194-202.
4. *Ibid.*, p. 87-111, trad. fr. p. 123-157.

dimension recherchée d'une fondation absolue[1], en faisant retour, à travers la critique de l'expérience mondaine et le renversement de la croyance en l'être du monde, à l'inébranlable évidence du Je suis. Mais d'une telle manière rien ne permet d'apercevoir ce qui est complètement renversé dans ce renversement et ce qui résiste dans cette évidence. Autrement dit, comment cette certitude instantanée et ponctuelle que j'ai de moi-même en tant que Je inébranlable, implique-t-elle déjà en soi d'autres évidences, assurées de la même manière, dont l'ensemble constitue un « champ d'expérience transcendantal » ?

Au début cette partie est présentée comme une réflexion dont le but est d'« examiner de plus près la subjectivité transcendantale ». Ce n'est que rétrospectivement qu'elle sera désignée comme la nouvelle « deuxième
182 voie » qui mène à la phénoménologie, | voie qui exemplifie l'accomplissement de la réduction sur des actes singuliers et montre comment, à partir de ceux-ci, il est possible de dégager le champ de la pleine expérience transcendantale, en faisant l'économie de la « voie cartésienne » de la suspension préalable de la foi mondaine[2]. C'est également d'un point de vue rétrospectif seulement que l'exemple des différentes espèces d'actes ainsi analysées n'apparaît pas choisi au hasard. Car c'est plutôt à partir de tels actes qu'il est possible de montrer comment l'ensemble du champ de l'expérience transcendantale est d'ores et déjà implicite dans chaque « Je suis » actuel en tant que « moi qui réalise au fur et à mesure cet acte-ci ou cet acte-là ». Ces actes constituent la voie qui permet à ce texte de développer une théorie des implications intentionnelles[3].

L'importance d'une telle théorie est tout à fait cruciale, non seulement parce qu'elle seule permet de comprendre clairement le concept de monde au sens husserlien, mais aussi parce qu'elle montre que la subjectivité transcendantale comme lieu de la fondation ultime ne s'épuise pas dans l'« être toujours en acte » (*Aktuosität*) de la conscience[4] et qu'il est faux de croire que tout « sens » et toute « signification » doivent y être reconduits en tant que simplement constitués par elle. Ce malentendu découle plutôt d'une ambiguïté, négligée par Husserl, des concepts de constitution et d'opération constitutive. Si une telle ambiguïté était finalement reconnue,

1. *Cf.* également les observations issues de l'examen rétrospectif de Hua. VI, p. 157 *sq.*, trad. fr. p. 175 *sq.*
2. Hua. VIII, p. 127, trad. fr. p. 177.
3. *Ibid.*, p. 153, trad. fr. p. 212.
4. *Cf.* Heinrich, *op. cit.*, p. 20

cela aurait des conséquences pour le problème de la « validité » des relations logiques, dont l'analyse nous entraînerait trop loin.

La signification systématique de cette partie réside donc en ceci : l'on affirme tout d'abord que suite à la réduction à l'évidence « apodictique » du Je suis par la critique de l'expérience mondaine, ce qui persiste n'est pas seulement une conscience vide et ponctuelle, mais la conscience du fait que « je suis et [que] je suis en train de vivre cette expérience-ci du monde »[1]. Il faut donc montrer que l'acte incessant du faire expérience – qui, en tant qu'expérience de ce qui est dans le monde, est en dernier ressort un acte de perception – n'inclut pas seulement ce que je perçois à chaque fois ici ou là-bas et maintenant; que cette perception actuelle en tant que présentation d'un étant, cet « être là en personne » dans sa donation sensible, implique d'ores et déjà l'expérience du monde. La perception actuelle se donne donc à la conscience comme un élément du flux de l'expérience perceptive. Elle est à la fois conscience « du tout juste perçu » et attente de « ce qui va tout juste arriver », conformément à la structure présentée pour la première fois dans les *Leçons sur la conscience du temps*[2].

Dès lors il apparaît clairement que le domaine des synthèses dans la conscience s'étend bien au-delà de ce que la tradition avait pu y voir et ne se limite nullement à l'enchaînement | de la suite des actes dans le flux de 183
conscience. Cela nous permet déjà de saisir la différence décisive entre Husserl et Kant, dont la discussion relèverait plutôt d'un travail à part entière. Qu'il nous suffise ici de remarquer que Husserl, par de telles analyses, réussit à accéder à une dimension de la conscience qui lui permet de répondre à des questions dont Kant disait « quant au comment, nous ne pouvons pas plus l'expliquer ici que nous ne pouvons expliquer comment nous concevons en général ce qui subsiste dans le temps et dont la simultanéité avec ce qui change produit le concept de changement »[3].

1. Landgrebe renvoie pour cette citation à Hua. VII, p. 81 mais l'indication est manifestement incorrecte, puisqu'à l'endroit correspondant Husserl traite de l'empirisme de Locke et de ses impasses, qui plus est d'un point de vue plutôt historique. En revanche, le thème de la *Werlterfahrung* est abordé en détail dans Hua. VIII, au niveau de la troisième section. N'ayant pas su repérer le passage exact, nous avons choisi de traduire directement du texte allemand cité par l'auteur (N.d.T.).

2. *Cf.* Hua. X. *Zur Phänomenologie des inneren Zeitbewußtseins* (1893-1917), éd. par R. Boehm, Den Haag, Nijhoff, 1969 (*Leçons pour une phénoménologie de la conscience intime du temps*, trad. fr. par H. Dussort, Paris, P.U.F., 1964) qui contient les cours tenus par Husserl en 1904-1905.

3. Kant, *Critique de la raison pure*, *Introduction* (sic), Note, B XLI (trad. fr. Tremesaygues-Pacaud, p. 29).

La conscience actuelle, dont la fonction est la « présentation », implique déjà en elle-même une dimension de « re-présentation » qui, de son côté, peut à tout moment être reconduite à un acte actuel du souvenir ou de la représentation de l'attente. C'est ainsi que dans chaque *ego cogito* actuel j'ai déjà « conscience (…) de mon être transcendantal ou de ma vie transcendantale dans le *passé* et à l'*avenir* »[1]. Un tel « savoir » est d'ores et déjà co-donné à l'intérieur de la conscience présentationnelle, car le fait du souvenir présumé ou du pouvoir-de-se-souvenir, appartient à son fonds de propriétés essentielles, étant réduit à une simple visée par la mise entre parenthèses de sa prétention de validité et phénoménologiquement assuré. Il est le présupposé pour que l'on puisse tout simplement se demander si et dans quelle mesure le souvenir est trompeur et peut être corrigé. C'est grâce à ces modes de re-présentation que l'évidence du Je suis n'est pas limitée à la conscience ponctuelle présentifiant maintenant (*das punktuelle jetzt gegenwärtigende Bewußtsein*), mais comprend d'ores et déjà la conscience d'un tissu d'expérience qui s'étale dans le passé et dans l'avenir. À l'intérieur d'un tel étalement, le Je suis est ainsi une conscience faisant l'expérience immanente d'un monde supposé réel.

Mais la conscience n'est pas limitée à ces actes qui visent le réel selon la modalité de la perception avec les souvenirs et les attentes qui s'y rattachent. Ceux-ci sont des actes positionnels, à ne pas confondre avec les actes quasi-positionnels[2] de l'imagination ou avec ceux de l'anticipation et éventuellement avec la représentation d'une possibilité à partir d'une perception réelle. La conscience n'est pas seulement conscience du réel dans le monde de l'existant, elle est également conscience d'objets idéaux et de relations logiques, mathématiques etc., bien que toujours saisis sur fond de conscience du monde. Car même l'ensemble des mondes idéaux de la science, de l'art etc. ainsi que leurs productions, appartient toujours à notre monde. Si maintenant l'on réfléchit au fait qu'ici la conscience ne porte pas seulement sur le factuel mais aussi sur de pures possibilités ; que la vision des essences se fait par une libre variation à partir de ce qui est réellement donné par l'expérience présente ; que c'est à la lumière d'une telle universalité, qui, en un sens, fait toujours déjà l'objet d'une certaine précompréhension ; que l'étant est toujours déjà saisi en tant qu'étant « un
184 homme », « un animal » etc. – dès lors, l'importance | d'une telle analyse des actes de re-présentation apparaît clairement, tout comme le rôle joué par la re-présentation et l'imagination dans la constitution de la réalité

1. Hua. VIII, p. 84, trad. fr. p. 120.
2. *Ibid.*, p. 115, trad. fr. p. 162.

mondaine. Déjà constamment impliqués par la conscience actuelle, à titre de conscience d'arrière-plan du « si je poursuit comme ceci ou comme cela dans l'expérience… », ces actes font que toute conscience du Je suis qui fait expérience implique constamment la conscience du «ceci est mon monde». Mais il y a plus important encore, car à ce flux de mon expérience appartient également l'expérience d'autrui qui, selon l'exposé qu'en donne Husserl, ne relève pas de la présentation. Il n'y a que les corps des autres qui sont actuellement présentés par la perception, faisant signe à l'intérieur d'eux-mêmes vers une conscience qui est «comme la mienne», qui, comme moi, vise le même monde et en fait l'expérience. Un tel savoir d'autrui découle de l'opération tout à fait spécifique d'un groupe d'actes qui ne rendent pas la chose présente mais la re-présentent, par lesquels le monde dont je fais l'expérience ne vaut pas seulement comme le mien mais aussi en tant que monde commun. L'expérience du monde implique aussi l'expérience de l'humanité en tant que communauté globale d'actions personnelles (*umfassender personaler Wirkungsgemeinschaft*)[1].

Le résultat de cet «aperçu général» du champ de l'expérience transcendantale est ainsi d'avoir montré qu'il s'agit effectivement d'un champ, dont le corrélat est le monde visé. Il est tout aussi clair que l'analyse réductive d'une conscience d'acte singulière ne peut pas s'arrêter à celle-ci mais doit conduire à cette conscience d'horizon toujours déjà impliquée par chaque conscience d'acte. Si l'on veut effectivement accomplir la réduction phénoménologique qui suspend la validité de toute objectivité présupposée, cette réduction ne peut pas se limiter aux actes particuliers, mais doit comprendre aussi la conscience d'horizon impliquée par toute conscience d'acte, et qui en dernière instance est conscience du monde en tant qu'horizon global. La réduction doit ainsi neutraliser cette validité d'être du monde qui est cachée, impliquée dans chaque acte particulier[2]. C'est pourquoi l'analyse de la conscience propre aux types d'actes particuliers exige une analyse de la conscience d'horizon[3]. C'est par une telle analyse que s'achève cette partie, qualifiée par Husserl dans un premier temps d'« aperçu général », qui a finalement rendu accessible, pour la première fois, le domaine de l'expérience transcendantale dans toute son étendue[4]. Il apparaît ainsi que même la tentative d'accomplir la réduction tout d'abord sur des actes singuliers – tentative qui avait inauguré cette

1. *Ibid.*, p. 127, trad. fr. p. 177.
2. *Ibid.*, p. 153, trad. fr. p. 212-213.
3. *Ibid.*, p. 146-164, trad. fr. p. 203-226.
4. *Ibid.*, p. 146, trad. fr. p. 203.

partie – ne peut pas être envisagée comme une voie qui mène au champ de l'expérience transcendantale, tant qu'on n'a pas suspendu la validité du caractère positionnel de tout ce qui, à chaque fois, est posé en tant qu'étant, et « mis entre parenthèses » son horizon commun, c'est-à-dire à l'être du monde. Une fois parcourue jusqu'au bout, cette voie mène au même résultat que la première, à la différence près qu'elle permet de répondre à des questions que celle-ci laissait sans réponse.

Or, dans le texte, la démarche argumentative ne suit pas vraiment ce
185 parcours linéaire. | La nécessité de mettre entre parenthèses les horizons, afin de passer de l'acte singulier au champ de l'expérience transcendantale, n'apparaît qu'après-coup, comme une conséquence de ce passage. Elle est d'abord motivée par la remarque – d'ailleurs retirée par la suite – selon laquelle la réduction tentée sur les actes singuliers, avec leurs positions d'être et leurs corrélats, ne serait au fond qu'une simple réduction psychologique, puis par la question de la distinction entre celle-ci et une réduction phénoménologique-transcendantale[1]. Nous ne pouvons pas nous y arrêter.

Cette analyse de la conscience d'horizon et le fait d'avoir clairement compris la nécessité d'inclure celle-ci, avec toute sa richesse, dans le renversement opéré par la réduction – ce que Husserl considère comme l'une des découvertes majeures de ces leçons –, voilà qui est significatif à bien des égards. On est alors fondé à dire que ce dont nous faisons effectivement l'expérience, c'est le monde lui-même et non simplement les étants dans le monde. Evidemment, le monde ne fait pas et ne peut faire l'objet d'une expérience en tant qu'objet parmi les autres, ni comme totalité des objets d'expérience, réels ou possibles, car ainsi il ne serait qu'une « idée ». Mais le monde est toujours déjà expérimenté dans la croyance de son être en tant qu'horizon incontesté de l'« et ainsi de suite » (*Undsoweiter*) propre à notre expérience. La conscience n'est pas seulement conscience de cet étant-ci ou de cet étant-là dans le monde, mais grâce à l'horizon propre à cette actualité qui est la sienne, elle est toujours aussi conscience du monde. Cette théorie de l'horizon global impliqué par chaque conscience actuelle singulière, qu'il s'agisse d'une conscience d'acte ou d'état, permet de franchir un pas décisif hors de toute la tradition de la théorie moderne de la conscience, qui permet de comprendre celle-ci avec les limites de sa problématique et avec les apories qui en découlent.

Il en découle, notamment pour une évaluation correcte des rapports entre la phénoménologie et la philosophie transcendantale kantienne, que

1. *Ibid.*, p. 142, trad. fr. p. 198.

l'expérience n'est pas seulement l'aperception « discursive », qui traverse chaque cas singulier et l'unifie, n'atteignant la totalité de l'expérience que comme concept limite de la raison. Le fait de l'expérience (*das Erfahren*) précède toute dimension discursive propre à l'expérience singulière (*der Einzelerfahrung*). Il est déjà pleinement là au niveau de l'horizon du monde, qui, en tant que potentialité (*Potenzialität*) du « pouvoir toujours avancer » et du « pouvoir toujours revenir en arrière » par le souvenir du passé, ne se limite pas seulement à accompagner la conscience d'acte mais, plutôt, la dirige. Nous ne pouvons pas nous consacrer ici à une analyse plus détaillée de la conscience d'horizon. Cet horizon est conçu en tant qu'ouvert dans une ouverture indéterminée « sans véritables frontières et néanmoins délimité, qui plus est délimité d'une manière variable »[1]. Une ouverture donc qui, en raison de sa possession immédiate du monde, ne peut être caractérisée ni comme conscience d'ouverture finie ni comme conscience d'ouverture infinie. C'est pourquoi un tel concept de monde en tant qu'horizon ouvert | ne tombe pas sous les coups de l'antinomie des 186
concepts du « fini » et de l'« infini » formés à partir de la réflexion.

D'un autre côté, avec cette découverte on tient un motif qui sera décisif pour le développement ultérieur de la pensée de Husserl dans ses derniers travaux. Même si dans les cours de 1923-24 la théorie des implications est d'abord développée par rapport à la conscience de perception ainsi qu'à la conscience de re-présentation qu'elle implique par essence, il est néanmoins déjà possible d'y entrevoir l'idée que l'horizon du monde n'est pas simplement l'horizon de ce qui est actuellement perçu et percevable. En tant qu'horizon d'un monde commun il implique aussi toutes les opinions et les « préjugés », les schémas d'appréhension et de prescription, qui renvoient à son devenir historique partagé, et notamment au devenir de ces questionnements et problématiques scientifiques, qui sont si déterminants au sein de ce monde même, et qui appartiennent à son horizon, et par lesquels le monde est toujours déjà compris sous une lumière déterminée. Cette vision motive ainsi un double questionnement, que Husserl prendra en charge seulement dans ses derniers ouvrages[2] : d'un côté, il faudra revenir de l'horizon d'un monde déjà scientifiquement interprété aux conditions de sa formation à partir de l'échange pré- et extra-scientifique de la subjectivité avec son monde (autrement dit : le retour au « monde de la

1. *Ibid.*, p. 467.

2. Sur l'interprétation de l'œuvre du dernier Husserl *cf.* A. Gurwitsch, « The Last Work of E. Husserl », *Philosophical and phenomenological Research*, 1956, p. 380 *sq*.

vie»); d'un autre côté, cela conduit au problème des conditions de ce devenir en tant que devenir historique.

Si l'horizon est donc un horizon d'expérience absolue et en tant que tel est l'horizon de ce moi qui est toujours le mien, l'analyse de la conscience d'horizon ne peut pas se limiter à révéler les structures générales d'horizon dans leur rôle fondamental pour la constitution du monde qui se joue à tous les niveaux, du monde pré-scientifique jusqu'au monde scientifiquement interprété. L'analyse doit plutôt se radicaliser en prenant la forme d'un questionnement portant sur cet Ego historique déterminé dans sa provenance historique déterminée, un questionnement de l'horizon historique de ce «Je suis» qui peut se fixer le but d'une telle fondation et légitimation apodictique : l'horizon de la science, de la philosophie et de la certitude du monde occidentales. Il s'agit, certes, de perspectives qui ne seront élaborées par Husserl qu'à la fin de sa vie, mais dont il commence seulement à prendre conscience à l'occasion des embarras de la voie empruntée dans ces leçons.

Revenant sur l'itinéraire parcouru jusque-là dans les leçons [1], Husserl déclare que le but d'une fondation apodictique de la subjectivité transcendantale, en tant que champ d'expérience absolue, n'est pas encore atteint si l'on s'arrête à l'exigence de suspendre toute objectivité et d'élargir la réduction à ces opinions et convictions objectivantes cachées, qui opèrent
187 encore dans l'ombre, seulement à titre d'horizon. | Au contraire, la tâche d'une critique apodictique de l'expérience transcendantale reste à accomplir. En réalité, Husserl n'a jamais réalisé une telle critique, et cela pour une raison très simple : parce que, au sens traditionnel, en tant que fondation d'un commencement assurée une fois pour toutes, elle n'est pas réalisable. Ce n'est que dans le cadre des travaux qui gravitent autour de la *Krisis* que Husserl parviendra à le comprendre pleinement. Dans une réflexion cruciale de 1935 l'on peut lire : «*La philosophie comme science*, comme science sérieuse, rigoureuse, et même apodictiquement rigoureuse : *ce rêve est fini*» [2]. Ces mots se trouvent dans un texte qui pose la question «*quel* est ici le besoin de l'histoire» pour la réflexion philosophique radicale? Il est clair que l'abandon de l'idée directrice d'une science apodictique va de pair avec une réorientation décisive vers la fondation historique et philosophico-historique de la voie de la réflexion. Ce n'est pas une rupture par rapport aux positions précédentes de Husserl, mais la conséquence du programme d'une fondation ultime de la vérité philosophique sur la base

1. Hua. VIII, p. 169, trad. fr. p. 234-235.
2. Hua. VI, p. 508, trad. fr. p. 563.

d'une « expérience absolue ». C'est seulement grâce à l'analyse de la conscience d'horizon, qui en tant que conscience du monde appartient inséparablement à toute conscience d'acte ponctuellement réalisée, puis à la décision d'étendre à celle-ci le « renversement », la « mise entre parenthèses » de la réduction, que s'est ouverte la voie qui mène à de telles conséquences. Car le renversement de toutes les convictions qui vont de soi, actives depuis l'horizon et préalablement acceptées sans question, devrait également aller jusqu'à remettre en cause et justifier le « cela va de soi » lié à cette conviction qu'il serait nécessaire de commencer par l'évidence du Je suis. Mais cela est tout à fait impossible, du moins tant que l'on fait appel à une essence universelle de la conscience avec ses opérations intentionnelles et sa constitution du monde. Car cette voie devint pour Husserl impraticable dès lors que l'on avait accordé le rôle éminent à cette exigence de fonder toute légitimation et toute responsabilité sur l'expérience absolue et le sujet de l'expérience absolue. C'est pourquoi d'ailleurs l'essai de fondation entamé dans la *Krisis* procède d'une manière différente, c'est-à-dire par la réflexion régressive sur la préhistoire de cette exigence propre à la science et à la philosophie européennes, réflexion qui vise à montrer comment celle-ci constitue le *télos* d'une telle histoire[1]. Nous sommes ainsi à même d'affirmer que la fondation philosophico-historique de la phénoménologie dans la *Krisis* comble un vide encore présent dans ces leçons, vide creusé par l'impossibilité de satisfaire à l'exigence d'une critique apodictique. Mais le fait de combler un tel vide n'est pas occasionné par un nouveau tournant, il s'agit plutôt de l'effet du retour de Husserl « à l'expérience absolue ». | Il n'est donc guère exagéré 188
d'affirmer que ce retour, tel qu'il se produit pour la première fois dans *Philosophie première*, a pour résultat de faire voler en éclats la scène sur laquelle s'est produite la pensée métaphysique traditionnelle, notamment dans sa forme moderne cartésienne. Husserl lui-même n'a sans doute pas entièrement compris la portée d'une telle rupture avec la tradition. Celle-ci se fait, pour ainsi dire, derrière son dos, au fil des tentatives inlassables entamées à partir de *Philosophie première* en vue d'une fondation de la phénoménologie.

Afin de mieux comprendre la signification de cette évolution de la pensée de Husserl et les conséquences qu'elle implique, une remarque s'impose. Il est clair que cette fondation historique ne peut plus être apodictique au sens traditionnel du terme – autrement dit : elle ne peut plus

1. Voir aussi S. Strasser, « Das Gottesproblem in der Spätphilosophie Edmund Husserls », *Philosophisches Jahrbuch*, 67, 1957, p. 130 *sq*.

découler de vérités éternelles et de nécessités rationnelles. Il s'agira plutôt d'une fondation qui se fait à partir d'un fait (*Faktum*) historique et de la « décision » du philosophe prêt à dire oui aux possibilités qui lui sont offertes par ce fait, et à les saisir. Même si Husserl ne le dit pas expressément, vouloir comprendre sa fondation historico-téléologique comme si c'était une thèse « dogmatique », de nature théorique, portant sur le sens de l'histoire, veut dire en manquer complètement le sens. Il s'agit plutôt d'un principe « régulateur » déterminant l'action et le comportement humains. La décision pour la réduction en tant que décision du « philosophe qui commence » n'est en effet qu'un acte volontaire, et en ce sens elle implique « une conversion personnelle complète ». La téléologie de l'histoire ne se dévoile qu'à partir du moment où elle est reçue par la volonté de celui qui réfléchit, qui par conséquent prend en charge ce fait qui est fondamental pour sa propre existence. Certes, en ce sens la téléologie est une idée, néanmoins il ne s'agit pas d'une idée à contempler dans un domaine absolu, mais d'une tâche, fixée à partir d'une situation historique personnelle et saisie dans la décision, en sorte que la décision de sa prise en charge comme quelque chose de donné perde toute trace d'arbitraire. Il en découle ainsi que « l'expérience absolue » sur laquelle fonder la responsabilité et la légitimation de la vie, est une expérience historique. Son caractère absolu et définitif ne repose pas sur la connaissance d'une vérité existant en soi, ni sur la saisie et la maîtrise totale d'une « vérité éternelle ». Elle est absolue car elle se tient face à une facticité insurmontable que l'on ne peut qu'accepter. La fondation est définitive car la décision de prendre en charge le « il doit en être ainsi » (*so soll es sein*) implique une coupure nette avec toute considération ultérieure. Voici le seul sens possible d'une fondation apodictique, après que l'idéal de son apodicticité s'est montré inaccessible.

S'il est vrai, et Husserl y revient à plusieurs reprises, que l'empirisme et le positivisme avec leurs conséquences sceptiques, accompagnent constamment la métaphysique, cela dépend du fait qu'il est impossible d'emprunter ce tournant – qui seul aurait permis de reconnaître la légitimité encore cachée des requêtes qu'ils essayaient d'avancer – sur le terrain qui
189 est le leur. | Si la phénoménologie peut avoir un sens légitime en tant que « positivisme transcendantal »[1], c'est dans un tel contexte qu'il faut le chercher.

L'on pourrait objecter qu'une telle interprétation aux conséquences extrêmes, fait violence à l'œuvre de Husserl. Néanmoins, force est de

1. *Cf.* W. Szilasi, *Einführung in die Phänomenologie Edmund Husserls*, Tübingen, Mohr, 1959, p. 116 *sq*.

constater qu'il s'agit de la seule interprétation qui permet de comprendre la continuité et la logique interne du développement de la pensée husserlienne depuis les *Ideen* en passant par *Philosophie première* jusqu'à son dernier ouvrage, la *Krisis*. La voie d'une fondation historique de la phénoménologie a sans doute été préparée depuis longtemps par la signification grandissante accordée par Husserl à l'étude de l'histoire de la philosophie. C'est ce qu'il appelait souvent sa « fable » et finalement son « poème d'histoire de la philosophie » [1], et qui permet de reconnaître dans la phénoménologie, confrontée aux tentatives qui l'ont précédée, le « désir secret » de la philosophie européenne. Cette manière de voir n'est pas circonscrite aux leçons ultérieures expressément consacrées à l'histoire de la philosophie, elle est présente aussi dans la partie historique de *Philosophie première* notamment dans le cadre d'une pure histoire de la philosophie. Mais c'est seulement dans la *Krisis*, avec sa généalogie de l'« objectivisme » en tant qu'attitude fondamentale de l'époque moderne, que la fondation de la nécessité de la phénoménologie s'accomplit sous l'angle d'attaque d'une vaste histoire de l'humanité et d'une critique de la culture. La fondation menée du point de vue d'une théorie de la science, que Husserl considère comme centrale dans les *Ideen* et encore dans les années suivant la première guerre mondiale, fait ici, pour la première fois, l'objet d'un traitement systématique au sein du problème du « renouveau de l'humanité européenne ». Dans ce tournant « existentiel » la confrontation avec *Être et temps* de Heidegger a certainement dû jouer un rôle, mais il serait vain d'essayer de l'expliquer uniquement à partir de là. La question avait déjà été traitée bien avant, quoique d'une façon très générale, dans les textes que nous venons d'évoquer. Et si finalement Husserl franchit ce dernier pas, cela n'arrive pas comme la simple conséquence d'une réflexion purement théorique. Au fond la problématique de *Philosophie première* se limite seulement à en signaler la possibilité. Cela s'est produit principalement à partir de l'expérience historique des années trente qui, pour ainsi dire, ont montré à Husserl que le terme d'« effondrement » (*Zusammenbruch*) signifie bien plus que la simple crise de fondements des sciences, et doit plutôt être compris sur le fond d'un effondrement historique de l'« humanité européenne ». Quel est le grand penseur qui n'a pas su trouver dans de telles expériences historiques ses élans ultimes les plus secrets ?

| Après cet aperçu des perspectives ouvertes par la découverte de la 190
structure d'horizon de la conscience, revenons au texte des *Leçons*. Le fait que celles-ci aient exhibé la structure d'horizon de la conscience avait servi

1. Hua. VI, p. 513, trad. fr. p. 568.

à montrer que, dans le sol absolu du Je suis obtenu par la réduction, il n'en va pas seulement de l'évidence ponctuelle de l'acte du moi effectué directement mais que l'on atteint aussi un champ d'expérience transcendantale. Ainsi, l'exigence d'élargir la mise entre parenthèses, par la réduction, à la conscience du monde implicite dans l'horizon de chaque acte particulier, ne signifie pas que, après une telle mise entre parenthèses, la seule chose qui persiste est le maintenant ponctuel du Je suis. Le monde qui est co-donné dans la conscience d'horizon continue de subsister à l'intérieur des parenthèses à titre de visée. Ce qui persiste, c'est donc le Je suis avec sa conscience d'un monde visé, c'est le flux de son expérience présomptive du monde – peu importe sa conduite à l'égard de l'être véritable de ce monde visé. L'expérience phénoménologique réflexive se dirige sur un tel flux d'expérience, qui n'est pas simplement une expérience du monde mais une expérience réflexive du « faire expérience du monde » (*Welterfahrens*) : de la constitution dans mes opérations d'expérience (*Erfahrungsleistungen*) d'un monde visé. Voilà ce qui persiste après la réduction, ce qui est absolument donné, et c'est uniquement parce que l'on tient compte de ces opérations que l'on peut prendre la décision et assumer une responsabilité à l'égard du sens, de la possibilité et des limites de toute vérité de l'être susceptible d'être atteinte.

Ainsi comprise, la subjectivité transcendantale obtenue par la réduction, à proprement parler, ne peut plus être considérée comme une subjectivité au sens de la tradition. Elle n'est rien d'autre que l'indissoluble unité du fait de l'expérience du monde et de son corrélat intentionnel c'est-à-dire le monde visé de l'expérience, unité d'où seulement la distinction traditionnelle entre « subjectif » et « objectif », « intérieur » et « extérieur » peut trouver sa raison d'être. Ce qui persiste après la réduction n'est pas la seule certitude de l'acte particulier du moi effectué dans le présent vivant, ce présent de la vie[1] qui ne se donne qu'immédiatement, c'est aussi la certitude de l'horizon commun d'un monde d'ores et déjà co-visé dans toute visée et, en ce sens, de l'« univers monadique (*Alleinheit*) d'un système de vie sans fin »[2]. Cette conscience d'horizon, au départ « conscience vide », peut subir un renversement et devenir une « conscience omni-englobante ».

C'est pourquoi dans la réduction : « embrasser d'un regard ma vie signifie (...) à la fois et corrélativement embrasser d'un regard le monde qui tout en subissant dans son contenu des variations multiples est le monde

1. Hua. VIII, p. 175, trad. fr. p. 241.
2. *Ibid.*, p. 153, trad. fr. p. 203.

constitué et toujours à nouveau reconstitué dans mon intentionnalité, dans les certitudes et probabilités de mes jugements, dans mes positions de valeurs et mes actions »[1]. Naturellement, | « il ne s'agit pas ici sérieusement 191
d'une vision, d'une reproduction effective de la vie passée dans la continuité des remémorations intuitives explicites (...) [ni] de l'évocation figurée explicite des probabilités et possibilités de ma vie future »[2], mais plutôt des structures eidétiques universelles de cette vie opérante, qui forme le monde, et notamment de « la particularité essentielle de ma vie de comporter à chaque phase présente une conscience du lointain (*Fernbewußtsein*) – quoique vide –, une conscience d'horizon, qu'elle engendre sans cesse à nouveau »[3]. C'est ainsi que : « j'atteins dès lors la *vie universelle pure*, et l'univers mondain se transforme en *l'objectivité intentionnelle universelle en tant que telle* »[4]. Ainsi la réduction ouvre « *une nouvelle sphère de l'expérience* »[5].

C'est ainsi que s'achève la partie centrale des leçons. Juste quelques mots encore au sujet de sa conclusion[6]. Celle-ci prend la forme d'un regard rétrospectif sur les résultats acquis et confirme d'abord la nécessité du caractère égologique des considérations qui la précèdent par une analyse ultérieure de la perception d'autrui. L'autre n'est jamais « présent en lui-même » en tant que autre, mais seulement comme cet objet dans le monde qui est indiqué par sa corporéité. Mais ainsi il n'est pas question de donner le dernier mot au solipsisme, car celui-ci n'est qu'un simple passage méthodique. Car même si, afin d'établir la vérité de l'être de tous les étants visés, l'on fait appel au critère de « l'être-là en personne », et si autrui en tant qu'autrui n'est pas conforme à un tel critère, cela témoigne du fait que justement nous sommes ici en présence d'une transcendance véritable, qui se tient à chaque fois en face de la configuration subjective, qui possède une modalité d'attestation propre dans la persistance de l'aperception « autrui » dans le cours de l'expérience[7]. C'est pourquoi, l'« être absolu », c'est-à-dire le sol fondateur de l'expérience absolue, la subjectivité transcendantale, ne s'épuise pas dans la subjectivité qui est toujours la mienne, découverte par la réduction phénoménologique et dans les opérations qui

1. *Ibid.*, p. 157, trad. fr. p. 218.
2. *Ibid.*, p. 155, trad. fr. p. 215-216.
3. *Ibid.*, p. 161, trad. fr. p. 223.
4. *Ibid.*, p. 162, trad. fr. p. 225.
5. *Ibid.*, p. 163, trad. fr. p. 226.
6. *Ibid.*, p. 164 *sq.*, trad. fr. p. 227 *sq.*
7. *Ibid.*, p. 495.

constituent son monde. Il s'agit plutôt de l'univers des sujets transcendantaux : la « totalité égologique transcendantale ».

« Mais l'unique être absolu est l'être-sujet en tant qu'être originairement constitué pour soi-même, et la totalité de l'être absolu est l'être de l'univers des sujets transcendantaux qui se trouvent ensemble en communauté réelle et possible. Ainsi la phénoménologie conduit à la *Monadologie* anticipée par *Leibniz* dans un aperçu génial »[1].

192 ## | Le problème du caractère absolu de la subjectivité transcendantale et de sa fondation par la théorie de la réflexion phénoménologique

Or, si la phénoménologie ne dépasse pas le stade d'une métaphysique spiritualiste ou de l'accomplissement du rationalisme moderne – et cela malgré la critique adressée ailleurs par Husserl au « dogmatisme » de la philosophie leibnizienne[2]– comment peut-on affirmer que c'est dans ces leçons que l'on fait l'expérience de l'échec d'une telle métaphysique? Husserl n'a jamais véritablement abandonné cette thèse de la subjectivité transcendantale comme être absolu, avancée déjà dans les *Ideen* et maintenue encore dans les *Méditations cartésiennes* de 1930. C'était d'ailleurs elle qui, peu après la parution des *Ideen*, avait suscité l'opposition des élèves de Husserl à Göttingen qui se refusaient de le suivre dans un tel tournant « idéaliste ». Même si un tel désaccord était à plusieurs égards motivé par des arguments insuffisants, issus de l'attirail du « réalisme » gnoséologique, il était cependant soutenu par une réticence tout à fait légitime : un tel tournant représente-t-il le dernier mot auquel aboutit le discours phénoménologique ? Un examen critique du bien fondé de cette thèse devra aussi faire ressortir le noyau de légitimité d'une telle réticence. Il faut donc commencer par un examen du contraste entre la démarche argumentative de *Philosophie première*, qui contient ces moments dont les conséquences auraient dû conduire à une mise en question de la thèse de la subjectivité transcendantale en tant qu'être absolu, et le fait que Husserl n'a pas tiré de telles conséquences, d'où le fait que son détachement de la métaphysique n'est pas mené à terme. C'est ici la véritable raison des difficultés qui depuis toujours se dressent devant l'interprétation des textes husserliens : aussi bien le caractère absolu de la subjectivité transcen-

1. *Ibid.*, p. 190, trad. fr. p. 261 ; *cf.* aussi p. 482 *sq.*
2. Hua. VII, p. 336.

dantale que le sens, qui en découle, des concepts « opératoires » fondamentaux employés par Husserl (constitution, opération, vie transcendantale, etc.) sont toujours restés indéterminés au point d'autoriser des interprétations qui s'excluent mutuellement[1]. Une prise de position critique à l'égard de la phénoménologie husserlienne devrait donc faire l'effort de reconnaître les raisons d'un tel manque de clarté, telles qu'elles apparaissent déjà dans le cours de l'analyse de Husserl et dont la reconnaissance n'a pas besoin d'argumentations critiques qui viennent de l'extérieur.

C'est pourquoi il faut d'abord se demander quels sont, à l'intérieur des leçons, les arguments susceptibles de fonder la thèse de l'être absolu comme subjectivité transcendantale. La présentation de la conscience d'horizon | avait permis de comprendre clairement que l'évidence immé- 193
diate du Je suis n'est pas seulement l'évidence de l'acte réalisé à chaque fois et maintenant avec son corrélat intentionnel, mais qu'elle est d'ores et déjà conscience du monde visé qu'elle implique, et que dès lors grâce à la réduction la subjectivité se déploie comme un champ d'expérience phénoménologique. Pour l'instant rien ne suggère qu'un tel champ d'expérience transcendantale soit le champ de l'être absolu. La raison d'être de cette thèse dépend plutôt de la compréhension husserlienne de l'essence et de l'activité de la réflexion phénoménologique. Si l'on arrivait à démontrer qu'une telle compréhension n'est pas à l'abri des critiques, dans sa chute elle emporterait aussi la thèse de la subjectivité transcendantale en tant qu'être absolu. La théorie husserlienne de la réflexion est glissée à l'intérieur de la partie centrale de ces leçons, sous forme d'excursus[2]. Afin d'atteindre le point de départ de nos observations critiques nous allons finalement reprendre l'analyse de cette partie, retardée jusqu'ici dans le but de ne pas interrompre la cohérence de l'argumentation husserlienne. À ce propos nous allons tout d'abord procéder à un court résumé des concepts fondamentaux de cette théorie.

Commençons par une première remarque sur la structure générale de la réflexion de Husserl, à nouveau exposée à partir de l'exemple « simple » de la perception extérieure. Par la perception je me dirige vers quelque chose de perçu. Le moi percevant se trouve ici dans un état d'« oubli de soi », ou plutôt, comme le dit Husserl en précisant le vocabulaire, il est « latent ». Il peut cependant, alors qu'il continue de percevoir, revenir à chaque moment

1. *Cf.* E. Fink, « Operative Begriffe in Husserls Phänomenologie », in *Zeitschrift für Philosophische Forschung*, 1957, p. 321 *sq.*

2. Hua. VIII, p. 87-111, trad. fr. p. 123-157 ; l'analyse sera poursuivie dans l'essai sur Kant de 1924, *cf.* Hua. VII, p. 259 *sq.*, trad. fr. p. 328 *sq.*

sur cet acte de perception qui est le sien dont il a encore conscience par la rétention en tant qu'« étant tout juste perçu ». Il accomplit ainsi un acte de conscience réflexif explicite, « Je perçois », où le moi du percevoir qui auparavant était latent devient patent. La réflexion est ainsi une « *aperception rétentionnelle* » (*Nachgewahren*)[1]. Elle consiste en cela que « le moi réfléchissant est le moi accomplissant un acte qui prend pour objet de l'acte le moi auparavant latent, pour en faire l'objet intentionnel »[2]. Or, à son tour, le moi qui accomplit la réflexion est latent et peut devenir patent grâce à une réflexion de second degré. Ce qui est vraiment essentiel est que le moi de l'accomplissement, celui qui exécute ses actes, soit toujours un moi latent. C'est ainsi qu'à partir de l'exemple du déroulement perceptif, « dans le présent vivant j'ai, *en état de coexistence, le moi dédoublé et l'acte dédoublé du moi*; donc le moi qui continue de contempler maintenant la maison, et le moi qui accomplit cet acte : "Je me rends compte que..." »[3]. Cela n'implique d'ailleurs aucune régression à l'infini, où le moi qui réalise la réflexion, pour ainsi dire, se fuit constamment. Car dans la mesure où un tel « moi, sujet de la réflexion » se sait identique au « moi, objet de la réflexion », il est possible d'en conclure que toute itération possible peut être négligée, car elle ne conduit à rien de nouveau, à rien d'autre qu'à
194 ce même moi | qui est identique à soi et qui est conscient d'une telle identité. Il est donc possible d'affirmer que : « *les nombreux pôles d'acte constituent en soi, évidemment, le même moi*, ou qu'un seul et même moi a ses entrées en scène (...), que la *vie égologique en activité* n'est absolument rien d'autre que ce *processus-de-se-scinder-constamment-dans-un-comportement-actif* »[4]. La réflexion est ainsi présentée comme l'acte qui fait de ce moi d'abord latent un objet intentionnel. Le moi sujet devient ainsi l'objet intentionnel de ses propres observations.

Voilà ce qui concerne la structure de la réflexion en général. Or, ce qui distingue la réflexion naturelle et mondaine de la réflexion phénoménologique, c'est qu'elle se déroule toujours au sein d'un intérêt à l'égard de l'être de l'objet[5] vers lequel le moi était d'abord directement tourné. Dans la perception, par exemple, j'essaye de m'assurer de l'être et de l'être-ainsi de ce qui est intentionnellement perçu par la considération réflexive suivante : « qu'ai-je réellement vu ? ». L'acte de percevoir pose ici l'objet

1. Hua. VIII, p. 89, trad. fr. p. 126.
2. *Ibid.*, p. 90, trad. fr. p. 128 (N.d.T.).
3. *Ibid.*, p. 89, trad. fr. p. 126.
4. *Ibid.*, p. 91, trad. fr. p. 128.
5. *Ibid.*, p. 95, trad. fr. p. 134.

intentionnel en tant que réel. Il s'agit d'une conscience positionnelle qui s'installe sur le sol de la « thèse générale » de la croyance du monde, elle l'accomplit et elle est au service des buts de l'expérience mondaine. Une telle expérience se satisfait quand son corrélat atteint un niveau de certitude suffisant pour ses buts pratiques. Dans la réflexion phénoménologique, au contraire, cette croyance a préalablement été mise hors jeu. Cette réflexion vit purement de l'intérêt porté sur le déroulement subjectif de la visée et sur ce qui est visé en tant que tel comme corrélat d'une visée, en faisant l'économie du caractère positionnel qui lui revient. Pour celle-ci « rien n'est là pour moi sinon l'être purement subjectif, et mon intérêt théorique se manifeste dans l'observation et la détermination précisément de cet être purement subjectif et de ses contenus purement immanents »[1]. Non n'avons guère besoin ici d'insister davantage sur le sens d'expressions telles que « subjectivité » ou « subjectif » en tant que corrélation inséparable de l'expérience du monde et de son corrélat intentionnel, le « monde ».

En raison d'un tel intérêt spécifique qui guide la réflexion phénoménologique et qui est, par principe, différent de tous les intérêts mondains réalisés au sein de l'attitude et de la réflexion naturelles, advient la possibilité « de concevoir une notion des plus larges d'un moi réflexif en quelque sorte sympathisant ou ne sympathisant pas avec soi-même, ou plutôt s'abstenant de toute "sympathie" avec soi-même (...) d'un spectateur théorique et connaisseur de soi-même d'une impartialité tout à fait générale »[2]. Celui-ci s'établit en l'absence de tout intérêt mondain en tant qu'« observateur désintéressé » de ce moi mondain mêlé aux intérêts du monde. Si Husserl désigne son intérêt comme « théorique » c'est qu'il entend ce moment de l'être désintéressé, du non-engagement à l'égard des intérêts mondains. Le thème | théorique du moi au sein de la réflexion phénoméno- 195
logique est donc le champ de l'expérience réflexive qui porte sur le déroulement des intérêts mondains en tant que déroulement « subjectif », découvert par la réflexion phénoménologique universelle. Son intérêt est « *un intérêt pur pris à l'être subjectif* »[3], aux « purs vécus d'acte ». Ceux-ci se définissent « comme ce qui est susceptible d'être posé dans l'expérience et qui est à tout moment susceptible d'être posé et connu lorsqu'en ma qualité de moi réfléchissant je mets en suspens la validité de tout ce qui vaut naïvement »[4]. Dans l'un des *Appendices*[1], Husserl ajoute : « tout d'abord la

1. *Ibid.*, p. 97, trad. fr. p. 137.
2. *Ibid.*, p. 99, trad. fr. p. 140.
3. *Ibid.*, p. 108, trad. fr. p. 152.
4. *Ibid.*, p. 110.

subjectivité transcendantale est présente en elle-même sous la forme d'un anonymat absolu, et non seulement en tant qu'inobservée ou non thématisée; alors que, visiblement, tout ce qui se présente à l'expérience, en tant que pré-donné, n'est que du mondain, donc aussi le moi en tant que moi-homme, en tant que "enfant du monde" (*Weltkind*) ». Conformément à une telle remarque il faudra donc distinguer la latence du moi mondain, préalablement là, bien qu'inobservé et non thématisé, susceptible de devenir patent dans la réflexion mondaine, de l'anonymat pur et simple du moi transcendantal, qui ne peut pas être éliminé par la possibilité éventuelle d'un simple renversement thématique. D'une certaine façon, que certes Husserl ne caractérise pas davantage, le moi mondain est toujours « co-présent » même dans l'orientation « directe » vers ses objets, il est donc susceptible de devenir thématique dans la réflexion. C'est pourquoi sans doute, pour indiquer une telle co-présence, Husserl a finalement préféré à l'expression d'« oubli de soi » celle de latence. La découverte du moi transcendantal nécessite une décision tout à fait particulière. C'est la décision du « philosophe qui commence » pour la justification absolue et la légitimation absolue.

Une telle distinction recèle cependant la nature problématique de cette théorie de la réflexion phénoménologique qui doit aboutir à la fondation de la thèse de la subjectivité transcendantale comme être absolu. La question se pose de savoir si celle-ci est réellement apte à prendre en charge une telle fondation. À cet égard il est nécessaire de partir du contexte problématique dans lequel la théorie phénoménologique de la réflexion s'est développée. La question est celle de la motivation, d'un genre tout à fait particulier, indépendante de tout conditionnement d'ordre mondain, de cette aspiration à se désengager de tous les intérêts du moi mondain. Husserl y insiste dès le début : aucun exemple de cela ne se trouve dans la vie naturelle[2]. C'est « une attitude tout à fait "non naturelle" et d'une manière tout à fait non naturelle de considérer le monde en soi-même »[3]. Il est vrai que dans la vie naturelle, du moins lorsqu'elle est guidée par la tendance à la connaissance scientifique, il est possible de trouver quelque chose de semblable : une aspiration à la fondation, aux vérités fondées, à la fondation d'une connaissance des normes qui règlent la vie pratique et ses intérêts. Mais cette aspiration se satisfait lorsqu'elle atteint une fondation qui paraît satisfaire les intérêts ponctuels qui la motivent, elle ne s'élève

1. *Ibid.*, p. 417.
2. Cf. *supra* § 2.
3. Hua. VIII, p. 121, trad. fr. p. 152.

jamais au niveau d'une exigence de fondation, | de légitimation et de **196** responsabilité absolues, c'est-à-dire universelles, au niveau d'une « critique universelle de la vie ». Une décision semblable ne se motive pas ainsi. Elle repose plutôt sur un acte de liberté : « *fort de ma liberté*, je peux *m'abstenir* de participer à cette croyance naturelle accompagnant la réflexion »[1].

« Seul *l'acte libre de la suspension du jugement*, du vouloir s'affranchir du co-intérêt (*Mitinteresse*) originaire qui me fait participer aux actes est ici capable de produire cette attitude du spectateur impartial » et « une *motivation particulière* doit me délivrer d'une telle sympathie »[2]. D'où la question : « Quel peut en être le *motif*? »[3]. Mais une telle question, dans la suite du texte, demeure sans réponse. Il est vrai néanmoins que dans un *Appendice*, Husserl tente d'en donner une : « Le motif est clair : je m'aperçois et je me laisse absorber par le fait que toute visée portant sur le monde découle de ma propre expérience »[4]. Husserl ne se limite pas à désigner ainsi l'argumentation gnoséologique du « principe de la conscience » ; il donne voix à l'intuition selon laquelle il ne faut pas accepter tout ce qui compte pour moi à titre de monde, ce monde qui est le mien avec les intérêts mondains par lesquels je me détermine moi-même, comme une donnée pure et simple, car tout cela ne compte pour moi qu'en raison de mon oui, de ma reconnaissance, de sa « position ». Dès lors je n'ai pas simplement à accepter le monde qui m'est donné et dire oui à ses requêtes, je me dois d'en être responsable dans la mesure où il est ce qu'il est. Or, une telle intuition est celle de la conscience de moi-même en tant que moi libre, délivré de tout rapport de dépendance et d'intérêt mondains : ceci et rien d'autre est le « moi transcendantal ». C'est le moi moral, qui juge de tous ses intérêts mondains.

Mais le moi libre n'est pas libre comme pourrait l'être le moi d'une « action » : il est le sujet d'une expérience absolue et, en tant que tel, il est tout d'abord *cette subjectivité qui est toujours la mienne*, *ma* conscience. Il en va tout à fait autrement dans la *Phénoménologie de l'esprit* de Hegel où l'expérience de soi de l'esprit absolu s'approprie, tout au long de la voie de son expérience, ce qu'il était déjà en soi (*dynamei*) remontant ainsi de l'être en-soi, à travers l'être pour-soi, à l'être en-soi et pour-soi. Car la facticité de l'expérience absolue de l'ego transcendantal précède toute possibilité, qui

1. *Ibid.*, p. 92, trad. fr. p. 130.
2. *Ibid.*, p. 98, trad. fr. modifiée p. 139.
3. *Ibid.*
4. *Ibid.*, p. 416.

en tant que telle seule se constitue à l'intérieur de celle-ci. D'où l'exclusion de toute interprétation du caractère absolu de la subjectivité absolue au sens de l'idéalisme absolu. Si on la comprenait ainsi, elle ne serait pas une expérience de « la vie transcendantale qui jaillit » avec son horizon d'expérience indéfiniment ouvert. C'est dans une telle ouverture que la possibilité de rendre compte par une décision libre et personnelle de ce dont on fait l'expérience, trouve sa fondation.

La question reste cependant ouverte de savoir comment il faut comprendre ce caractère absolu de la subjectivité absolue. Une analyse critique de la théorie de la réflexion phénoménologique permet de découvrir pourquoi Husserl a laissé ce caractère en suspens. | Il faudra donc
197 l'interroger de la manière suivante : comment un tel moi conscient de sa liberté peut-il être, avant la réduction, « complètement anonyme » ? Cette conscience de la liberté n'est-elle pas déjà présupposée par la possibilité de la décision de la réduction ? La décision en faveur de la responsabilité et de la justification absolues ne peut pas être motivée par l'idée que le monde est pour moi ce qu'il est grâce à ma prise de position libre. Au contraire, c'est la conscience de la nécessité de la responsabilité et de la justification qui est le présupposé pour qu'une telle idée fraie son chemin. Ce n'est donc pas un hasard si toutes les tentatives de Husserl pour déceler la motivation qui conduit à la réduction phénoménologique, qui font notamment l'objet des *Appendices* à ces leçons, n'arrivent pas à atteindre des résultats satisfaisants. Sa théorie de la réflexion phénoménologique et la thèse qui en découle de l'être absolu de la subjectivité transcendantale l'ont empêché d'atteindre la réponse cherchée. Cela apparaît clairement lorsque l'on pose la question de savoir pourquoi Husserl a dû donner autant d'importance à l'anonymat absolu de la subjectivité transcendantale précédant la découverte de la voie de la réduction. En réalité, ce n'est que par un tel biais qu'il arrive à obtenir le critère qui permet de départager la subjectivité transcendantale en tant que domaine d'être propre et donc absolu de la subjectivité mondaine, du moi humain qui, bien que la plupart du temps latent, sait être un moi bien avant la réduction phénoménologique. D'ailleurs c'est à partir de la théorie de la réflexion phénoménologique que cette thèse de l'anonymat absolu se justifie. Il ne nous reste qu'à montrer comment elle en découle.

La réflexion a la structure temporelle de l'« après-coup ». Pour en rester à l'exemple du déroulement de la perception extérieure, le moi réfléchissant se dirige sur le fait d'avoir « tout juste perçu », encore vivant dans la rétention, il s'aperçoit ainsi de soi-même comme étant ce même moi qui vient tout juste de percevoir et qui maintenant se dirige sur un tel avoir-

perçu. Il s'aperçoit lui-même dans l'identité de son être comme se constituant par soi-même en tant que temporel, comme la persistance du moi dans sa temporalisation. Par une telle pensée l'on vient de franchir le pas qui va de l'évidence du Je suis qui se manifeste d'abord dans l'instant, au Je suis comme « flux du vécu », comme ce qui dans son opérer vivant et constitutif du monde devient le champ de l'expérience transcendantale. « Ce qui est véritablement perçu dans le maintenant s'écoulant, au pur contenu duquel aboutit la réduction, est un moi-même absolu »[1] auquel revient néanmoins inséparablement l'horizon temporel, en sorte que « le moi pur déborde largement ce qu'on pouvait en avoir pris au premier abord »[2]. « Le présent concret qui s'écoule, l'immanent comme ce qui se prolonge dans la durée et qui se donne dans la durée du flux d'une manière unitaire à travers des contenus changeants (...), se donne dans son originalité absolue sous forme d'une durée qui se déploie de telle et telle manière »[3]. | Par une telle conscience de son identité, qui se constitue dans **198**
sa temporalisation, le moi transcendantal « est-là en lui-même pour soi, d'une manière absolue » et il est le seul à être-là absolument pour soi-même, ayant « le sens d'un être absolu qui se présente absolument à soi-même »[4]. Cette forme de présentation de soi-même est fondamentalement différente par principe de la présentation de soi d'une chose dans le changement de ses modes d'apparaître, où la présentation de l'ipséité est toujours présomptive et n'exclut pas, au fil du déroulement ultérieur de la perception, la possibilité de l'illusion et donc du « biffage », c'est-à-dire du non-être[5]. En revanche, l'« apparaître » du moi comme identique dans la suite de ses actes est une présentation absolue, c'est-à-dire une présentation de soi qui exclut toute possibilité de non-être. C'est en ce sens qu'il faut donc comprendre Husserl lorsqu'il parle de la subjectivité transcendantale comme d'un domaine d'être absolu, qui en tant que tel devient ainsi le champ de la description. Celle-ci ne dégage pas seulement ses opérations de constitution des choses et de leur horizon, c'est-à-dire le monde. Il est également question des « opérations » de la temporalisation, par lesquelles le moi se constitue à chaque instant comme identique à soi.

Une telle auto-constitution du moi, en vertu de laquelle il est cet étant qui est là absolument pour soi-même, est présentée ainsi sur la base du

1. *Ibid.*, p. 466.
2. *Ibid.*, p. 477.
3. *Ibid.*, p. 467.
4. *Ibid.*
5. *Ibid.*, p. 466.

modèle fondamental de toute constitution qui guide Husserl : la constitution de l'unité de l'objet à travers la multiplicité de ses modes de donation. Lors de la réflexion phénoménologique le moi transcendantal devient thématique, c'est-à-dire objectif dans son unité permanente qui se maintient à travers tous ses actes, comme ce moi qui est toujours déjà là, à proximité (*mit dabei*), y compris dans sa vie naturelle et mondaine où il est directement orienté vers les objets, même si la plupart du temps cela se passe d'une manière latente et « oublieuse » de soi. C'est à cette présence constante de son être à proximité (*Mitdabeisein*) que fait référence le discours sur l'anonymat du moi transcendantal avant la réflexion phénoménologique. Avant celle-ci, lors de la réflexion naturelle, le moi n'a qu'une conscience occasionnelle de son être à proximité et seulement en fonction d'un nombre limité d'intérêts mondains. Par la réduction phénoménologique et son attestation de la présence constante de l'être à proximité, le moi n'a, pour ainsi dire, plus d'excuse et il est placé face à l'universalité de sa responsabilité à l'égard de tout ce qui compte pour lui dans la mesure où il s'agit du monde qui est le sien.

Le fait de parler d'une « observation désintéressée » de la part d'un moi réfléchissant phénoménologiquement perd ainsi, si on le comprend correctement, cet arrière-goût de stérile curiosité « théorique », et cette voie de la réflexion universelle apparaît comme la seule en mesure de fonder
199 dans sa nécessité la prétention du moi à une « critique | radicale de la vie » et de son auto-responsabilité absolue. Mais cela n'est possible que dans la mesure où « on sort d'un état de minorité vis-à-vis du monde », où on « renonce au monde », autrement dit dans la mesure où on se délivre de la simple acceptation et de la satisfaction de tous les intérêts, de toutes les considérations et les relations données. La réduction phénoménologique désigne donc cet acte par lequel le moi devient conscient de sa liberté vis-à-vis de l'auto-responsabilité absolue. C'est justement parce que la réflexion phénoménologique en tant qu'observation désintéressée a ce sens précis – c'est-à-dire le sens d'un devenir conscient de soi comme du « moi opérant » absolu qui ne peut jamais accepter le monde et le mondain comme une simple donnée – que plus tard, Husserl pourra affirmer dans la *Krisis* qu'elle conduira à un « renversement personnel total » de l'homme. Si l'on pouvait croire que la réflexion ne sert qu'à la calme satisfaction des besoins d'une recherche et d'une analyse de la richesse infinie du jeu des opérations intentionnelles subjectives, cette illusion se verrait ainsi dissipée. Husserl cite de plus en plus le in *te redi, in interiore homine habitat veritas* d'Augustin, et c'est à bon droit, car cette voie de la réflexion (*Besinnung*) vise le même but.

Néanmoins, comme nous allons le montrer, à d'autres égards ce simple état de choses est encore une fois dissimulé, car la permanence de l'être à proximité du moi transcendantal, découverte par la réduction, est encore présentée, par une expression aux résonances idéalistes, comme le champ objectif de l'être absolu. Cela dépend du fait, déjà remarqué à plusieurs reprises, que pour Husserl « être » veut dire par principe « être objet pour une représentation qui se dirige sur lui ». C'est à cause de cela qu'il n'arrive pas à comprendre l'auto-constitution du moi dans sa temporalisation autrement que par rapport au modèle fondamental de toute constitution, c'est-à-dire à la constitution de l'unité de l'objet à travers la multiplicité de ses modes de donation.

L'être absolu en personne du moi transcendantal ne peut ainsi signifier autre chose que l'être de l'objet, subsistant dans l'unité permanente à soi, de ce moi qui se dirige réflexivement sur un tel être. La vérité de son être absolu désigne ainsi le fait de s'être montré ou de pouvoir se montrer dans des actes d'identification. Ce n'est rien d'autre que la persistance de ses actes effectués en tant qu'actes de celui qui les effectue tous, devenue objet par la réflexion phénoménologique. Puisque pour Husserl, vérité veut donc dire par principe persistance de l'être en personne qui apparaît sous forme d'objet, il lui est possible d'y voir la découverte du moi qui effectue ses actes dans la persistance d'abord anonyme de son être à proximité comme le résultat de la réflexion phénoménologique et ses opérations constitutives en tant que domaine d'être absolu et ainsi comme champs d'analyses descriptives.

Mais cette subjectivité absolue, dans son auto-temporalisation, est-elle vraiment par soi en mesure, dans son être pour elle-même absolu, de faire l'objet d'une ré-présentation réflexive ? Est-ce que l'attestation universelle du monde par la réduction phénoménologique en tant que configuration de sens issue d'opérations intentionnelles dont moi, en tant que moi constituant, je dois rendre compte | – est-ce qu'une telle délivrance du moi dans sa 200
responsabilité absolue passe par le déploiement d'une dimension d'être absolu en tant que nouveau champ d'expérience ? Ne trouve-t-on pas plutôt dans les analyses de l'auto-constitution temporelle du moi des moments qui devraient mettre tout cela en question ? Dans les *Leçons sur la conscience du temps* l'on avait déjà affirmé que la subjectivité absolue est « flux absolu » – dans un manuscrit plus tardif Husserl parle aussi de « flux héraclitéen » – pour les moments constituant duquel « les noms nous font défaut », car tous les noms ne sont que des noms pour l'étant mondain objectivé constitué dans le flux. Dans ce flux il n'y a aucune persistance objective susceptible d'être indiquée. Celle-ci ne se découvre qu'« après

coup », c'est pourquoi elle n'apparaît qu'au regard rétrospectif jeté sur la constitution ayant déjà eu lieu de l'unité et de l'identité du moi, qui, par le souvenir, se reconnaît en tant qu'identique tout au long de l'écoulement des phases du « flux du vécu ». Faut-il comprendre cette persistance comme la persistance d'un être absolu, présupposant ainsi que le « moi opérant » se dissout complètement dans ce que la réflexion objectivante, représentant rétrospectivement les opérations qu'il a déjà effectuées et leurs résultats, peut constater comme son unité ? Si cela était vrai, le moi devrait se constituer dans son identité seulement à partir de son être-passé, retenu d'abord par la rétention et ré-présenté après refléxivement par le souvenir. Le moi se saisirait soi-même seulement comme ce qu'il a déjà été jusqu'à présent. Mais cela est contredit par le fait qu'à la conscience du moi, dans le « présent vivant » constituant de son identité, ne revient pas seulement ce qui est retenu par la rétention, mais aussi ces protentions qui annoncent l'« à venir », par lesquelles il se tourne en même temps vers ce qu'il est en train d'attendre et ce dont il va faire l'expérience et, dans une telle orientation, se conçoit comme identique au moi « aperçu après coup » dans la réflexion. D'ailleurs, c'est surtout sur la base de cette orientation protentionnelle vers l'« à venir » et vers le « tout à l'heure » qu'il est possible de fonder la possibilité d'être ouvert à des expériences nouvelles ainsi qu'à la responsabilité factuelle à l'égard de ces expériences.

Cela n'est certainement pas un hasard si, dans les leçons sur la conscience du temps, la protention n'est traitée qu'en passant[1]. Son approfondissement aurait sans doute conduit Husserl à mettre en question la théorie de l'auto constitution du moi à partir de son être-passé ainsi que l'acquisition « après-coup », dans la réflexion rétrospective, de son identité objective comme celle d'un champ d'être absolu et stable. La théorie husserlienne de l'identité du moi absolu ne permet donc pas de comprendre comment cette identité du moi qui devient conscient toujours par le regard rétrospectif sur l'opération constitutive déjà effectuée, peut faire en sorte
201 que celui-ci soit identique à ce moi opérant dans le présent, | c'est-à-dire qui s'étend en avant vers l'« avenir »[2]. Le fait est que le moi opérant, dans son identité, ne peut pas se dissoudre dans ce que la réflexion re-présentant objectivement après-coup peut constater comme étant ses accomplissements déjà passés. C'est plutôt cette identité consciente d'elle-même qui est présupposée par la possibilité d'un tel regard rétrospectif, après-coup et

1. *Cf.* Hua. X, p. 52-53, trad. fr. p. 71-72.

2. C'est à de telles difficultés que se réfèrent également les remarques critiques de Ingarden imprimées en appendice aux *Méditations cartésiennes*.

réflexif. Il doit donc y avoir, déjà au niveau de l'opération, une forme de savoir de soi, qui certainement ne s'épuise pas dans le savoir atteint par la réflexion sur son opérer. C'est pourquoi d'ailleurs Scheler avait mis l'accent sur le fait que l'essence des actes « ne peut être vécue que dans leur accomplissement » et que la réflexion « est tout à fait différente de toute attitude représentationnelle »[1]. Le savoir que le moi a de soi-même par la réflexion objectivante n'est pas seulement un savoir qui concerne ce qu'il a déjà accompli, des actes de la visée intentionnelle à chaque fois déterminés, dans lesquels se constitue pour lui l'unité objective. D'une telle façon le moi ne fait l'expérience de soi que par le biais du résultat des opérations qu'il a effectuées. Son identité véritable, qui embrasse les deux à la fois, ne peut jamais devenir un objet, elle précède d'ores et déjà et depuis toujours toute objectivation, impossible à atteindre par la réflexion objectivante. Le moi est toujours plus que ce qu'il apprend de soi-même dans cette réflexion, il ne se montre jamais par soi-même dans une représentation objective, mais il est toujours là d'avance. Mais il possède déjà, avant toute réflexion, un savoir de son identité, d'où la tentative de Sartre de distinguer le *cogito pré-réflexif* du *cogito réflexif*[2]. L'identité du moi opérant avec soi-même n'est donc jamais une identité devenue objective, et elle n'est pas non plus susceptible d'être décrite par les concepts de l'être objectivé, mais seulement par le rapport « dialectique » de « l'être le même dans l'être autre »[3]. Ainsi le moi transcendantal, mesuré à l'aune de l'absolu être-là par soi-même en tant qu'auto-présentation absolue, ne peut qu'être anonyme. Sauf qu'un tel anonymat ne peut pas être éliminé par une réflexion représentative. Il est ce par quoi le moi est toujours déjà là avant sa présence, et c'est dans un tel être-d'avance (*Vorwegsein*) qu'il s'ouvre à toute expérience nouvelle et à la responsabilité vis-à-vis de telles expériences. Mais Husserl, ayant assimilé être et identité objective, ne pouvait s'emparer d'une telle spécificité de l'unité du moi, et cela même si les analyses sur la conscience du temps pouvaient déjà lui montrer la voie. Ce n'est qu'à cause d'une telle assimilation qu'il a cru pouvoir présenter la subjectivité transcendantale comme un champ de l'être à part entière atteint par la réduction.

1. *Cf.* M. Scheler, *Der Formalismus in der Ethik und die materiale Wertethik* (1916), in *Gesammelte Werke*, II, p. 46 et 385. (*Le formalisme en éthique et l'éthique matériale des valeurs*, trad. fr. M. de Gandillac, Paris, Gallimard, 1955, p. 49 et 391).

2. En français dans le texte, (N.d. T.).

3. *Cf.* L. Landgrebe, « Das Problem der Dialektik », in *Marxismusstudien*, t. III, 1960, p. 1 *sq.*

202 | Pousser plus loin la réflexion sur les analyses husserliennes de l'auto-constitution temporelle du moi, oblige donc à abandonner cette thèse. Elle tombe sous les coups de la critique kantienne des paralogismes de la doctrine de l'âme, qui puisent leurs racines dans l'application de la catégorie de la substance au concept de moi : et le concept husserlien d'une unité qui devient objective par la représentation n'est rien d'autre que cela. Dans la mesure où Husserl, malgré toute critique à l'égard de Descartes, s'est toujours secrètement accroché au concept de substance de la métaphysique moderne, son analyse de la conscience de soi et, par conséquent, son détachement de la métaphysique, se sont arrêtées à mi-chemin.

Cela confirme d'ailleurs notre affirmation précédente : Husserl n'a pas été en mesure de donner une détermination univoque de ce qu'il avait à bon droit envisagé sous le titre de subjectivité transcendantale dans son caractère absolu, l'ayant occulté par le concept opératoire d'un être véritable en tant qu'identité objective et constante à montrer par la représentation. Car sur la base d'un tel concept de vérité, la subjectivité transcendantale en tant que sol d'une fondation et d'une justification absolues doit être un sol d'être absolu, ce qui doit être confirmé par la théorie de la réflexion phénoménologique. Mais s'agissant d'une subjectivité libre cela lui est impossible, et d'ailleurs c'est seulement parce qu'une telle subjectivité est libre qu'elle peut trouver en soi le motif de la responsabilité absolue et emprunter ainsi le chemin de l'élimination de son « anonymat » par la réduction. Ce qui explique également pourquoi Husserl n'a pas su non plus donner une réponse satisfaisante à la question du motif d'une « critique radicale de la vie », car ce « motif » n'est rien d'autre que sa liberté comme ouverture à l'expérience absolue, ce qui justement exclut sa subsumption sous le concept d'un être en tant qu'objectivité qui persiste. Le concept de subjectivité absolue oscille ainsi entre celui d'un moi libre et ouvert dans son être projeté d'avance vers une expérience et une responsabilité absolues, et le concept idéaliste d'un être absolu qui, dans la contemplation théorique désintéressée de soi-même s'assure d'un tel être. La question du motif de l'aspiration à la justification absolue et de la réduction comme voie qui mène à une telle justification, est destinée à rester sans réponse, du moins pour autant que le moi responsable de soi-même et s'auto-justifiant est présenté comme un sol absolu d'être. Les remarques autocritiques publiées dans les appendices montrent que Husserl lui-même n'a pas cessé de rencontrer de nouvelles difficultés sur ce point. Notamment, malgré les efforts qui le poussaient en ce sens, il n'arrive pas à expliquer d'une façon satisfaisante le rapport entre le moi orienté vers la fondation ultime de la connaissance et le moi « pratique », le moi éthique et libre. Cette insuf-

fisance est signalée également par le fait que le phénomène de la conscience morale est mentionné à titre de « prise de position affective réflexive (*reflektiven Gemütsstellungnahme*) » parmi les modes de la réflexion[1], alors qu'étrangement, | aucun lien n'est fait avec la question du motif de 203
l'aspiration à la justification qui guide le procédé de la réduction.

Puisque Husserl ne peut donc pénétrer jusqu'au fondement ultime de la certitude absolue que le moi a de lui-même, ce fondement qui est hors d'atteinte pour toute réflexion objectivante, ce n'est pas seulement le concept de « subjectivité transcendantale » qui demeure ainsi en suspens, il en est de même de tous les autres « concepts opératoires », tels que « constitution », « opération », « vie transcendantale » etc., concepts par lesquels l'essence de la subjectivité transcendantale est censée être exposée.

LE RÉSULTAT DES ANALYSES CRITIQUES

Il est possible maintenant d'esquisser brièvement le résultat de notre analyse critique. Elle nous a permis de montrer que le terme husserlien de « subjectivité transcendantale » n'est pas univoque, et qu'il faut plutôt en distinguer deux sens :

1. Le sujet en tant que sujet libre appelé à rendre compte de soi par un appel dont il fait l'épreuve intime en tant que Soi. En ce sens la subjectivité transcendantale est l'être-sujet du sujet, et elle représente, pour le dire avec Kant, le « caractère intelligible » de l'homme. Cependant, en tant que telle, elle ne peut pas faire l'objet d'une objectivation réflexive et ne constitue nullement un « champ » de description.

2. La corrélation indépassable, que l'on ne peut plus désigner[2] comme « subjectivité » au sens traditionnel du terme, entre l'opérer constituant du monde et le produit d'un tel opérer. Décrire une telle corrélation, voici l'immense tâche de l'analyse phénoménologique par la méthode de la réduction, où elle trouve son « sol ». Si elle aboutit à la conclusion qu'un tel opérer est l'essence de la « vie » transcendantale comme vie d'une communauté transcendantale de sujets (*Wir-Gemeinschaft*), de la « totalité des moi transcendantaux », ce que nous appelons « monde » n'est dès lors que

1. Hua. VIII, p. 103 (*sic*) (la question des « prises de position affectives » est effectivement traitée à la fin de la 49e leçon, où Husserl utilise, aux p. 103 *sq*. de Hua. VIII, plusieurs syntagmes pour indiquer un tel concept. Cependant bien que le concept y soit présent, nous ne sommes pas parvenus à localiser l'expression exacte citée par Landgrebe. *Cf.* également la traduction p. 145-157. La version lexicalement la plus proche se trouve à la p. 105, trad. fr. p. 419, N.d.T.).

2. Cf. *supra* § 3.

l'interprétation de ce dont nous faisons l'expérience, et dont « en-soi », c'est-à-dire en dehors de cette corrélation à la conscience commune qui en fait l'expérience, on ne peut rien dire du tout. Sous un tel aspect, Husserl a raison d'appeler transcendantale la phénoménologie, « transcendantale » au sens critique de Kant, et cela bien que la philosophie transcendantale kantienne, quant à sa méthode et à l'étendue de son domaine thématique, ne soit pas à confondre avec celle de Husserl. Le « monde » est donc le résultat, toujours changeant au long de l'histoire de l'humanité, de la constitution en tant qu'interprétation, en tant qu'explicitation de ce qui avant cette explicitation et sans elle, n'aurait pas eu de nom et serait resté ineffable.

Mais il est clair que, lorsqu'on essaie de transformer le « règne »
204 (*Walten*) | du monde lui-même[1], ce jeu de corrélation entre le monde (toujours déjà configuré par l'interprétation) et la formation constitutive de ce monde, en un quelque chose d'absolu, par une telle compréhension l'on perd l'idée que « règne » n'est ici rien d'autre que le champ de déploiement de la subjectivité transcendantale évoqué plus haut, comme subjectivité libre et par là ouverte à une expérience historique en progrès et prête à en rendre compte. L'existence de la subjectivité transcendantale en ce premier sens fait sauter l'immanence d'un règne mondain fermé en soi. L'expérience du sujet absolu en tant que sujet libre n'est donc pas seulement expérience du monde et du mondain à prendre en charge dans une prise de position responsable, mais, en même temps, certitude absolue de soi-même en tant que sujet libre et appelé à la responsabilité absolue. C'est dans une telle certitude que celui-ci fait l'expérience de son rapport à l'« absolu » au sens véritable (hégélien) du mot, c'est-à-dire en tant que rapport à la source de la possibilité d'une responsabilité délivrée de tout intérêt mondain et de tout conditionnement. Voilà pourquoi le monde dans son règne ne peut pas être l'absolu. Une telle certitude de son fondement incluse dans la certitude de soi absolue du sujet libre – qui d'ailleurs, à l'image de la certitude de sa liberté, ne peut pas être ré-présentée objectivement par la réflexion, ni ramenée aux catégories de l'être objectuel – est donc la certitude d'une transcendance du non-mondain, qui cependant ne se tient pas en face comme un objet séparé, mais qui se fait connaître en lui comme subjectivité libre. En ce sens la subjectivité transcendantale, en tant que sujet conscient de sa liberté, n'est pas elle-même l'absolu, mais est le lieu de son expérience. Il est clair qu'ici le mot « expérience » n'a pas le même sens que dans des expressions telles que « expérience mondaine » et « expérience du monde », et cela s'accorde avec l'exigence husserlienne selon laquelle

1. *Cf.* E. Fink, *Sein, Wahrheit, Welt*, Den Haag, Nijhoff, 1958.

toute transcendance qui n'est pas un concept vide, doit avoir son propre mode d'attestation et de manifestation dans la conscience.

La subjectivité dans son « anonymat » est toujours certaine d'elle-même et de sa liberté, et cela avant toute réflexion. Mais puisque Husserl avait cru que le « moi qui opère », le « moi qui prend position » dans sa liberté, pouvait être ressaisi sans reste par la re-présentation objectivante de la réflexion « après-coup », il a été incapable de trouver dans une telle « immanence à soi-même » (*Ihrer-selbst-Innensein*) immédiate un fondement de possibilité aussi bien pour la réflexion que pour la responsabilité. À vrai dire, Husserl avait en quelque sorte entrevu tout cela sous la rubrique « soubassements de l'intentionnalité », mais la tentative de déterminer de plus près ce « soubassement », dans son rapport à la réflexion explicite qui thématise la subjectivité, n'a finalement conduit qu'à l'affirmation, difficile à comprendre, que le moi, tant qu'il n'effectue pas des actes réflexifs, n'arrivera jamais à être conscient de sa propre subjectivité[1], le
concept de « conscience » | ayant été d'emblée compris à la lumière de la **205**
conscience objectivante, qui fait de quelque chose un objet intentionnel.

Nous ne pouvons pas exposer ici comment une telle révision du concept de subjectivité absolue permet aussi de préciser le sens des autres concepts opératoires de Husserl. Il faudrait également un travail à part entière pour montrer dans quelle mesure un tel « savoir » immédiat et pré-réflexif de soi-même n'est pas celui d'une « pure » subjectivité, dont la pureté découle d'une observation réflexive et théorique ainsi que d'une ré-présentation objectivante. Car le fondement de sa possibilité repose plutôt sur le caractère mondain de la subjectivité, ce à quoi appartient sa corporéité vivante. Une telle corporéité n'est pas celle d'une simple « chose » constituée, même s'il s'agit d'une chose tout à fait spéciale – c'est ainsi qu'elle apparaît à la re-présentation objectivante réflexive –, puisque cette même immédiateté qui en caractérise l'expérience[2] fait partie des constituantes du sujet conscient de soi dans sa liberté et son pouvoir. D'où à la fois, la révision des analyses menées par Husserl autour de la constitution d'« autrui », l'impossibilité du point de départ égologique de l'analyse phénoménologique de la constitution du « monde » et la modification du sens de la distinction entre subjectivité transcendantale et psychologique.

1. Ce passage se trouve dans l'*Essai sur Kant*, *in* Hua. VII, p. 259 *sq*. notamment p. 266, plus précisément dans la partie, très importante pour la discussion de ce problème intitulée *Réflexion naturelle et réflexion transcendantale. Les fondements de l'intentionnalité* (trad. fr. p. 328 *sq*., notamment p. 338).

2. *Cf*. Hua. VIII, p. 61, trad. fr. p. 84-85.

L'acquis principal de cette modification, comme nous l'avons déjà remarqué, est dans la critique de l'« anthropologisme » moderne. Mais la différence ainsi établie ne peut plus être interprétée à partir de l'expérience de la description des deux domaines d'être, ni sur l'eidétique qui en découle, ce qui ferait disparaître le problème du parallélisme entre analyses psychologique et phénoménologique, auquel Husserl s'était frotté sans cesse. Il ne reste que la différence entre la « subjectivité transcendantale » au sens propre, d'un côté, en tant que dimension d'expérience « absolue », c'est-à-dire en tant qu'expérience d'une fondation ultime (qui cependant ne constitue nullement le « champ » d'une eidétique et d'une description objectivante) et, de l'autre, la « subjectivité transcendantale » en tant que corrélation indépassable entre l'activité de constitution du monde, en tant que déroulement du progrès de l'histoire, et le monde toujours déjà constitué en tant qu'horizon de sa progression. Il s'agit effectivement du champ d'expérience phénoménologique, mais d'une expérience qui n'exclut pas l'ensemble des résultats de la recherche empirique de la psychologie et de l'anthropologie. Il est à peine nécessaire d'ajouter que la fondation méthodique d'une telle possibilité, c'est-à-dire du fait que l'élément empirique puisse procurer l'accès aux « expériences absolues », encourage une
206 révision de la distinction | entre « empirique » et « a priori » ; l'exclusion mutuelle de ces termes avait déjà été remise en cause au fil des recherches sur les fondements de la logique.

Tout cela, pourrait-on affirmer, est ici simplement l'indice ou le signe du fait que le projet d'une *Philosophie première*, quant à son intention propre, a certes échoué, mais que cet échec n'est pas une fin mais un début, une ouverture à cette grande richesse de problèmes qui ne portent pas seulement sur la compréhension de l'œuvre de Husserl et de son unité, mais touchent également à cet horizon de questions qui, après le congé de la métaphysique moderne, s'imposent comme incontournables, et font apercevoir une voie qui apportera les réponses.

Traduit de l'allemand par Claudio Majolino

TABLE DES MATIÈRES

Achevé d'imprimer en février 2024
sur les presses de
La Manufacture - Imprimeur – 52200 Langres

Tél. : (33) 325 845 892

N° imprimeur : 240138 - Dépôt légal : octobre 2008
Imprimé en France